煤矿职工劳动保护知识读本

主编　许本泰　时效功

中国矿业大学出版社

内 容 提 要

本书以国家法律法规为依据,适应市场经济新形势需要,从实际出发,阐述了煤矿劳动保护方面的基本知识。

本书内容丰富,既有理论分析,又有实践经验总结,突出了科学性、指导性、创新性和实用性,可作为煤矿工会工作者、群监员进行教育培训的教材,也可作为煤矿管理干部、安全监察人员和工程技术人员学习参考书,同时还可以作为工会大专院校有关专业师生等的学习参考资料。

图书在版编目(CIP)数据

煤矿职工劳动保护知识读本/许本泰,时效功主编.—徐州:中国矿业大学出版社,2009.8

ISBN 978-7-5646-0462-2

Ⅰ.煤… Ⅱ.①许…②时… Ⅲ.煤矿—矿山劳动保护—基本知识Ⅳ.TD79

中国版本图书馆 CIP 数据核字(2009)第 147884 号

书　　名	煤矿职工劳动保护知识读本	
主　　编	许本泰　时效功	
责任编辑	何　戈　付继娟	
责任校对	张海平	
出版发行	中国矿业大学出版社	
	(江苏省徐州市中国矿业大学内　邮编 221008)	
网　　址	http://www.cumtp.com　E-mail:cumtpvip@cumtp.com	
排　　版	徐州中矿大印发科技有限公司排版中心	
印　　刷	徐州中矿大印发科技有限公司	
经　　销	新华书店	
开　　本	850×1168　1/32　**印张** 12　**字数** 308 千字	
版次印次	2009 年 8 月第 1 版　2009 年 8 月第 1 次印刷	
定　　价	28.00 元	

(图书出现印装质量问题,本社负责调换)

《煤矿职工劳动保护知识读本》编委会

主　编　　许本泰　　时效功

副主编　　张振法　　邢传忠　　柏建斌

　　　　　陈　勇　　皮悦蕾　　朱明法

编　委　　（以姓氏笔画为序）

　　　　　马文东　　边爱民　　邢新安

　　　　　刘　健　　张红印　　陈　雷

　　　　　郑　蒙　　崔　哲　　程木松

　　　　　薛传功

前　言

　　我国党和政府历来重视劳动保护，先后制定了一系列法律法规，建立了组织网络体系，开展了卓有成效的劳动保护工作。但随着改革开放不断深入，经济快速发展以及工业化、城镇化和经济全球化的不断推进，我国处在各类事故的"易发期"、职业危害的"凸显期"。党的十七大提出了科学发展观，其核心是以人为本。以人为本首要是以人的生命健康为本。人的生命是最宝贵的，经济发展必须以职工生命健康为前提。关爱生命，保护员工安全与健康，是以人为本理念的具体体现，也是构建和谐社会的客观需要。

　　安全生产状况是一个国家文明程度的标志之一。安全生产状况的根本好转，必须建立在职工群众安全意识不断强化，安全素质不断提高的基础之上。经过这些年的教育培训，职工安全意识有所增强，技能有所提高，但仍然显得薄弱。为此，要以强有力的教育、培训、装备等手段和途径，强化职工的安全意识，普及职业安全健康知识，增强生产经营单位的职业危害防治观念，提高劳动者的自我保护意识和技能。本书坚持科学性与实用性相一致的原则，力图为职工群众提供一本普及型知识读本。

　　本书在编写过程中参考了一些劳动保护、煤矿安全知识方面书籍，在此一并感谢。

　　由于水平有限，书中不妥之处在所难免，恳请读者批评指正。

作　者

2009 年 6 月

目　录

第一章 劳动保护工作概论

劳动保护、安全生产是企业生存、发展的基础和前提；是职工生命安全和身体健康的基本保障；也是现代社会文明的重要标志和构建和谐社会的基本条件和重要内容。维护职工的合法权益，是工会的基本职责。保护职工在生产过程中的安全和健康，是工会履行维护职责的首要任务。为了把职工的安全和健康权益实现好、维护好和发展好，就要认真学习劳动保护的基本知识，以提高煤矿职工和工会劳动保护人员的基本素质。

第一节 工会开展劳动保护工作的依据和重要性

一、依据

（一）工会做好劳动保护工作，是国际劳工组织机制决定的

1919 年成立的国际劳工组织中的"三方"共决机制，决定了维护职工的合法权益是工会组织的基本职责。工会是"三方"（政府、企业、工人代表）共决机制中代表工人利益的唯一组织，具有一票否决的权利。

（二）工会做好劳动保护工作，是工会性质决定的

《中华人民共和国工会法》（以下简称《工会法》）第二条规定"工会是职工自愿结合的工人阶级的群众组织"，是职工之家，理所当然地为工人的合法权益说实话，办实事。

"中华全国总工会及其各工会组织代表职工的利益，依法维护职工的合法权益"。维护职工在生产过程中的安全和健康是对职工合法权益的最大维护。

（三）做好工会劳动保护工作，是国家法律赋予的神圣职责

（1）《工会法》第二十二条、第二十三条、第二十四条、第二十六条、第三十条等条款均有明确规定。

① 第二十三条规定："工会依照国家规定对新建、扩建企业和技术改造工程中的劳动条件和安全卫生设施与主体工程同时设计、同时施工、同时投产使用进行监督。对工会提出的意见，企业或者主管部门应认真处理，并将处理结果书面通知工会。"

② 第二十四条规定："工会发现企业违章指挥、强令工人冒险作业，或者生产过程中发现明显重大事故隐患和职业危害，有权提出解决的建议，企业应当及时研究答复；发现危及职工生命安全的情况时，工会有权向企业建议组织职工撤离危险现场，企业必须及时作出处理决定。"

（2）《中华人民共和国安全生产法》第三章第五十二条规定：

① 工会有权对生产经营单位"三同时"项目的设计、施工、投产和使用进行监督和提出意见；

② 工会有权要求生产经营单位对违反安全生产法律法规、侵犯从业人员合法权益的行为进行纠正；

③ 工会有权对生产经营单位违章指挥、强令冒险作业或者发现事故隐患时提出解决的建议，生产经营单位应当及时研究答复；

④ 工会有权对发现的危及从业人员生命安全的情况，向生产经营单位建议组织从业人员撤离危险场所，生产经营单位必须立即作出处理；

⑤ 工会有权依法参加事故调查，向有关部门提出处理意见，并要求追究有关人员的责任。

（3）《中华人民共和国职业病防治法》第三十七条规定：

① 工会对用人单位违反职业病防治法律法规、侵犯劳动者合法权益的行为有权要求纠正；

② 产生严重职业危害时，有权要求采取防护措施，或者向政

府有关部门建议采用强制性措施；

③ 工会有权参与职业危害事故调查处理；

④ 发现危及劳动者生命健康的情形时，工会有权向用人单位建议组织劳动者撤离危险现场，用人单位应当立即做出处理。

（4）《中华人民共和国劳动合同法》第七十八条规定：

① 工会依法维护劳动者的合法权益，对用人单位履行劳动合同、集体合同的情况进行监督；

② 用人单位违反劳动法律、法规和劳动合同、集体合同的，工会有权提出意见或者要求纠正；

③ 劳动者申请仲裁、提起诉讼的，工会依法给予支持和帮助。

（5）《中华全国总工会企业工会工作条例》第三十九条规定：

① 工会有权依法参加职工因工伤亡事故和其他严重危害职工健康问题的调查处理；

② 工会有权协助与督促企业落实法律赋予工会与职工安全生产方面的知情权、参与权、监督权和紧急避险权；

③ 工会有权依法对企业新建、扩建和技术改造工程中的劳动条件和安全卫生设施与主体工程同时设计、同时施工、同时使用进行监督；

④ 工会有权对发现企业违章指挥，强令工人冒险作业或者生产过程中发现明显重大事故隐患和职业危害提出解决的建议；

⑤ 工会有权对发现危及职工生命安全的情况，组织职工撤离危险现场；

（6）《生产安全事故报告和调查处理条例》规定：

工会有权依法参加事故调查处理，向有关部门提出意见。

（7）工会应认真学习刑法有关修改和增加的条款内容，在参加伤亡事故的调查处理中，依法提出对责任人处理的建议。

2006 年 6 月 29 日十届全国人大常委会第 22 次会议通过了《刑法修正案》。新通过的《刑法》中关于安全生产犯罪规定的修改共有 4 处,可以概括为"两改"、"两增"。即对其中两条作出了修改,增加了两条新规定。"两改"是对刑法第一百三十四条、第一百三十五条规定的犯罪主体、犯罪行为和《刑罚》作出了修改;"两增"是对《刑法》第一百三十五条、第一百三十九条各增加了一条。

① 原第一百三十四条规定:"工厂、矿山、林场、建筑企业或者其他企业、事业单位的职工,由于不服管理,违反规章制度,或者强令工人违章冒险作业,因而发生重大伤亡事故或者造成其他严重后果的,处三年以下有期徒刑或者拘役;情节特别恶劣的,处三年以上七年以下有期徒刑"。

(a) 修改后的第一百三十四条第一款将重大责任事故的犯罪主体和犯罪行为修改为"在生产、作业中违反有关安全管理的规定,因而发生重大伤亡事故或者造成其他严重后果的",把犯罪主体和犯罪行为扩大为所有违法违规从事生产经营作业的社会组织及其从业人员实施的犯罪行为,而不仅限于企业、事业单位的职工。

(b) 修改后的第一百三十四条第二款把原来的"强令工人违章冒险作业"的最低刑期由三年有期徒刑提高为五年有期徒刑;情节特别恶劣的,处五年以上十五年以下有期徒刑。

② 第一百三十五条原规定:"工厂、矿山、林场、建筑企业或者其他企业、事业单位的劳动安全设施不符合国家规定,经有关部门或者单位职工提出后,对事故隐患仍不采取措施,因而发生重大伤亡事故或者造成其他严重后果的,对直接责任人员,处三年以下有期徒刑或者拘役;情节特别恶劣的,处三年以上七年以下有期徒刑"。

(a) 修改后的第一百三十五条把原来的"劳动安全设施不符合国家规定,经有关部门或者单位职工提出后,对事故隐患仍不采取措施,因而发生重大伤亡事故或者造成其他严重后果的"修改为"安全生产设施或者安全生产条件不符合国家规定,因而发生重大伤亡事故或者造成其他后果的",不仅增加了安全生产条件不符合国家规定的犯罪行为,而且不把"经有关部门或者单位职工指出后,对事故隐患仍不采取措施"列为犯罪要件,实际上扩大了犯罪行为的适用范围,这样可以适用于各种相关犯罪行为。

（b）修改后的第一百三十五条增加一条:"举办大型群众性活动违反安全管理规定,因而发生重大伤亡事故或者造成其他严重后果的,对直接负责的主管人员和其他责任人员处三年以下有期徒刑或者拘役;情节特别恶劣的,处三年以上七年以下有期徒刑。"

③ 修改后的第一百三十九条增加一条:"在安全事故发生后,负有报告职责的人员不报或者谎报事故情况、贻误事故抢救,情节严重的处三年以下有期徒刑或者拘役;情节特别严重的,处三年以上七年以下有期徒刑。"

二、重要性

（1）做好工会劳动保护工作是贯彻落实党和国家法律、法规和关于加强安全生产工作一系列指示、决定和方针的重要举措。

（2）搞好工会劳动保护工作为经济发展提供一个安全、稳定、协调的社会环境。

（3）搞好工会劳动保护工作是企业竞争制胜和可持续发展的需要。

（4）搞好工会劳动保护工作是坚持"以人为本"、"科学发展"和构建和谐社会的重要内容。

（5）搞好工会劳动保护工作是尊重人权、开展国际贸易的需要。

搞好工会劳动保护工作是贯彻"三个代表"重要思想、落实"科学发展观"的重要体现,是"讲政治、保稳定、促发展"的重要内容。

第二节 劳动保护的内容、特点和任务

一、劳动保护的含义

从劳动法学的意义讲,劳动保护有广义和狭义之分:

(1)广义的劳动保护是指有关劳动保护的全部法律、法规,并包括劳动合同、劳动报酬、统酬保险及福利保障、安全与卫生、人员录用、调动和辞退、民主管理等涉及劳动者的各种政治经济权利。

(2)狭义的劳动保护专指建立在劳动保护政策及法规基础上,旨在改善劳动条件、预防减少伤亡事故、职业病所采取的一系列综合措施。我国一直采用狭义的劳动保护概念。

(3)安全生产与劳动保护。

① 安全生产用现代系统安全工程的观点概括地说,安全生产是为了使生产过程中安全在符合物质条件和工作秩序下进行,防止发生人身伤害和财产损失等人身、生产事故;消除或控制危险有关害素,保障人身安全与健康;设备设施免受损坏;环境免受破坏的总称。

② 劳动保护与安全生产的内容有很多相同之处,两者都是以保护职工安全、健康为主要目的,实现安全生产。因此,我国习惯上称劳动保护就叫安全生产。但两者也有不同之处,即劳动保护的内容除保护劳动者在生产过程中的安全健康外,还有工作时间、休息休假、女职工和未成年工保护等。而安全生产除保护劳动者在生产过程中的安全和健康之外,还要保护生产设备、设施等防止损坏。

二、劳动保护的方针和格局

(1)国家安全生产方针:"安全第一,预防为主,综合治理。"

(2)工会劳动保护方针:"安全第一,预防为主,群防群治,防治结合。"

（3）国家安全生产的格局："政府统一领导，部门依法监管，企业全面负责，群众参与监督，全社会广泛支持。"

（4）工会劳动保护原则："安全第一，预防为主，群专结合，依法监督。"

三、劳动保护的内容和特点

（一）劳动保护的内容

劳动保护的内容主要包括劳动保护管理、安全技术和工业卫生。

1. 劳动保护管理

劳动保护管理是指国家及有关组织通过采取立法、组织和应用现代科学管理手段，最大限度地消除因人的错误行为而造成的人身伤害事故。其主要内容：

（1）为保护劳动者的权利和人身自由不受侵犯，监督企业在录用、调动、辞退、处分、开除因违反劳动安全卫生纪律制度的工人时，按照国家法律、法规，依照程序办理；

（2）参与国家、地方政府、行业主管部门、企业劳动保护政策、法律、法规、规章制度的制定，切实做好源头保护工作，并监督督促和协助政府、行业主管部门和企事业认真执行有关法律、法规、规章制度；

（3）监督、督促企事业执行劳动法、安全生产法等有关劳动安全卫生条款，为职工提供符合国家标准的劳动安全卫生条件，保证劳动者的休息、休假权益，严禁加班、延点；

（4）监督企事业执行对女职工、未成年工的特殊保护规定；

（5）依法参与企事业伤亡事故的调查、登记、统计、分析、处理工作。通过科学的手段对事故原因进行调查分析，找出事故规律、提出对责任人的处理意见和预防事故的建议措施，防止同类事故的重复发生；

（6）参与企事业劳动保护政策、法规的普及教育工作，做好劳动保护基本知识的普法教育。加强对企业经营管理者及职工的安全知识教育,增强企业管理者和职工的安全意识,提高其安全技术水平;

(7) 加强劳动保护基础理论研究,把先进的科学技术理论知识,应用到劳动保护的具体工作中,通过运用行为科学、人机工程学,使用智能机器人、计算机等控制技术手段,逐步实现本质安全;

(8) 加强劳动保护经济学的研究,揭示劳动保护与发展生产力二者之间的辩证关系,用经济学的观点,通过统计分析、经济核算,阐述各类事故造成经济损失的程度以及加强事故预防、经济投入的科学性、合理性,最终达到促进生产力的良性发展;

(9) 进行劳动生产及劳动心理学研究,研究发生事故时职工的生理、心理状态,揭示人的生理及心理变化造成过失的程度,减少诸如冒险蛮干、悲观消极、麻痹大意、侥幸等不良心理和疲劳、恍惚、情绪无常、生物节率作用等生理原理造成的事故,使劳动者以健康的状态和良好的心态从事生产劳动。

2. 安全技术

安全技术是指为了消除工伤事故,减轻劳动强度,创造良好的劳动环境而采取的各种安全技术措施。其主要内容:

(1) 机械性伤害预防;

(2) 电流对人体伤害预防;

(3) 物理化学性灼伤、烧伤、烫伤的防护和治理;

(4) 火灾、爆炸事故预防和补救;

(5) 静电危害和消除;

(6) 生产过程中的安全防护、保险、信号装置的设置和应用;

(7) 各种受压容器等特种设备的加工生产、包装、储存、运输和使用,易燃易爆、物质的安全技术管理;

(8) 劳动卫生工程以及特殊行业生产过程中的安全防护和个体防护技术等。

3. 工业卫生

工业卫生是研究生产劳动过程中各种生产性有害因素对劳动者健康的影响,改善劳动条件,预防控制职业病的发生,在设备、设施、技术、法律、教育、组织制度、医疗保健等方面所采取的一整套措施。其主要内容:

(1) 在异常的气候、气压环境下,对劳动者健康的保护;

(2) 各种放射性物质对人体的危害及防治;

(3) 预防高频、电子波、微波、紫外线、红外线、激光对人体的危害;

(4) 预防噪声、振动对人体的危害;

(5) 加强通风防尘,消除生产性粉尘对人体危害;

(6) 预防有毒物质对人体的危害;

(7) 改善人工照明的自然采光设施,保护劳动者的视力而提高工效;

(8) 预防职业性、生物性危害因素对人体的危害;

(9) 研究各种职业性肿瘤的预防和治疗;

(10) 预防劳动者因过度疲劳和劳损而过早丧失劳动能力;

(11) 认真贯彻执行职业病防治法、工业卫生设计标准和"三同时"审查验收的有关规定;

(12) 普及劳动卫生知识,加强个体防护和保健。

(二) 劳动保护的特点

劳动保护具有较强的政策性、严肃的法律性、丰富的技术性和广泛的群众性等特点。

1. 政策性强

劳动保护政策性强,这是由国家性质决定的。其出发点首先是保护劳动者在生产过程中的安全和健康,保护和发展生产力,是国家制定方针、政策的重要内容,是政府、企业、主管部门搞好劳动保护的工作准则。

2. 法律性强

加强劳动保护，改善劳动条件是我国宪法明确规定的。随着社会主义市场的发展，劳动保护立法得到进一步充实和完善。据不完全统计，现行劳动保护方面的法律、法规、条例、规程等有数百个，如安全生产法等，我国的劳动保护工作已逐步走向法制化。

3. 技术性强

劳动保护是一门综合性的边缘科学。在劳动保护的实际工作中，往往充分利用已掌握的科学技术，去解决生产实际中遇到的问题，而科学技术的进步，又推动了劳动保护的发展。正确对待劳动保护与科学技术的相互关系，对我们充分利用现代科学技术，解决生产实际中遇到的劳动安全卫生问题，保障职工的安全和健康，具有重要意义。

4. 群众性强

职工群众是安全生产的主体，又是伤亡事故的受害者。坚持"以人为本"的理念，就是要依靠群众，相信群众，尊众群众，关心解决群众劳动安全卫生等切身利益的问题，才能充分调动群众安全生产的积极性，安全生产形势才能得以稳定健康发展。

四、劳动保护任务

劳动保护的基本任务，是研究生产过程中危险有害因素的转化工作，防止工伤事故和职业病的发生，保护职工在生产过程中的安全和健康。

（1）与工伤事故作斗争，预防、消除、减少工伤事故的发生，保障劳动者的人身安全；

（2）与职业病作斗争，预防、消除、减少职业病的发生，保障劳动者的身体健康；

（3）搞好劳逸结合，保证劳动者的休息、休假时间，使劳动者有充沛的精力，搞好安全生产；

（4）实行女职工和未成年工的特殊保护，保护女职工身体健康和未成年工的发育成长。

五、劳动保护法律法规

劳动保护法律法规是保护劳动关系中的劳动者在劳动过程中,安全与健康法律法规的总称。

(一)劳动保护法律法规的作用

(1)为保护劳动者的安全和健康提供法律保障和援助;

(2)加强劳动保护的法制化建设;

(3)推动劳动保护工作的开展;

(4)促进生产力的提高。

(二)劳动保护法律法规的基本内容

1.安全技术法律法规

安全技术法律法规是指国家为搞好安全生产,防止和消除生产中的事故,保障员工人身安全而制定的法律规范。如《中华人民共和国矿山安全法》、《中华人民共和国海上交通安全法》、《危险化学品安全管理条例》等。另外一些较特殊的安全技术问题,国家有关部门也制定颁布了专门的安全技术法规。

2.劳动卫生法律法规

劳动卫生法律法规是指国家为了改善劳动条件,保护劳动者在生产过程中的健康、预防和消除职业病和职业中毒而制定的各种法律、法规规范。包括工矿企业卫生设计标准、防止粉尘危害和防止有毒有害物质危害的有关规定等。

3.劳动保护管理法律法规

劳动保护管理法律法规是指国家为了搞好安全生产、劳动保护工作,保护职工的安全、健康所制定的管理规范。广义上讲国家安全立法、监督、检查和教育等都属于管理规范。另外企业还应建立以下基本管理制度:

安全生产责任制度;劳动保护教育制度;安全生产检查制度;伤亡事故报告制度;劳动保护措施计划;建设项目"三同时"制度;

劳动保护监察制度等。

4. 有关法律赋予劳动者的权利

（1）安全生产法

依法获得工伤保险权；知情权；批评、检举、控告权；拒绝权；避险权；民事赔偿权和教育培训权等。

（2）职业病防治法

① 获得职业卫生教育培训权；

② 获得职业健康检查、职业病治疗、康复等职业病防治的服务权；

③ 获得作业现场职业病危害因素知情权；

④ 获得职业病防护设施、防护用品、改善工作条件权；

⑤ 对违反相关法律、法规和危及身体健康的行为有批评、检举、控告权；

⑥ 有拒绝违章指挥和强令进行没有职业病防护措施作业权；

⑦ 有参与职业卫生工作民主管理和提出意见、建议权。

（3）劳动合同法

劳动保护权是指劳动者享有的保护其劳动过程中生产安全和身体健康的权利。

① 享有工伤保险权；

② 作业岗位危险有害因素知情权；

③ 对安全生产问题批评、检举、控告权；

④ 拒绝违章指挥权；

⑤ 紧急情况避险权；

⑥ 接受教育培训权；

⑦ 享有个体防护用品权；

⑧ 工伤人员除依法享有工伤社会保险外，依照民事法律尚有获得赔偿的权利，有权向本单位提出赔偿要求。

六、劳动保护科学

（一）劳动保护科学的概念

劳动保护科学是与社会科学、自然科学和经济科学都有关联的边缘科学，是研究劳动生产过程中劳动者与劳动条件之间的矛盾、对立及其统一的规律，以便应用这些规律，保护劳动者在生产过程中的安全和健康。

（二）劳动保护基础理论

劳动保护基础理论是从动力理论、灾害成因理论和人机工程学理论发展起来的。其主要内容包括系统安全工程学、人机工程学、劳动保护法学、劳动保护经济学、劳动生理学、工业防尘技术、职业病学以及各种专业技术等。

第三节　工会劳动保护工作的基本任务

工会劳动保护工作是指工会依据法律赋予工会的职权，监督企业和有关单位、部门贯彻国家有关劳动安全卫生法律法规，发动职工群众参与安全生产工作，督促企业不断改善劳动条件，维护职工在生产过程中安全和健康的合法权益。工会劳动保护的对象是在中华人民共和国境内依靠劳动取得工资收入的劳动者。其目的就是预防、减少伤亡事故和职业病发生，维护职工群众安全和健康，保障企业生产顺利进行，促进经济又好又快发展。

工会劳动保护工作的基本任务是：监督和协助行政方面做好劳动保护工作，切实保障职工在生产过程中的安全和健康，促进生产发展。

一、宏观参与和基层参与

工会代表和组织职工群众参与国家和社会事务及企业管理，是法律赋予工会的一项重要职责，是工会维护职工合法权益的重要途径。它具有增强维权的源头性和前瞻性。

（一）宏观参与

1. 立法参与

（1）国家立法参与

如全国总工会参与了"劳动合同法"立法的全过程，工会的建议得到了采纳。如增加：

① 以"劳动法"为基础，向弱势团体倾斜；

② 防止劳动合同的短期化；

③ 劳动合同要体现劳务派遣工的行为；

④ 劳动合同要强化集体合同制度，增加无固定期限合同；

⑤ 经济性裁员，事先通知工会并对被裁员者给予经济补偿；

⑥ 规章制度的制定，用人单位必须征得工会、劳动者的意见，必须告知劳动者并予以公示等。

（2）地方立法参与

2. 宏观决策参与

（1）提交全国、地方各级人大、政协提案、议案；

（2）参加各级安全生产委员会；

（3）参加同级政府联席会；

（4）举办专题讨论会等。

（二）基层参与

1. 参与企业有关规章、制度的制定和修订的基本原则

（1）参与制定、修订的规章制度必须符合国家有关法律法规的规定；

（2）必须坚持职代会（职工大会）审议和公示程序；

（3）坚持"以人为本"，规章制度应以激励为主的原则；

（4）坚持参与前的调查研究，切实反映职工的意见、建议和要求，维护职工劳动安全卫生等切身利益。

2. 基层决策参与

（1）运用职代会民主管理的权力，参与、审查有关劳动者劳动

安全卫生等切身利益的重大决策,是否符合广大职工的利益和要求;

(2)基层工会应通过参与企业每年劳动保护措施计划的制订,确保劳动条件的改善,并通过监督做到专款专用,按期完成。

3. 参与集体合同中劳动安全卫生条款的设定

(1)条款设定的原则

① 必须符合现行有关劳动安全卫生法律法规;

② 应体现广大职工的意愿和要求;

③ 既要坚持国家标准,又要从企业的实际出发;

④ 尽可能具体和量化;

⑤ 必须体现工会的维护职能。

(2)条款设定的主要内容

① 企业必须严格执行国家劳动保护法律法规、条例、标准;

② 企业必须向劳动者提供符合国家标准的劳动条件、生产设备、设施、工具和个体防护用品;

③ 企业对查出的事故隐患和有毒作业超标点要及时治理整改;

④ 企业必须执行"三同时";

⑤ 企业每年提出年度安全技术(劳动保护)措施项目计划必须经职代会审议通过,做到资金、责任、时间三落实;

⑥ 企业必须对职工进行安全教育培训;

⑦ 按规定发放劳动保护用品并教育职工正常使用;

⑧ 对接毒接尘职工按规定进行职业性体检;

⑨ 企业发生工伤事故必须通知工会参加;

⑩ 企业应遵守国家对女职工和未成年工特殊保护;

⑪ 企业必须履行参加工伤保险的责任;

⑫ 企业制定、修订规章制度必须经过职代会审议通过;

⑬ 企业法人代表应定期向职代会报告有关劳动保护情况并

接受监督；

⑭ 工会积极配合企业行政对职工进行安全教育；

⑮ 工会依法独立进行劳动保护监督检查；

⑯ 职工在劳动过程中，必须严格遵守劳动纪律、作业标准和安全操作规程；

⑰ 职工有权拒绝企业管理人员的违章指挥，对危害职工安全健康的行为，有权提出批评、检举和控告。

（3）签订劳动保护条款应注意的问题

① 避免在集体合同中照抄、照搬劳动法律法规；

② 合同条款文字表述尽量严谨和准确；

③ 实事求是从企业实际出发，切合企业情况，体现企业特色；

④ 集体合同条款的制定，不能一劳永逸，要在合同执行中不断修订、改进和完善。

4. 企业职代会劳动保护民主管理

（1）职代会劳动保护民主管理参与权；

① 职代会行使对劳动保护工作的审查同意或否决权；

② 职代会行使对劳动保护工作审查同意或否决权的内容主要包括：

劳动安全；劳动卫生；安全技术措施费用；劳动保护用品；工作时间和休息、休假；劳动保护奖惩制度。

③ 行使权利应坚持三个原则：

坚持国家法律法规与企业制度相一致的原则；坚持全面落实"安全第一、预防为主、综合治理"方针的原则；坚持劳动防护措施费用专款专用的原则。

④ 职代会行使权利的程序：

协商草案；会前讨论；会中审议；表决实施。

（2）职代会劳动保护（安全生产）专门委员会（小组）

职代会劳动保护（安全生产）专门委员会（小组）是行使职代会

劳动保护民主管理和民主监督职权的专门机构。其主要职责：

① 参与审议提交职代会审议的劳动保护有关议案；

② 职代会闭会时间、审定职权范围内的需要协商解决的劳动保护问题，并向职代会报告予以确认；

③ 检查、督促职代会关于劳动保护措施方案以及有关决议、提案的执行与处理；

④ 向职代会报告一年内开展劳动保护检查，监督工作情况并提出下一年工作计划。

（3）职工代表大会职工代表劳动保护提案应按规定程序统计、传递、实施、确认和反馈。

随着改制的深化，有关职代会民主参与、监督的有关内容方法程序，还需继续探索。

二、安全检查

安全检查是一项综合性的安全生产管理措施，是企业安全管理的重要手段之一，是工会维护职工安全健康合法权益的重要途径。通过检查，发现、整改事故隐患、职业危害，预防消除事故和职业病，并为系统安全评价奠定基础。

（一）安全检查的基本要求

（1）必须明确安全检查的目的、要求和具体计划；

（2）必须明确安全检查的人员职责；

（3）必须明确安全检查的形式、要求、内容和评价标准；

（4）必须坚持领导干部、专业人员和职工群众相结合的原则；

（5）必须坚持边检查边整改的原则；

（6）必须坚持注重实效的原则。

（二）安全检查的类型

（1）按检查范围分类：全国性、区域性、行业性、企业、车间、班组安全检查等。

（2）按时间跨度分类：定期和不定期安全检查。

（3）按检查对象分类：特种设备、危险作业等专项安全检查以及岗位自检、互检等。

（4）按组织分类：工会参与性和工会为主组织及职工代表巡查等。

（三）安全检查的主要内容

（1）法律法规、政策执行情况；

（2）安全管理制度落实情况；

（3）设备、设施安全状态及隐患整改情况：

① 生产环境存在的危险源监控情况；

② 生产工艺、流程及设备使用情况；

③ 危险品生产、运输、使用、保管、储存情况；

④ 个体防护用品质量、使用情况；

⑤ 要害部门、重点设施的安全管理情况等。

（4）检查违纪违章情况等。

（四）安全检查的方法

安全检查的方法主要有听、查、看、问、馈。

（1）听取企业安全生产情况的汇报；

（2）查阅有关记录，台账资料等；

（3）查看生产作业现场；

（4）随机询问职工对企业安全管理的意见、建议和要求；

（5）向企业反馈检查情况和整改意见。

（五）安全检查结果处理的原则

（1）边查边改的原则；

（2）限期整改的原则；

（3）采取防护措施的原则；

（4）"三定"、"四不准"原则：

① "三定"：定具体负责人，定措施、办法，定整改时间。

②"四不准"：凡是班组能解决的不准推给车间；凡是车间能解决的不准推给企业；凡是企业能解决的不准推给上级主管部门；凡本级主管部门能解决的不准推给上级机关。

③ 工会应根据查出的事故隐患可能发生事故的概率和危险度，跟踪监督整改（必要时应下发"事故隐患和职业危害整改建议书"），实现 PDCA 闭环，并建立事故隐患职业危害档案（统计、分析、辨识、评价、建档、立卡）。

三、工会对"三同时"项目的监督

（一）"三同时"含义和工会实施监督的依据

见《工会法》第二十三条和《安全生产法》第二十四条、第五十二条等；

（二）"三同时"审查的原则、标准

（1）既要坚持按标准严格要求，又要坚持实事求是的原则；

（2）采用我国现行劳动安全卫生标准和行业标准。

（三）"三同时"审查程序和各程序的审核要点

1. 审查程序

可行性研究审查，设计文件审查，竣工验收审查。

2. 审查要点

（1）可行性研究审查要点

① 审查项目建议书中的劳动安全卫生条款及预防措施的原则要求论述是否全面、准确。

② 审查可行性研究的项目设计任务书、可行性报告中的危险有害因素论述，对所采取的劳动安全卫生技术措施的可行性论证是否全面和可行性等。

③ 职业卫生和安全评价。对化工等高危行业具有较大危险危害的项目，建设单位应委托设计单位或研究单位进行项目的职业安全卫生评价，并提出评价报告书。重点审查评价报告的针对性、可行性和有效性。

（2）初步设计审查要点

① 安全与职业病危害。审查项目中应用的法律法规、技术标准是否符合要求，职业安全、卫生设施能否达到效果。

② 劳动安全卫生。全面审查《劳动安全卫生专篇》和《建设项目劳动安全卫生初步设计审查表》的内容，如生产流程工艺是否先进合理，针对生产过程中可能产生的危险有害因素的预防措施是否合理、有效和符合现行法律法规、技术标准等。

（3）竣工验收审查要点

审查项目建设单位报送申请验收投产专题报告和《建设项目劳动安全卫生验收审查表》。主要审查生产流程工艺产生危险有害因素的类别、危险度和产生的部位，预防措施的针对性和效果及其所采用法规、标准的符合性等。工会应将审查结果和建议以书面形式反馈给建设单位。

（4）建设单位应给工会报送有关文件资料。

① 申请验收投产的专题报告；

② 工程质量和运行效果：

·是否按照批准的初步设计、全部配套建成了尘毒治理和安全工程设计的项目，其质量、性能、效果是否符合标准。

·满负荷运行时，生产场所测试的数据是否达到设计的预期效果，是否符合国家标准。

·职工是否进行了安全培训、三级安全教育，职工是否掌握了安全操作规程和预防工伤、职业病危害应有的技能，特种作业人员是否持证上岗能独立工作。建设项目经检查验收不符合标准的，工会不能签字同意投产。

"三同时"审查竣工验收应实行分级负责制，建设单位工会应对建设项目劳动安全卫生设施进行监督，并向参加建设项目审查验收的上级工会反映项目施工中劳动安全卫生方面存在的问题和改进意见。

四、参加伤亡事故的调查处理

工会参加伤亡事故的调查处理是工会劳动保护工作的重要内容之一,也是法律赋予工会的重要职责。

(一)工会参加伤亡事故的调查处理

工会参加伤亡事故调查处理,有关法律都做了明确规定(如《安全生产法》第五十二条等)。工会是职工合法权益的具体代表者和维护者,在参加伤亡事故的调查中要特别注意保护职工的合法权益。

(1)企业是否有瞒报、漏报、迟报事故的情况;

(2)调查分析的事故原因和确定处理的事故责任人等是否客观、公正;

(3)伤亡职工是否依法获得了工伤保险待遇和用人单位的民事赔偿。

(二)因工伤亡事故的定义和分类

1. 定义

因工伤亡事故是指职工在生产过程中,发生的人身伤害和职业中毒事故;或由于企业的设备、设施不全,劳动条件和作业环境不良而发生的伤亡事故,均应定为因工伤亡事故。

2. 分类

(1) 按 GB 6441—86 标准分类

① 按伤害程度分为 3 类:

· 轻伤:指损失工作日低于 105 个的失能伤害;

· 重伤:指损失工作日等于和超过 105 个的失能伤害;

· 死亡。

② 按事故严重程度分 3 类:

· 轻伤事故:指只有轻伤的事故;

· 重伤事故:指只有重伤无死亡的事故;

· 死亡事故(包括重大、特大伤亡事故):重大伤亡事故指一次死亡 1~2 人的事故,特大伤亡事故指一次死亡 3 人(含 3 人)以上的事故。

(2) 按生产安全事故(以下简称事故)造成的人员伤亡或者经济损失,事故一般分为:

① 特别重大事故:指造成 30 人以上死亡,或者 100 人以上重伤(包括急性工业中毒,以下同),或者 1 亿元以上直接经济损失的事故;

② 重大事故:指造成 10 人以上 30 人以下死亡,或者 50 人以上 100 人以下重伤,或者 5 000 万元以上 1 亿元以下直接经济损失的事故;

③ 较大事故:指造成 3 人以上 10 人以下死亡,或者 10 人以上 50 人以下重伤,或者 1 000 万元以上 5 000 万元以下直接经济损失的事故;

④ 一般事故:指造成 3 人以下死亡,或者 10 人以下重伤,或者 1 000 万元以下直接经济损失的事故(以上包括本数,以下不包括本数)。

(三)伤亡事故的统计报告

认真做好伤亡事故统计报告工作是加强工会劳动保护基础建设的一项重要内容,也是工会依法进行群众监督,有效行使工会参与劳动保护决策的重要依据。各级工会应建立伤亡事故统计、分析、报告制度,严格执行中华全国总工会对伤亡事故统计报告的有关规定。

(四)伤亡事故调查处理建立分级负责制

应根据《生产安全事故报告和调查处理条例》认真执行。

(五)伤亡事故调查处理原则

(1) 坚持以事实为依据的原则;

(2) 坚持以法律为准绳的原则;

(3) 坚持"四不放过"的原则;

（4）坚持科学的原则：坚持科学的态度、科学的方法、科学的手段，做到客观、公正、公开透明。

（六）事故责任追究

1. 刑事责任

刑事责任是指触犯国家刑事法律规定的犯罪行为所应当承担的法律责任。

2. 行政责任

违反行政法规的责任。承担的行政责任分为两类，即接受行政处分和行政处罚。

（1）行政处分包括警告、记过、降级、降职、撤职、开除等；

（2）行政处罚，包括警告、罚款、没收违法所得、没收非法财物、责令停产停业、暂扣或者吊销许可证、暂扣或者吊销执照、行政拘留和法律法规规定的其他行政处罚。

3. 民事责任

民事责任是民事法律的简称。追究民事责任是保护民事权利的主要法律措施。如因生产事故受到损害的从业人员，除依法享受工伤社会保险外，依照有关民事法律，尚有获得赔偿权利的，有权向本单位提出赔偿要求（安全生产法）。

五、开展预防事故及职业病危害的各种群众活动

如开展"安康杯"竞赛活动等。

六、劳动保护教育培训

（一）教育培训的目的和特点

（1）培训的目的主要是全面提高工会劳动保护人员的整体水平和职工的安全素质，保护职工的安全和健康，开创工会劳动保护的新局面。

（2）教育培训的特点主要是长期性和艰巨性，广泛性和实践性。

（二）劳动保护教育培训的对象和内容

（1）培训对象：劳动保护人员和全体职工。

（2）培训内容：现行有关劳动安全卫生法律、法规知识；生产过程中的应知、应会、应急救援知识；学习安全理论，提高参与能力和水平。根据不同对象的需求，培训内容各有所异，概括起来有：

① 提高广大职工劳动安全卫生法治意识和自我保护能力的有关法律、法规和应知应会知识；

② 提高广大劳动保护人员理论水平和工作能力的有关法律、法规、专业技术和现代安全理论知识；

③ 普及安全管理基础知识，提高职工参与企业安全卫生工作的监督、管理能力。

（三）培训的方式、方法

采用集中和分散、脱产和业余、综合知识和专业知识培训等方式，其方法视其情况自定，如用讲授、多媒体教学、演示、参观讨论、宣传、演练等。

（四）培训工作程序

培训需求、培训计划、培训实施、培训绩效和持续改进。

（五）培训应注意的问题

培训内容的针对性；培训形式的灵活性；培训举例的典型性；培训效果的显著性。

第四节　工会劳动保护工作的自身建设

随着国民经济稳定健康发展，人们物质文化水平的提高和国际经济的一体化，工会劳动保护工作在保护人权、促进社会文明、构建和谐社会、参与市场竞争中担负着重要职责。因此，加强自身建设，完善运行机制，提高整体素质和配备应有资源，是认真履行法律、法规赋予工会劳动保护职责，搞好工会劳动保护工作的基础和保障。

一、建立完善运行机制

（一）建立职能体系和企事业劳动保护组织网络

1. 工会劳动保护职能体系

工会劳动保护职能体系主要包括国家、地方、产业和企业三级。

2. 企事业劳动保护组织网络

按照中华全国总工会颁布的"工会劳动保护监督检查员工作条例"、"基层工会劳动保护监督检查委员会工作条例"、"工会小组劳动保护检查员工作条例"，企事业工会劳动保护监督检查组织网络包括：

（1）基层工会劳动保护监督检查委员会（简称劳监委）；

（2）车间（分厂）劳动保护监督检查委员会或劳动保护监督检查小组（简称劳监组），视其情况也可设工会劳动保护监督检查员；

（3）工会小组劳动保护检查员（简称劳检员）；

（4）乡镇、城市街道工会及基层工会联合会也可成立劳监委。

（二）建立完善劳动保护工作制度

（1）劳动保护工作责任制度：

① 各级地方总工会主席对本地区工会劳动保护工作负全面领导责任，分管副主席负直接领导责任；劳动保护专兼职人员负直接责任；

② 企业工会主席对企业劳动保护工作负全面领导责任，分管主席负直接领导责任；劳动保护专兼职人员负直接责任。

（2）劳动保护监督检查制度。

（3）重大事故隐患、严重职业危害建档跟踪和群众举报制度。

（4）参与"三同时"审查验收制度。

（5）参加伤亡事故调查处理制度等。

（三）工会劳动保护监督检查员的职权

工会劳动保护监督检查员代表工会组织履行下列职权：

（1）参与劳动安全卫生法律法规、标准和重大决策、措施的制定，并监督其执行；

（2）监督检查本地区、行业和企事业单位的劳动安全卫生工作，并提出整改治理的建议；

（3）制止违章指挥、违章作业；

（4）在生产过程中发现明显事故隐患和严重职业危害，并危及职工生命安全的紧急情况时，有权向企业行政或现场指挥人员要求采取紧急措施，包括立即从危险区内撤出作业人员，支持组织职工采取必要的避险措施并立即报告；

（5）依法参加伤亡事故的调查处理，提出处理意见，并监督其执行；

（6）参加"三同时"项目审查验收，并提出意见和建议；

（7）监督和协助企事业单位严格执行国家劳动安全卫生规程和标准，建立、执行劳动安全卫生有关制度；

（8）支持基层工会劳动保护监督检查委员会和工会小组检查员开展工作并给予指导。

（四）建立、实施约束激励机制

建立完善工会劳动保护工作的约束激励机制，制定实施考核细则，明确职责，认真考核、总结、表彰，激励先进，持续提升工会劳动保护工作的水平。

二、全面提高劳动保护人员的整体素质

培养一批具有高度事业心、责任感和无私奉献、坚持原则、敢于斗争、勇于创新、精通业务的劳动保护队伍，切实把广大职工的根本利益实现好、维护好、发展好，以适应时代的发展，也是广大职工群众对工会组织的希望。

三、提供应有的资源保障和宽松的工作环境

（1）结合企事业风险特点，按规定配备劳动保护专业人员，并保持稳定。

（2）认真执行"三个"条例和有关文件的规定，积极解决劳动保护工作所需要的交通、通讯工具等，保证劳动保护工作的顺利开展。

（3）按规定解决劳动保护人员的有关待遇，充分调动其工作积极性。

（4）企事业行政应给劳动保护工作人员创造宽松的工作环境，坚决支持工会依法维护职工的合法权益。

第五节　工会劳动保护工作存在的问题与对策

一、目前存在的主要问题

（1）随着社会主义市场经济的发展和企业改制的深化，劳动保护工作趋于弱化；

（2）劳动保护法律法规执行率偏低、缺乏有效的约束机制；

（3）劳动保护人员少、素质较低且流动性大，很难依法履行好自己的劳动保护工作职责；

（4）中小型非公有制企业的工会劳动保护工作，步履维艰，问题突出等。

二、对策

（1）转变作风，深入基层，调查研究，解决问题，切实把职工安全健康的根本权益，实现好、维护好、发展好。

（2）切实加大有关劳动安全卫生法律法规的监督检查力度，提高执行率。

（3）采取多种有效的教育培训方式，协助、参与企业，广泛开展职工的教育培训，不断提升全员的安全素质。加强劳动保护人员的专业培训，持续提升工作能力和专业技术水平。

（4）研究探索新形势下工会劳动保护工作的新特点、新思路、新方法、新手段，继续开创劳动保护工作的新局面。

（5）全面贯彻落实"十七大"和全国人大十一届一次会议精神。

① "十七大"报告中指出："坚持安全发展，强化安全生产管理和监督，有效遏制重特大安全事故，完善突发事件应急管理机制。"

② 全国人大十一届一次会议报告指出："强化安全生产。加大源头治理力度，遏制重特大安全事故发生。巩固和发展煤矿瓦斯治理和整顿关闭两个攻坚战成果，继续开展行业领域安全专项治理。加强对各类安全事故隐患排查和整治工作，健全重大隐患治理、重大危险源监控制度，完善预报、预警、预防和应急救援体系。依法加强监管，严肃查处安全生产事故。"

工会劳动保护工作是一项艰巨、复杂的系统工程，也是党和政府、职工群众赋予工会的基本职责，工会必须以高度的事业心和责任感，认真履行职责，服从发展大局，服务职工群众，关注职工疾苦，全面落实"十七大"和全国人大十一届一次会议精神，把劳动保护工作抓好、抓实、抓出实效，为人民、为社会作出应有的贡献。

第二章 工业卫生基础知识

随着我国国民经济的平稳较快发展,人们的物质文化生活水平有了明显提高。认真学习工业卫生的基本知识,加大执法力度,积极推进职业健康监管工作,保护职工在生产过程中的身体健康已成为我国全面实现小康,构建和谐社会的重要内容之一。

第一节 概 述

一、工业卫生的含义

工业卫生是研究生产劳动过程中各种生产性有害因素对劳动者健康的影响,改善劳动条件,预防控制职业病的发生,在设备、设施、技术、法律、教育、组织制度、医疗保健等方面所采取的一整套措施。

按照世界卫生组织职业卫生联合委员会的规定:工业卫生是使所有从事职业的工作人员,在体格、精神和社会方面都得以高度的健康。也就是说工业卫生不仅是保护劳动者的健康,还要使他们在精神和社会生活方面都能得到良好的保障健康条件,提高职业人员的身体体质。

(1)工业卫生是研究劳动条件与劳动者之间的关系,提出改善条件的措施。目的是保护劳动者的身体健康,提高劳动生产率,促进国民经济的发展。

(2)从卫生学的观点出发,工业卫生是着重研究劳动条件对劳动者健康形成影响的有害因素及其形成的规律,并依此制定相应的卫生标准,进行生产环境质量的评价,采取预防综合措施,创造合乎卫生要求而又舒适的劳动条件，全面提高劳动者的健康水平和劳动能力，提高劳动生产率。

二、工业卫生包括的主要内容

（1）异常气压作业条件下对劳动者的保护；

（2）异常气象作业条件下对劳动者的保护；

（3）关于放射性物质对人体危害的防护；

（4）预防高频、微波、紫外线、激光等物理因素对人体的危害；

（5）预防噪声、振动对人体的危害；

（6）预防各种有毒物质对人体的危害；

（7）预防各种粉尘对人体的危害；

（8）各种尘肺病患者的诊断；

（9）保护职工的视力；

（10）预防职业性、生物性因素对人体健康的影响；

（11）预防职业性疾病对人体健康的影响；

（12）认真贯彻和严格执行工业卫生标准；

（13）普及劳动卫生科学知识，加强个体防护和卫生保健工作。

三、我国政府一贯关心、重视劳动者的安全和健康，高度重视职业病防治工作

（1）建国初期国家把劳动保护工作定为党和政府的重要工作和企业管理的基本原则；

（2）1956年5月，国务院颁布了《关于防止厂矿企业中矽尘危害的决定》，1957年和1962年国家先后召开了两次全国防止矽尘危害工作会议；

（3）1958年至1963年，国家相继颁布、修订了《矿山防止矽尘危害技术措施暂行办法》、《矽尘作业工人医疗预防实施办法》；

（4）1987年国务院颁布了《尘肺病防治条例》；

（5）2002年5月1日中华人民共和国职业病防治法颁布

实施；

（6）2002 年卫生部、劳动保障部以卫法监发〔2002〕108 号文件，下发了《职业病目录》，计 10 类，115 种；

（7）2004 年国务院召开的安全工作会议上提出："要推进安全生产工作，以控制伤亡事故为主向全面做好职业安全卫生工作转变，把职工安全健康放在第一位"；

（8）2006 年中共中央政治局第 30 次集体学习会议上，胡锦涛指出："要坚持把实现安全发展、保障人民群众生命财产安全和健康作为关系全局的重大责任，与经济社会发展各项工作同步规划、同步部署、同步推进，促进安全生产与经济发展相协调。"

第二节　生产性有害因素

一、生产性因素和生产性有害因素

（一）生产性因素

生产性因素是由生产过程、劳动组织和劳动生产环境组成，而每个部分又有许多因素组成，这些与生产有关的因素通称为生产性因素。

（二）生产性有害因素

在生产性因素中，那些对人体有害的因素，称生产性有害因素。

二、生产过程中的危害因素

生产过程中的危害因素主要包括物理性因素、化学性因素和病源生物性因素。

（一）物理性因素

1. 异常的气象条件

主要包括高湿、低温、高温等。如高温作业（寒冷和炎热地区分别超过 32 ℃、35 ℃）可能导致全身不适、中暑、热经挛、日射病、热衰竭等。如长期在高温下作业,可能出现高血压、心肌受损和消化功能障碍等病症。

2. 异常的气压条件

主要包括高气压和低气压。如在高低气压条件下的高空作业(飞机、宇宙飞船)、高山作业、高原地区等,其特点是缺氧、寒冷而引起高山病、高原反应、高原肺水肿、高原性心脏病、高原昏迷、高原红细胞增多症、混合性高原反应等。

3. 生产性噪声

噪声就是各种不同频率和强度的声音无规律的杂乱组合,声波形成无规律的变化,听起来厌烦的声音。凡在生产过程中产生的噪声称生产性噪声。

生产性噪声分机械性、空气动力性、电磁性噪声。

噪声对人的危害主要有:① 神经系统中的大脑皮层兴奋,抑制失调。② 心血管系统中的交感 N↑,心跳加快、血压波动、心脏呈缺血型改变。③ 听觉系统中的听觉不适应、听觉疲劳、噪声性耳聋。

如女工接触强度较大的噪声,可引起月经周期异常,经常接触噪声较强的女工,妊娠后妊娠高血压综合征的发病率将增高等。

噪声的防治措施主要包括声源控制、吸声、消声、隔声、隔振、阻尼、个体保护等。

4. 振动

振动作用于人的方式可分局部振动和全身振动。但一般的生产中最常见和危害较大的还是局部振动。

长期接触强烈的振动可引起振动病,我国已定振动病为法定职业病。

如女工在全身振动的影响下,月经不调及自然流产几率增高;妊娠高血压综合征、分娩时子宫收缩无力、胎儿宫内窒息等发病率也有所增高;全身振动影响盆腔内器官的血液供给,从而影响子宫的供血和胎儿的发育。

预防振动病的主要措施有：① 厂房建筑打防振地基。② 机械工程方面改革工具、机器铺设塑料、橡皮等减振材料。③ 建设合理的劳动工作制度，适当缩短劳动时间。④ 就业前体检和定期体检。⑤ 个体防护，如用高分子发泡材料制成的无脂手套等。

5. 辐射（放射性物源）

（1）根据辐射能量不同及对原子或分子的作用情况（电离与否）分为电离辐射（能使分子或原子发生电离的辐射，如 α 粒子、β 粒子、γ 射线、X 射线和中子等）和非电离辐射（不能使分子或原子发生电离的辐射如射频电磁波含微波、紫外线、红外线和可见光）两大类。

（2）辐射的致害作用：

① 射频辐射电磁波的危害。

致热效应：能使人体内的电解质分子极化随电磁场的交替变化振荡发热，体温明显上升。

非致热效应：能引起中枢神经和植物性神经机能障碍。表现为神经衰弱、心电图和脑电图异常、头痛、头昏、兴奋、失眠等。微波主要用在雷达、通讯、电视、不良导体加热、医疗、核物理、科研等方面。其危害能造成嗅觉、视觉机能下降，长时间高强度辐射，可引起眼球晶体混浊、白内障，对生殖机能、内分泌机能、免疫机能均产生一定影响。

作业场所的射频辐射强度随着辐射的距离增大而迅速递减，其中微波有较强的方向性。

② 紫外线：在生产中的冶炼、电焊、气焊、探照灯、水银灯等物体高温达到 1 200 ℃以上时可出现紫外线。

短波紫外线可使眼睛和皮肤受到伤害，引起角膜炎、皮肤溃伤（即电光眼炎）白内障、皮肤红斑反应，长期接触可引起皮肤癌；与沥青等化学物质同时作用皮肤可导致严重的光感性皮炎。

③ 红外线。生产环境中所有炽热物体及强光源均能辐射出红外线；

大量吸收红外线可导致热损伤，破坏角膜表皮细胞，产生红外线白内障、视网膜脉络灼伤。

④ 激光。激光主要用于手加工、医疗、通讯、测量、科研等方面。

激光产生的热效应和电磁效应可引起角膜损伤、视网膜灼伤、皮肤或经皮肤使深部的器官损伤。

⑤ 电磁辐射。电磁辐射对人的效应分为随机效应和非随机效应。

随机效应包括致癌效应和遗传效应，是对人的远期效应。这种损害是没有阈值的，其发生的概率随剂量的增加而增加，但其严重程度与剂量无关。

第一，致癌效应是对人最重要的远期效应，由辐射诱发癌症、白血病、肺癌、甲状腺癌、皮肤癌和恶性淋巴瘤等；

第二，遗传效应是另一种随机效应，主要诱发后代的畸形、智力障碍、恶性肿瘤和白血病。

非随机效应是指当受照射的剂量超过一定水平的阈值时，其损害发生率急剧增至 100%。受热射剂量超过阈值时，损害的严重程度随剂量的增加而增加，能造成三种类型的放射伤害。

一是中枢神经和脑神经伤害，主要表现为虚弱、倦怠、嗜睡、震颤、痉挛，甚至能在数天内死亡。

二是胃肠性的伤害，主要表现为恶心、呕吐、腹泻，但很快好转，约 2～3 周无病症后出现脱发、虚弱和虚脱，症状消失后，可以出现急性昏迷，通常两周内死亡。

三是造血系统伤害，主要表现在恶心、呕吐、腹泻，但很快好转，约 2～3 周无病症后出现脱发、经常性流鼻血，再出现腹泻，造成极度憔悴，通常在 2～6 周内死亡。

电磁辐射在较高剂量作用下，能造成出血、贫血、白血球减少、胃肠道溃伤、皮肤坏死或溃伤，在容许剂量下，长期或反复照射时，能使人体细胞改变机能，白血球过多，眼睛晶体混浊，皮肤干燥，脱发，内分泌失调等。

6. 不良的照明条件

不良的照明条件往往是导致工伤事故的重要因素，也是损伤职工视力的重要原因，还会影响到产品质量。因此，必须采取积极的措施。

（1）要按照国家《工业企业照明标准》，对各种车间、工作场所提供合理的照明度。

（2）要有合理的照明方案，恰当选择光源和灯具并进行合理布置，达到最佳照明效果。

（二）化学性因素

化学性因素是指生产过程中接触到的有毒化学物质和生产性粉尘。

1. 有毒物质

铅、锰、汞、苯、一氧化碳等有毒物质，人长期接触会造成职业中毒、职业病。

据有关资料显示 20 世纪 50 年代前世界的化学品年产量仅有 100 万吨，而今化学品年产量已超过 4 亿吨，已为人所知的化学品就有 500 万～700 万种，在市场上出售流通的已超过 10 万种，而且每年还有 100 多种的新化学品问世。这些在市场上流通的化学危险品，其中有 100～200 种被认为是致癌物。据估计全世界每年因化学事故和化学危害造成的损失超过 4 000 亿人民币。

2. 生产性粉尘

生产性粉尘是指生产过程中产生的能较长时间浮在生产场所空间中的固体微小颗粒。

工人在劳动中较长时间吸入较高浓度的粉尘就会引起尘肺。

国际劳工组织第四次国际防尘肺会议通过对尘肺定义——粉尘在肺内蓄积,并引起组织反应。所以尘肺就是粉尘引起的肺组织纤维病变。

（三）病原生物性因素

指生产过程中的原料或生产环境中存在的致病源微生物,如细菌、寄生虫,通过皮肤、呼吸道、消化通道感染某些疾病。如布氏杆菌就由工人接触带有布氏杆菌的皮毛等物而感染。

三、生产性有害因素对劳动者健康的影响

（一）引发职业病

劳动环境中有害因素的作用较强,劳动者接触的量（浓度）超过自身的耐受限度,即可引起机体特定功能性或病理性改变,并出现相应的临床表现,引起职业病。

（二）引发职业病多发病

（1）职业病多发病又称与工作有关的病,如厂、矿多发病等,但不能从立法意义上称职业病。

（2）一些厂矿企业工人受劳动条件和环境的影响,使抗病能力下降,而较一般人易于患某些疾病。

（3）多发病虽然不像职业病那样,直接取决于生产性有害因素,但这些疾病发病率高,对职工健康和生产影响都很大,所以在生产过程中,改善劳动条件是预防职业危害的首要条件。

（三）致癌作用

（1）生产过程中有些有害因素有致癌作用,如果长期接触这些因素可引起癌症,如苯、石棉等。

（2）据报告,目前有可疑癌作用的化学物质有 1 500 多种,国际肿瘤研究中心提出对人有致癌性的有 30 多种,并认为人的肿瘤中 $80\%\sim90\%$ 是由于化学物质引起的。而人类对这些物质的接触,大部分是职业接触。因此,对职工健康的威胁很大。

（四）致突变作用

突变是指机体的遗传物质在一定条件下，发生的根本变异。它可由化学物质（毒物）、物理（电磁辐射、紫外线）及生物（病毒）等因素引起。

（五）致畸作用

有些生产性因素有致畸作用（一般认为汞的化合物药物反应、酞胺呱酮等及其他一些生产性毒物）有明显的致畸作用，可引起畸态，造成胎儿先天性畸形。所以女职工劳动保护要求对妊娠女职工暂时调离从事铅、苯、汞等有毒有害物质的作业。

四、影响生产性有害因素作用的有关因素

人体接触生产性有害因素后能否引起危害和危害程度如何与下面因素有关。

（1）理化性质——化学结构分散度、溶解度、挥发度。

（2）接触量和接触时间，即强度——生产性有害因素虽然对人体有害，但如接触量少，时间短，就不会引起危害。量越大，进入机体越多，危害越大。

所以环境因素与机体之间有个量变逐渐引起生理功能质变的过程，即剂量效应关系。根据这个原理，各国都制定了劳动环境中各种有害因素的容许限量，即卫生标准。

在容许限量内，虽然长时间接触，但对身体不致发生危害。我国颁布了工业企业设计卫生标准，规定了"工作场所空气中有害物质的容许浓度"、"工作场所空气中粉尘容许浓度"、"作业地带空气的温度、湿度标准、噪声标准"等。

（3）接触的时间——有些劳动环境中有害因素不超过国家标准，工人接触机会少，表现的危害性就较轻；反之，在同样劳动条件下，表现的危害性就严重得多。

（4）劳动强度——劳动强度大，体内产热量增加，呼吸及血液循环加快，可增加毒物从呼吸道吸入和皮肤吸收。

（5）个体耐受性——接触同样的有害因素，有的人可以长期不受危害,而另一些人可能容易发生一些病变,这种现象就是个体耐受度。

当一些器官和脏器有缺陷时,接触一些有害物质时,更容易造成脏器的损坏,这就是职业禁忌症的根据。所以就业前体检,要求不要有职业禁忌症的职工安排该工种。

第三节 生产性毒物

一、毒物及生产性毒物

(一)毒物

毒物是指一定量的化学物质,在一定条件下,作用于机体与细胞成分,产生生物化学或生物物理变化引起机体功能性或器质性改变,导致暂时性或永久性损害,甚至危及生命,这种物质称为毒物。

简言之,毒物是指危及生命健康的化学元素、化合物以及它们的混合物,包括天然的及合成的。

(二)生产性毒物

生产过程中产生或使用的各种有毒有害物质,统称工业毒物或生产性毒物。这些物质如进入人体,可破坏正常生理机能引起中毒或职业病。

二、生产性毒物的形态

在生产过程中,生产性毒物常以气体、蒸气、粉尘、烟或雾等形态存在。

(一)气体

指常温常态下,呈气体形态的物质。如一氧化碳(CO),二氧化碳(CO_2),甲烷(CH_4)等。

(二)蒸气

固体升华、液体蒸发或挥发形成蒸气。如喷雾作业中的汽油蒸气、苯蒸气等。

（三）粉尘

系指较长时间悬浮在作业场所空气中的固体微粒。

（四）烟尘

指悬浮在空气中的粒径小于 0.1 nm 的固体微粒。如焊接作业过程中锰烟尘、铅烟尘等。

（五）雾

指悬浮在作业场所空气中的液体微粒。如镀铬时的铬雾，金属酸洗时的硫酸雾等。粉尘、烟雾合称气溶胶。

应该指出，同一种毒物在生产环境中存在的形态，并不是固定不变的，它与生产过程有关。了解毒物在生产环境中存在形态，对于了解毒物进入人的机体途径，造成职业中毒原因以及采取什么防护措施具有重要的卫生学意义。

三、生产性毒物的分类

（一）按化学结构分为七类

金属、类金属及其化合物、烃类及其化合物、有机酸及其衍生物、醛类、醇类、酮类、高分子化合物等。

（二）按毒性分为五类

剧毒类毒物、高毒类毒物、中等类毒物、低毒类毒物、微毒类毒物。

（三）按作用性质分为八类

刺激性毒物，如氯化氢、氯气、光气、二氧化硫等；腐蚀性毒物，如盐酸、硫酸、氢氧化钠等；溶血性毒物，如砷化物；麻醉性毒物，如乙醚等；窒息性毒物，如一氧化碳、硫化氢等；致敏性毒物，如有机粉尘等；致癌性毒物，如苯并芘、萘、沥青、煤焦油等；致突变性毒物和致畸形毒物，如有机磷农药等。

（四）按作用的器官或系统分类

神经性毒物、血液性毒物、肝脏性毒物、肾脏性毒物、全身性毒物。

四、生产性毒物进入人的途径

生产性毒物经呼吸道、消化道和皮肤进入体内。

（一）呼吸道

呼吸道是工业生产中毒物进入体内最重要的途经。凡是以气体、蒸气、雾气、烟、粉尘形式存在的毒物均可经呼吸道进入体内。

（二）皮肤

在工业生产中，毒物经皮肤吸收引起中毒比较常见，溶性毒物经皮肤吸收后还需有水溶性，才能进一步扩散和吸收，所以，水脂皆溶的物质（如苯胺），易被皮肤吸收。

（三）消化道

在工业生产中，毒物经消化道吸收，多半是由于个人卫生习惯不良，手沾染的毒物随进食、饮水或吸烟而进入消化道。

五、毒物在体内变化的过程

分布、生物转化、排出、蓄积四个过程。

（一）分布

毒物被吸入后，随血液循环（部分随淋巴液）分布到全身。当作用点达到一定浓度时，就可能发生中毒。毒物在各部位分布是不均匀的。同一种毒物在不同组织和器官的分布量有多有少，有些毒物，相对集中于某组织或某器官中，如铅、氟等主要集中在骨质内等。

（二）生物转化

毒物吸收后，受到体内生化过程的作用，其化学结构发生一定改变，称为毒物的生物转化。其结果可使毒物降低（解毒作用）或增加（增毒作用）。毒物的生物转化可归结为氧化、还原、溶解及结合。经转化形成的毒物代谢产物排出体外。

（三）排出

毒物在体内可经转化后或不经转化而排出。毒物可经肾、呼吸道及消化道排出。其中经肾随尿排出是最主要途经。常测尿液中毒物及其代谢物以监测和诊断毒物吸入和中毒的情况。

（四）蓄积

毒物进入体内的总量超过转化和排出总量，体内的毒物就会逐渐增加，这种现象就称为毒物的蓄积。蓄积是发生慢性中毒的基础。

六、毒物的危害

毒物对人体的危害，主要是职业中毒。另外，还有些毒物在一定条件下会发生燃烧和爆炸，造成人员伤亡、财产损失、环境破坏，下面重点是从工业卫生的角度讲述毒物对人体的危害——职业中毒。

（一）职业中毒概念

在生产过程中因化学物质引起的中毒称职业中毒。

（二）职业中毒的分类

（1）急性中毒——毒物一次大量、短时间进入人体中毒。

（2）慢性中毒——少量毒物长时间（数年数月）进入人体引起的中毒。

（三）常见毒物的中毒

（1）金属类金属中毒，如铅、锰、汞等。

（2）刺激性毒物，如急性氯气中毒，急性氢氧化物中毒等。

（3）窒息性气体中毒，如一氧化碳、硫化氢等。

（4）有机溶剂类中毒，如苯、甲苯、氯仿、二氧化碳等。

（5）有机磷农药中毒等。

（四）职业中毒症状在人体系统器官的分布

（1）呼吸系统：如化学性肺炎、化学性肺水肿、呼吸道糜烂、支气管炎等。

（2）神经系统：如神经衰弱综合征、神经病、中毒性脑病等。

（3）血液系统：如贫血、白血病等。

（4）消化系统：如口腔炎、胃肠炎、肝病等。

（5）循环系统：如心血管病、心律失常、动脉硬化等。

（6）泌尿系统：如尿道结石、膀胱炎、肾损害等。

（7）骨骼损坏：如氟骨症、颌骨坏死、骨软化等。

（8）眼损害：如中毒性眼病、眼失明等。

（9）皮肤损害：如接触性皮炎、皮肤黑变病、皮肤溃伤等。

七、职业中毒预防

（一）技术革新与工艺改革

改进操作技术和生产设备、工艺，防止跑、冒、滴、漏，逐步实现机械化、自动化、遥控化、减少人体接触毒物。

（二）控制毒物进入机体内

（1）密闭与通风。有毒生产过程中原则上尽可能使之密闭或建立通风（局部或全部）排毒系统。

（2）做好个人防护，正确配带和使用防护用品。

（3）减少接触时间。

（三）卫生保健措施与组织制度

（1）制定安全操作规程与建立卫生制度，加强卫生知识培训。

（2）经常进行监督、检查，发现问题及时处理。

（3）就业前、中、后按规定进行职业性健康专项检查。

第四节 职 业 病

一、法定职业病及其范围

（1）法定职业病是指政府主管部门明确规定的（符合下发的职业病分类和目录）职业病，凡法定规定职业病患者，均可享受相应的职业病待遇。

（2）职业病的范围，根据卫生部、劳动保障部卫法监发（2002）108 号文件规定计 10 大类，115 种（附职业病目录）。

二、职业病目录

（一）尘肺

（1）矽肺；

（2）煤工尘肺；

（3）石墨尘肺；

（4）炭黑尘肺；

（5）石棉肺；

（6）滑石尘肺；

（7）水泥尘肺；

（8）云母尘肺；

（9）陶工尘肺；

（10）铝尘肺；

（11）电焊工尘肺；

（12）铸工尘肺；

（13）根据《尘肺病诊断标准》和《尘肺病理诊断标准》可以诊断的其他尘肺。

（二）职业性放射性疾病

（1）外照射急性放射病；

（2）外照射亚急性放射病；

（3）外照射慢性放射病；

（4）内照射放射病；

（5）放射性皮肤病；

（6）放射性肿瘤；

（7）放射性骨损伤；

（8）放射性甲状腺疾病；

（9）放射性性腺疾病；

（10）反射复合病；

（11）根据《职业性放射性疾病诊断标准（总则）》可以诊断的

其他放射性损伤。

（三）职业中毒

（1）铅及其他化合物中毒（不包括四乙基铅）；

（2）汞及其他化合物中毒；

（3）锰及其他化合物中毒；

（4）镉及其他化合物中毒；

（5）铍病；

（6）铊及其他化合物中毒；

（7）钡及其他化合物中毒；

（8）钒及其他化合物中毒；

（9）磷及其他化合物中毒；

（10）砷及其他化合物中毒；

（11）铀中毒；

（12）砷化氢中毒；

（13）氯气中毒；

（14）二氧化硫中毒；

（15）光气中毒；

（16）氨中毒；

（17）偏二甲基肼中毒；

（18）氮氧化物中毒；

（19）一氧化碳中毒；

（20）二氧化碳中毒；

（21）硫化氢中毒；

（22）磷化氢、磷化锌、磷化铝中毒；

（23）工业性氟病；

（24）氰及腈类化合物中毒；

（25）四乙基铅中毒；

（26）有机锡中毒；

（27）羰基镍中毒；

（28）苯中毒；

（29）甲苯中毒；

（30）二甲苯中毒；

（31）正己烷中毒；

（32）一甲胺中毒；

（33）有机氟聚合物单体及其他热裂解物中毒；

（34）二氯乙烷中毒；

（35）四氯化碳中毒；

（36）氯乙烯中毒；

（37）三氯乙烯中毒；

（38）氯丙烯中毒；

（39）氯丁二烯中毒；

（40）苯的氨基及硝基化合物（不包括三硝基甲苯）；

（41）三硝基甲苯中毒；

（42）甲醇中毒；

（43）酚中毒；

（44）五氯酚（钠）中毒；

（45）甲醛中毒；

（46）硫酸二甲酯中毒；

（47）丙烯酰胺中毒；

（48）二甲基甲酰胺中毒；

（49）有机磷农药中毒；

（50）氨基甲酸酯类农药中毒；

（51）杀虫脒中毒；

（52）溴甲烷中毒；

（53）拟除虫菊酯类农药中毒；

（54）根据《职业性中毒性肝病诊断标准》可以诊断的职业性

中毒性肝病;

(55) 根据《职业性急性化学物中毒诊断标准(总则)》可以诊断的其他职业性急性中毒。

(四) 物理因素所致职业病

(1) 中暑;

(2) 减压病;

(3) 高原病;

(4) 航空病;

(5) 手臂振动病。

(五) 生物因素所致职业病

(1) 炭疽;

(2) 森林脑炎;

(3) 布氏杆菌病。

(六) 职业性皮肤病

(1) 接触性皮炎;

(2) 光敏性皮炎;

(3) 电光性皮炎;

(4) 黑变病;

(5) 痤疮;

(6) 溃疡;

(7) 化学性皮肤灼伤;

(8) 根据《职业性皮肤病诊断标准(总则)》可以诊断的其他职业性皮肤病。

(七) 职业性眼病

(1) 化学性眼部灼伤;

(2) 电光性眼炎;

(3) 职业性白内障(含放射性白内障、三硝基甲苯白内障)。

(八) 职业性耳鼻喉口腔疾病

（1）噪声聋；

（2）铬鼻病；

（3）牙酸蚀病。

（九）职业性肿瘤

（1）石棉所致肺癌、间皮癌；

（2）联苯胺所致膀胱癌；

（3）苯所致白内障；

（4）氯甲醚所致肺癌；

（5）砷所致肺癌、皮肤癌；

（6）氯乙烯所致肝血管肉瘤；

（7）焦炉工人肺癌；

（8）铬酸盐制造业工人肺癌。

（十）其他职业病

（1）金属烟热；

（2）职业性哮喘；

（3）职业性变态反应性肺泡炎；

（4）棉尘病；

（5）煤矿井下工人滑囊炎。

三、职业病诊断

职业病的诊断要从职业史、劳动环境、劳动条件、临床表现、化验检查材料等进行综合分析，排除其他疾病才能做出诊断。不能根据单一指标轻易否定或确认，遇有疑难病例要经专家会诊后确定。

四、尘肺

尘肺是我国常见而又占职业病比例较高的职业病，因此要重点关注。

（一）概念

国际劳工组织第四次国际防尘会议对尘肺的定义——粉尘在

肺内蓄积,并引起组织反应。所以尘肺就是粉尘引起肺组织纤维病变。

(二)影响尘肺发生的主要因素

(1)粉尘浓度——吸收的浓度愈高,发病时间愈短。如在卫生标准以下劳动就不至于引起尘肺。

(2)粉尘的化学成分——主要指粉尘中二氧化硅的含量,含量越高,越容易引起尘肺,发病时间越短,病变就越严重。

(3)粉尘的分散度——与粉尘分子的大小有关,粉尘粒子越小,细微颗粒越多,分散度越高,越难沉降。

(4)劳动强度——劳动强度越大,肺通气量越大,吸入粉尘越多。

另外与年龄、性别、营养状况和健康状况、生活习惯、个人卫生情况均有关。

(三)尘肺诊断

(1)尘肺诊断根据接触史、劳动条件、临床表现。但主要是接触史及X胸片为依据,X胸片常引用的五种指标为肺纹理、网组织阴影、肺门、肺野、结节。

(2)尘肺的分期。正常范围“0”——目前无尘肺、0^+——可疑尘肺、Ⅰ期尘肺——Ⅰ、Ⅱ期尘肺——Ⅱ、Ⅲ期尘肺——Ⅲ。尘肺一经确诊,不论Ⅰ、Ⅱ、Ⅲ期都要调离粉尘作业岗位,给予治疗、修养,享受国家规定的待遇。

(四)尘肺的预防

尘肺预防从八个方面入手,即通常讲的八字方针。

(1)宣——宣传教育:普及、宣传工业卫生基础知识,教育支持职工依法维护自身劳动卫生的权利。

(2)革——生产工艺、设备、设施的改革:以无毒、低毒的原料、工艺代替有毒、高毒的原料、工艺。改革、更换设备、设施,减少对职工健康的危害。

（3）水——湿式作业：凡有粉尘生产的作业，应采取湿式作业，凡有粉尘飞扬的场所，应建立防尘洒水系统，消尘灭尘。

（4）密——把粉尘的发生源密闭起来。

（5）风——通风除尘：凡有粉尘生产的场所，都应建立通风排尘系统，降低作业场所的粉尘浓度。

（6）管——加强技术管理：建立完善、严格执行防尘管理制度，加强监督检查，发现粉尘浓度超标，应停止工作处理。

（7）查——接触粉尘职工的健康检查：按规定给接尘接毒职工进行职业性体检，发现问题及时处理。

（8）护——个体防护：按规定给职工发放个体劳动防护用品，保质保量，按时发放，正确佩戴。

五、职业病人应享受国家规定的相关待遇

职工被确诊职业病后，其所在单位应根据职业病诊断机构意见，安排医疗或疗养。在医治或疗养后确认为不宜继续从事有害作业的，应在确诊后按照国家有关规定及时调离原工作岗位，另行安排工作。对确因工作需要暂不能调离的生产骨干，调离期限不得超过半年。

六、职业病人的工作变动

（1）患有职业病的职工，变动工作岗位时，其职业病待遇由原单位负责，或两个单位协商处理，并将其诊断证明及处理情况全部移交新单位。

（2）职工到新单位后发现职业病，不论与现在工作有无关系，其职业病待遇由新单位负责。

（3）劳动合同制工人、临时工终止或解除劳动合同后，在待业期间发现的职业病，与上一个合同期有关的，其职业病待遇由原终止或解除劳动合同单位负责。如原单位已与其他单位合并由合并后的单位负责。如原单位撤销，应由原单位的上级主管部门负责。

七、职业病人的工资福利待遇

（1）凡确诊职业病的职工，在治疗、疗养期间其工资、奖金、各类津贴、福利、保健食品等待遇按企业同类人员在岗工人的有关待遇执行。

（2）职工因职业病、职业危害需住院观察治疗的，其所需治疗费、住院费、住院伙食补助费、差旅费等按因工待遇处理。

（3）已确诊职业病的职工，调离有毒有害作业岗位的，其工资和奖金减少部分，由企业予以辅助，有毒有害岗位津贴及保健品待遇予以保留，职业病治愈后，不再享受上述待遇。

第五节　目前职业危害的状况与对策

一、职业危害十分严重

目前我国职业危害状况十分严重，职业病危害人群覆盖面远远超过了各类伤亡事故，各种形式的职业危害日趋严重。具体表现在以下三个方面：

（一）尘肺病发病居高不下，群发性尘肺病时有发生，发病工龄缩短

（1）2000 年卫生部共收到各类职业病报告 11 718 例，较 1999 年增加了 14.5%，在总病例中，尘肺病新发病例占 77.79%，中毒死亡率 21.5%。

（2）2002 年我国尘肺病累计 581 377 人，已死亡 139 177 人，现仍有患者 442 200 人，2002 年新增尘肺病 12 248 人，增加 14.6%，之后还以每年 1.52 万例的速度增长。

（3）据不完全统计，2005 年各地报告的尘肺病人累计超过 60 万例，专家认为实际病例数要比报告多 10 倍。

（4）2008 年新发各类职业病 13 744 例，其中尘肺病新病例占职业病报告总例数的 78.79%。根据 2001 年以来，尘肺病新病例

占职业病报告病例的比率均在 75.11％以上,最高达到 82.64％。2008 年各地职业病报告中,诊断尘肺病新病例数超过 100 例的群体性病例报告有 13 起。2008 年尘肺病新病例平均接尘工龄 17.04 年,比 2007 年缩短 2.35 年,实际接尘工龄不足 10 年的为 3 420 例,占 37.58％。

近几年来,因粉尘、放射性物质和其他有毒有害作业导致劳动者患职业病死亡、致残、丧失劳动能力的人数不断增加。全国累计发生尘肺病 55.8 万例,累计死亡 13.3 万例,病死率为 23.85％,现存尘肺病人已超过 60 万例。

（二）职业中毒呈现行业集中趋势

急性职业中毒以一氧化碳、氯气和硫化氢中毒最为严重,主要分布在化工、煤炭、冶金等行业。慢性职业中毒以铅及其化合物、苯和二硫化碳中毒较为严重,主要分布在有色金属、机械和化工等行业。

（三）中小型企业职业发病率升高

2008 年职业病报告数据显示,超过半数的职业病病例分布在中小型企业,特别是 69.85％的慢性中毒病例分布在中小企业。

据调查,北京地区随着 IT 生物医药、微电子高新技术产业的飞速发展,职业病的患病人群逐渐发生了变化,一些新型职业病在不断涌现,如北京一项调查显示,随着接触视屏作业人数和在现代智能化办公室中工作的人数越来越多,经常接触电脑者中有 60％至 70％的人视力下降;70％～80％出现视疲劳,甚至可能诱发青光眼,不少办公室人员患上颈肩、脊椎综合征和信息焦虑综合征。

随着国家经济的发展和人们物质文化生活的水平提高,公用和私家汽车快速增加,不但污染了人们生活的环境,汽车司机、驾驶员的健康也令人担忧。据调查资料显示,有 80％以上的汽车司机驾驶员患有颈椎病、肩周炎、骨质增生、坐骨神经痛、胃病、腰痛、震动病、耳聋、视力疲劳等,这均与特殊工作性质和不良的生活习惯有关。如久坐、紧张疲劳、睡眠不足、饮食无规律等。我国职业卫生形势依然严峻,职业病总体呈上升趋势。

目前,无论从接触职业危害人数,还是职业病患者积累数量、死亡数量和新发职业病例数,我国均居世界首位。有专家预测,如果不积极采取预防措施,今后 10 年将有大批职业病人出现。

二、职业危害事故时有发生

近几年来。我国危险化学品包括有毒物质泄漏爆炸而造成职业危害事故时有发生,损失严重。

2004 年全国共发生一次死亡 10～29 人的危险化学品事故,包括烟花爆竹事故 7 起,死亡 86 人,同比增加 4 起,死亡人数增加 49 人。

2003 年 12 月 23 日,四川开县发生井喷特大事故,造成 243 人死亡,经济损失高达 9 262.7 万元。23 个自然村 31 000 村民背井离乡而逃难。

2004 年 4 月 21 日,国务院通报了近期发生的 7 起涉及危化品事故。4 月 22 日,浙江省宁波又发生一起化学原料泄漏事故,随之发生火灾和爆炸事故。8 天之内发生 8 起涉及危化品事故,造成 22 人死亡和失踪,数百人中毒、受伤,15 万人紧急疏散,大量设备设施损坏,事故如此集中,损失如此之重,影响如此恶劣,实属空前。又如重庆天源化工厂氯气泄漏造成 9 人死亡,15 万人离家出走,经济损失达数千万元。

2005 年 3 月 29 日,山东济宁市科进化学危险品货运中心装有剧毒化学品乙氯并严重超载,货车行驶至京沪高速公路淮安段撞击护栏发生氯气泄漏事故,中毒死亡 29 人,中毒住院 456 人,其中危险病人 17 人,病危 2 人,门诊 1 867 人,村民疏散 10 500 人,受灾涉及 3 个乡镇,11 个村庄,家禽畜禽死亡 15 000 头(只),农作物绝收面积 20 620 亩。大量树木、渔民、村民及用品污染严重,直接经济损失 2 900 万元。高速公路封闭 20 个小时。

2006年7月28日,江苏盐城市射阳县盐城氟源化工有限公司,1号厂房发生爆炸事故,死亡29人,1号厂房全部倒塌。

2006年6月15日,浙江省龙鑫化工有限公司发生特大火灾爆炸事故。

三、世界相关信息

近几十年来,全世界已发生过60多起严重化学污染事故,受害病患者有40万～50万人,死亡10万人。

1984年12月3日,印度博帕尔镇联合碳化厂发生的异氰酸甲酯泄漏事故,使20万人受害,2 500人丧生,4 000多人(其中有的得了癌症)濒于死亡的边缘,估计有10万人有可能终身残废,5万人双目失明。大批的牲畜死亡,空气、水源都受到污染,人们的心灵受到严重创伤,致使工厂无限期停产,由此造成的损失是难以估量的。

据估计,全球每年有34万人死于职业中毒,有10万人死于石棉肺癌。国际劳工组织2002年5月24日,在日内瓦发表公报称,全球因工伤和职业病每年造成人员死亡200万人,日均500人左右。

据世界卫生组织统计,全世界每年约有癌症患者600万人,死亡约500万人,占死亡总人数的十分之一。有资料表明,我国每年新发癌症病人约150万人,死亡110万人,我国每年癌症发病人数占世界的25%,而癌症死亡人数占世界死亡人数的22%。

根据20世纪50代与80年代人的死因分析,世界每年至少有100万人发生农药中毒。我国每年由于农药中毒死亡人数约1万人左右。而造成癌症的原因80%～85%与化学危险品(毒物)有关。

四、目前我国职业卫生方面存在的主要问题

近年来,我国工业化进程发展很快,职业病防治工作面临的形势严峻而又重视不够,职业病危害没有得到有效控制。主要问

题是：

（1）国家工业卫生的监管机制不顺，分工不细、责任不清、相互推诿现象时有发生。

（2）立法滞后，执法不严，监管不力。

（3）企业特别是非公有制中小企业职业病防治缺失，责任落实不到位，职业危害因素严重存在，职业病呈上升趋势。

（4）职工工业卫生知识缺失，依法自我保护意识不强，素质偏低等。

五、对策

（1）健全机构，理顺体制，突出重点，落实责任，在国家安全生产委员会的统一部署下，全面启动工业卫生的监管工作。

（2）尽快修改完善职业病防治法律法规、标准，制定相应实施办法（细则），强化现场监督检查，加大执法力度。

（3）将职业病防治纳入当地地区经济社会发展规划，相关指标和主要任务列入政府政绩考核体系，一并实施。

（4）强化企业主体责任，将职业病防治任务、相关指标纳入企业年度安全控制指标，年终一并考核兑现。

（5）认真开展内容丰富、形式多样的宣传教育活动，加强培训，普及工业卫生知识，树立企业职业危害防治观念，增强劳动者的健康保护意识，减少职业危害，保护自己的安全和健康。

第三章　煤矿五大灾害的防治

煤炭是我国主要能源之一,直接关系到我国的国民经济建设、全面实现小康、构建和谐社会的进程。但由于煤炭多属地下开采,地质构造复杂多变,煤层赋存条件各有所异,瓦斯、煤尘、火、水、顶板等重大灾害时有发生,直接威胁矿工的生命安全和健康。在某种程度上也给国民经济建设和企业发展、社会稳定造成严重损害和不良影响。据 2005 年统计,全国煤矿发生各类事故造成 5 938 人死亡。其中,瓦斯事故占 36.56%,顶板事故占 34.16%,水灾事故占 10.19%,提升运输事故占 9.73%,机电事故占 1.77%,爆破事故占 1.7%,火灾事故占 0.8%,其他事故占 5.51%。2005 年,全国煤矿发生一次死亡 3 人以上较大事故 266 起,死亡 2 616 人,平均每 1.37 天发生一起;发生一次死亡 10 人以上重特大事故 58 起,死亡 1 739 人,平均每 6.29 天即发生一起;发生一次死亡百人以上事故 4 起,死亡 614 人。因此,在安全形势总体稳定、趋于好转的前提下,安全生产形势依然严峻,任重道远。为尽快扭转目前严峻的安全生产形势,进一步学习掌握煤矿瓦斯、煤尘、火、水、顶板事故防治的有关基础知识,提高煤矿职工的整体安全素质,就显得尤为重要。

第一节　矿井瓦斯灾害的防治

矿井瓦斯是煤矿生产中五大灾害中的重大灾害之一,也是国家专项治理的重点。据统计,我国 2001～2004 年全国煤矿发生各类 3 人以上较大事故 1 380 起,死亡 9 603 人。其中瓦斯事故 871

起,死亡 6 652 人,分别占 63.12％和 69.2％;发生 10 人以上的重、特大事故 32 起,死亡 1 044 人,其中瓦斯事故 28 起,死亡 999 人,分别占 87.5％和 95.69％;乡镇煤矿 10 人以上的瓦斯事故又分别占乡镇煤矿 10 人以上事故的 72.59％和 75.98％。2005 年我国煤矿发生重、特大瓦斯事故 40 起,死亡 1 319 人,分别占全国煤矿重特大事故的 69％和 75.8％。因此,了解熟悉矿井瓦斯的基本知识和防治措施,对提高煤矿职工的安全意识和技能,预防减少矿井瓦斯事故的发生很有必要。

一、瓦斯的基础知识

（一）瓦斯、瓦斯的性质和瓦斯事故

1. 瓦斯

（1）瓦斯的概念

瓦斯是矿井中主要由煤层气构成的以甲烷为主的有害气体。瓦斯指的是一种混合气体,其组成部分包括矿井中所有的有毒有害气体。矿井中煤层气主要由甲烷（CH_4）、二氧化碳（CO_2）、一氧化碳（CO）、二氧化氮（NO_2）、二氧化硫（SO_2）、硫化氢（H_2S）、氨（NH_3）和氢（H_2）等有毒有害气体组成。

（2）从安全的角度上瓦斯的分类

① 可燃性气体。如甲烷等同系烷烃、氢气、一氧化碳、硫化氢等,这些气体具有可燃烧的特性,在一定浓度范围内与空气混合往往具有爆炸性,对煤矿安全构成严重威胁。

② 有毒性气体。如炮烟中的一氧化氮、二氧化氮、一氧化碳;突水事故中涌出的硫化氢、二氧化硫、氨气等。这些气体达到一定浓度时,会直接威胁人体的健康甚至生命。

③ 窒息性气体。如氮气、甲烷、二氧化碳、氢气等,它们往往赋存在煤体或其围岩内,开采过程中大量涌向生产空间,从而使空气中氧气浓度降低,造成人员窒息。

④ 放射性气体。如氡气等。

2. 瓦斯的基本性质

① 瓦斯(甲烷)是无色、无味、无臭、无毒的气体。在标准状态下,瓦斯密度为 0.716 8 kg/m³,比空气轻,对空气的相对密度为 0.554。当巷道上部有瓦斯源,风速较低时,易积聚于巷道内。检查瓦斯浓度时,应着重检查巷道顶板附近和隅角处。瓦斯的化学性质不活泼,微溶于水,在 20 ℃,101.3 kPa 条件下,溶解度为 3.5 L/100 L 水。

② 瓦斯的扩散性很强。扩散速度是空气的 1.34 倍,如果从一处涌出瓦斯,就能很快的扩散到巷道附近,这样,既增加了检查瓦斯涌出源的难度,也使瓦斯的危害范围扩大。在煤矿井下巷道中,风流流动一般处于紊流状态,由煤壁等处涌出的瓦斯很容易与空气均匀混合,因此,在风量充足的巷道中,瓦斯的分布通常是均匀的。

③ 瓦斯的渗透性很强。在一定瓦斯压力和地压共同作用下,瓦斯能从煤岩中向采掘空间涌出,甚至喷出或突出。利用这个特性,向煤层中打钻抽放瓦斯,降低煤层瓦斯赋存量,变害为利,开发利用。

3. 瓦斯事故分类和瓦斯燃烧的区间划分

(1) 瓦斯事故

瓦斯事故是人们在煤矿工程建设、生产活动中,因为瓦斯而发生的意外人身伤害、物质或器材的损害或破坏事故。

(2) 瓦斯事故分类

矿井瓦斯事故按其发生事故的类型可分为:瓦斯燃烧、瓦斯爆炸、煤与瓦斯突出、瓦斯窒息和中毒五种。

其中瓦斯爆炸和煤与瓦斯突出事故往往是重大以上事故,究其根源,多为某些责任人的失职造成的。

(3) 燃烧区间

瓦斯是一种具有燃爆性质的气体,当其在空气中的浓度达到某一范围时,遇适当的点火源就会发生爆炸。

由于瓦斯在空气中发生燃烧的性状不同,可以将它分为三个区间,如图 3-1-1 所示。

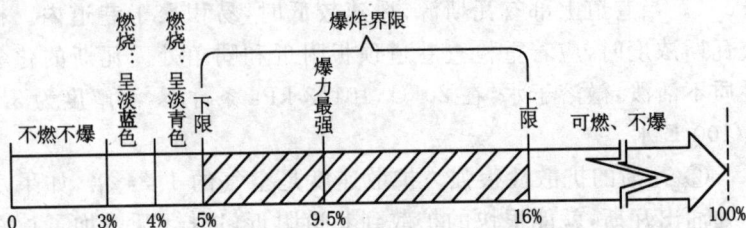

图 3-1-1 瓦斯爆炸界限示意图

① 助燃区间:瓦斯浓度小于爆炸下限(5％)时,瓦斯在点燃源附近发生氧化燃烧反应,但不能形成持续的火焰,只能起到助燃的作用,如图 3-1-2 所示。

图 3-1-2 瓦斯燃烧

② 爆炸区间:瓦斯浓度在爆炸界限内(5％~16％)。

该区间内的瓦斯遇到点火源形成强烈的爆炸;体积超过 0.5 m³ 的瓦斯达到爆炸下限浓度时,遇到点火源足以会燃爆。如图

3-1-3所示。

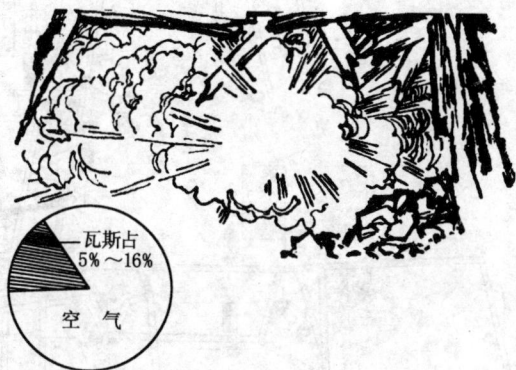

图 3-1-3　瓦斯爆炸示意图

③扩散燃烧区间：瓦斯浓度大于爆炸上限（16％），该处的混合气体无法直接被点燃，但是，当其与新鲜空气混合时，可以在混合界面上被点燃并形成稳定的火焰，称为扩散燃烧。

（二）瓦斯事故的危害性

瓦斯事故中，瓦斯燃烧和爆炸危害性最大，使人窒息或中毒死亡。

1. 瓦斯燃烧引起矿井火灾和人员伤亡

［案例］　某低瓦斯煤矿，2001年8月26日13时左右，掘进队在煤巷打眼施工，掘进三队班长等几个人违章在工作地点吸烟；掘进中施工人员随意掐开风筒，导致工作面瓦斯积聚，发生瓦斯燃烧事故，9人严重烧伤。该事故追查认定被烧伤的人不知道瓦斯的这一危害性。

2. 瓦斯爆炸导致矿毁人亡

［案例一］　2004年10月12日河南省郑州煤业集团公司大平煤矿发生特大瓦斯爆炸事故，波及范围较大（如图3-1-4）。死亡148人，伤32人。其主要的原因有：

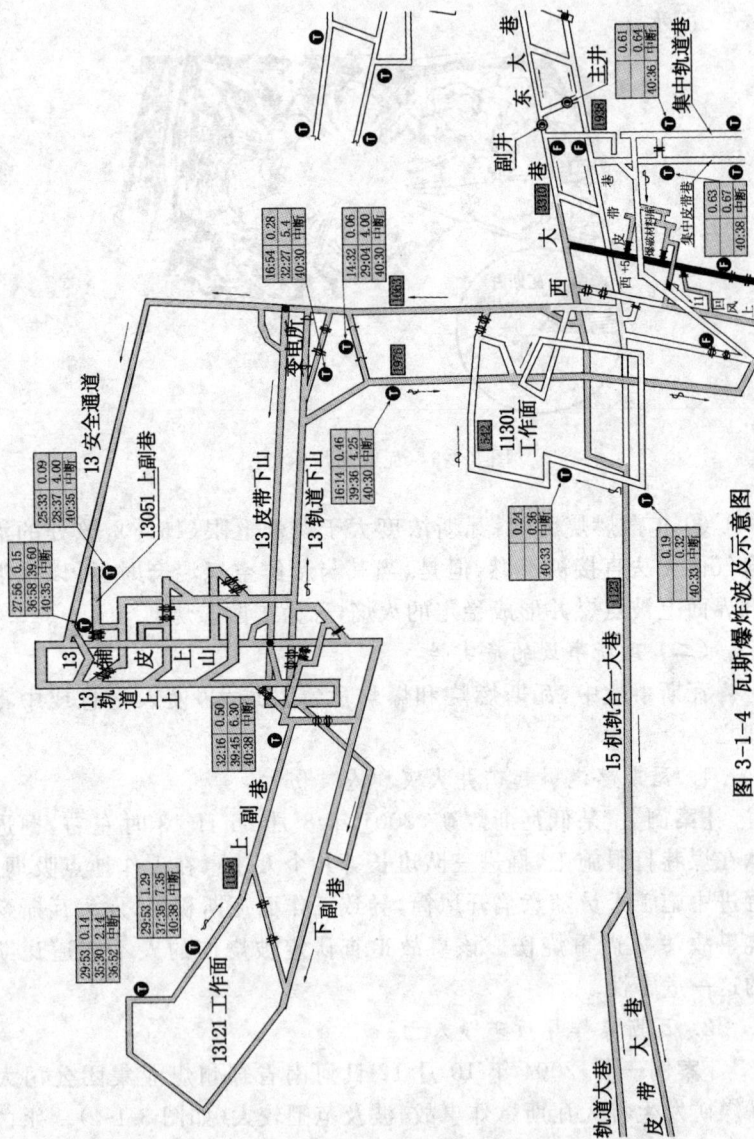

图 3-1-4 瓦斯爆炸波及示意图

（1）局部通风设施管理混乱，造成瓦斯浓度超限。21岩石下山回风联络巷堆积物料，并有带有通风口的风墙，加大了突出瓦斯的逆流，逆流到西大巷新鲜风流中的瓦斯达到爆炸浓度，和该矿使用了架线电机车其取电弓与架线产生电火花，引发了瓦斯爆炸。

（2）瓦斯突出与瓦斯爆炸有31 min的间隔时间，应急处置措施不当，没有按照事故应急预案要求，对瓦斯波及区域实施停电措施。

（3）技术管理、安全责任不落实，重生产轻安全。

［案例二］ 2005年2月14日辽宁省阜新矿业（集团）有限责任公司孙家湾煤矿发生瓦斯特大爆炸事故，死亡214人，其主要原因是超强度、超能力生产、瓦斯超限、强令工人冒险作业等。

［案例三］ 2007年12月5日山西省临汾市洪洞县瑞之源煤业有限公司发生特大瓦斯爆炸事故，死亡105人，7人重伤，1人轻伤，直接经济损失4 275万元。其主要原因是：越界盗采，通风管理混乱，瓦斯超限，强令工人冒险作业等。

［案例四］ 2009年2月22日山西省西山煤电集团屯兰矿发生一起特大瓦斯爆炸事故，死亡78人，伤114人。该矿为年产500万吨现代化国有矿井，自2004年以来一直保持百万吨死亡率为零，装有先进的KJ—90瓦斯探测与自动断电保护系统。据国家安监总局有关负责人说，据初步了解，事故发生反映出屯兰矿采区通风管理不到位，瓦斯治理不彻底，现场管理不严格，安全措施不落实等。

3. 瓦斯浓度过高时会导致人员缺氧窒息、甚至死亡

［案例］ 1981年5月25日，某煤矿110工作面跳断层切眼，发生瓦斯窒息事故，死亡2人。

直接原因：断层切眼停工、停风，未检查瓦斯和未打栅栏，人员违章进入头内回收风筒，如图3-1-5所示。

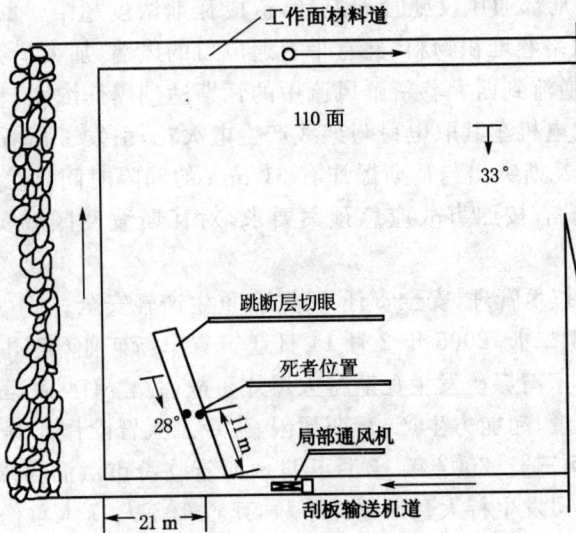

图 3-1-5　瓦斯窒息事故平面图

（三）瓦斯爆炸的基本条件、原因及效应

1. 瓦斯爆炸的条件

一是具有一定的瓦斯浓度；二是有高温火源；三是有足够的氧气含量。三者缺一不可。

（1）瓦斯爆炸浓度

瓦斯爆炸浓度是指瓦斯爆炸浓度的界限。试验证实，当瓦斯浓度低于 5％～6％时，混合气体无爆炸性，遇火灾只能燃烧而不能爆炸。当瓦斯浓度大于 14％～16％时，混合气体既无爆炸性，也不燃烧，但当有新鲜空气供给时，可以在混合气体与新鲜空气的接触面上燃烧。

上述结论说明，瓦斯只有在一定范围内才有爆炸性，这个浓度范围称为爆炸界限。其最低浓度（5％～6％），称为爆炸下限；最高浓度（14％～16％）称为爆炸上限。

瓦斯爆炸的威力与其浓度高低有关,瓦斯浓度 5%～9.5%,其爆炸威力逐渐增强;瓦斯浓度由 9.5%～16%,其爆炸威力逐渐减弱;而瓦斯浓度为 9.5% 时,由于混合气体中的氧气和瓦斯全部参与了爆炸,其爆炸威力最强。

影响瓦斯爆炸界限的因素:瓦斯爆炸界限并不是固定不变的,其变化与混入混合气体中的其他可燃性气体、煤尘、惰性气体的多少及混合气体在环境中的温度高低、压力大小等因素有关。

扩大爆炸界限的因素有:

① 其他可燃气体的掺入。多种可燃气体混入增加了爆炸性,混合气体的总浓度使瓦斯爆炸界限扩大,即爆炸下限降低,爆炸上限增高。

部分可燃气体的爆炸界限见表 3-1-1。

表 3-1-1　　　　部分可燃气体的爆炸界线表

气体名称	爆炸界限/%		气体名称	爆炸界限/%	
	上限	下限		上限	下限
甲烷(CH_4)	15	5	乙烯(C_2H_4)	16	3
乙烷(C_2H_6)	12.5		乙炔(C_2H_2)	82	23
丙烷(C_3H_8)	9.5	2.1	硫化氢(H_2S)	45.5	4.3
丁烷(C_4H_{10})	8.5	1.9	氨(NH_3)	27.4	15.7
戊烷(C_5H_{12})	8	1.4	炼焦煤气	31	5.6
一氧化碳(CO)	7.4	12.5	水煤气	72	6.2
氢气(H_2)	75.6	4	发生炉煤气	73.7	20.7

② 煤尘掺入。煤尘能燃烧,有的本身还能爆炸,同时当温度在 300～400℃ 时,从煤尘中可以挥发出可燃气体。因此,当煤尘混入到瓦斯、空气的混合气体时,其爆炸下限降低,爆炸的危险性增加。

③ 初始温度。温度高说明具有的热能大,瓦斯、空气混合气体初始温度影响瓦斯爆炸界限。实践证明,初始温度越高,爆炸界限范围越大(即上限升高,下限降低),其关系如表 3-1-2 所示。

表 3-1-2　　　　　　初始温度与爆炸界限的关系

初始温度/℃		20	100	300	600	700
瓦斯、空气混合气体爆炸界限/%	下限	6	5.45	5.4	3.35	3.25
	上限	13.4	13.5	14.25	16.4	18.25

④ 初始压力。压力本身就是能量,瓦斯、空气混合气体爆炸时的初始压力大小影响瓦斯爆炸界限。实践证明,初始压力越大,瓦斯爆炸界限越大,其关系见表 3-1-3。

表 3-1-3　　　　　　初始压力与爆炸界限的关系

初始压力(大气压)		1	10	30	125
瓦斯、空气混合气体爆炸界限/%	下限	6	5.45	5.4	3.35
	上限	13.4	13.5	14.25	16.4

缩小瓦斯爆炸界限的因素有:

① 惰性气体掺入。它不容易同其他物质相作用。氮气(N_2)、二氧化碳(CO_2)等气体称为惰性气体。如果瓦斯、空气混合气体中掺入惰性气体会相对降低混合气体中氧的含量,每降低 1% 时,瓦斯的爆炸下限将提高 0.33%,同时上限下降 0.26%。此外,二氧化碳还有降低瓦斯爆炸压力、延迟爆炸时间的作用。如二氧化碳浓度增加到 25.5% 时,混合气体的瓦斯将失去爆炸性。而当混合气体中的氮气每增加 1% 时,瓦斯爆炸下限将提高 0.017%,同时上限下降 0.54%。此外,氮气也能使瓦斯压力降低,使引火延迟时间增长。如氮气含量达到 36% 时,混合气体中的瓦斯将失去爆炸性。

② 卤族化合物掺入。它是高效的阻化剂,掺入一定量时,瓦斯的爆炸性就会消失。实践证明,在混合气体中加入 5.4% 的二溴二氟甲烷(CF_3Br),即可使混合气体中的瓦斯失去爆炸性。

(2) 引火温度

引火温度是指点燃瓦斯所需最低温度。一般为 650~750 ℃。它的高低与瓦斯的浓度有关,如表 3-1-4 所示。

表 3-1-4　　　　　点燃温度与瓦斯浓度的关系

瓦斯浓度/%	2	3.4	6.5	7.6	9.5	11	14.7
点燃温度/℃	810	665	512	514	525	539	565

从表 3-1-4 中可见,浓度为 7%~8% 的瓦斯最容易引燃。就矿井而言,明火、煤炭自燃火、电气火花、热的金属表面、吸烟火、撞击摩擦产生的火花及爆破火焰等热源均能引起瓦斯爆炸事故。表 3-1-5 为我国 20 世纪 70 年代 87 起重大瓦斯爆炸事故引火分析。

表 3-1-5　20 世纪 70 年代 87 起重大瓦斯爆炸事故引火分析

引火原因	明火	自燃火灾	电气火花	摩擦火花	撞击火花	非正规爆破火焰
爆炸次数	4	4	49	1	5	24
百分数/%	4.6	4.6	56.5	1.14	5.74	27.6

从表 3-1-5 中可见,电器的防爆性能较差及作业爆破不正规是引起瓦斯爆炸的主要原因。

(3) 氧气的含量

瓦斯爆炸的实质是瓦斯的急剧氧化。因此,没有足够的氧,就不会发生瓦斯爆炸。据实践得知,瓦斯的爆炸界限随着混合气体中氧气含量的大小而变化。当氧气在混合气体中的浓度低于 12% 时,混合气体中瓦斯失去爆炸性。

正确认识氧的含量对瓦斯爆炸的作用,对密闭或启封火区和对封闭火区灭火时判断火区内有无瓦斯爆炸危险性,均有指导意义。

2. 造成瓦斯爆炸事故的原因

瓦斯爆炸事故是由四个方面的因素促成的,即瓦斯积聚、引爆火源、管理工作不善及其某些人员的失职。而人的不安全行为和物的不安全状态是造成瓦斯爆炸事故的直接原因。

3. 瓦斯爆炸效应

瓦斯爆炸将产生高温、高压、高速、冲击波及大量的有毒有害气体,对煤矿安全生产产生较大危害。

(1)高温:瓦斯爆炸是剧烈的氧化反应,其过程要放出大量的热,使爆源周围的气体温度骤然升高。据实测,当瓦斯浓度为9.5%的混合气体爆炸时,若实测环境是气体可自由扩散的空间,则可产生 1 850 ℃高温;若实测环境是全封闭空间,则可产生2 650 ℃的高温。

(2)高压:瓦斯爆炸产生的高温气体,必然引起气体体积的骤然膨胀,在空间一定时,必然形成空气压力升高,其数值可为 7~10 个大气压。

(3)高速:爆炸形成的高温、高压气体,以极快的速度从爆源附近往外传播,其速度高达每秒几百米至数千米。

(4)冲击波:爆炸气体以极快的速度从爆源往外冲击,称为正向冲击波。由于往外冲击及爆炸产生的部分水蒸气凝结,使爆炸源附近形成气体稀薄的低压区,于是爆炸源以外的气体以很高的速度反向冲回爆源,称为反向冲击波。如果反向冲击波的气体中有足够爆炸的瓦斯和氧气,而爆源附近仍有火源时,还会发生第二次爆炸和连续爆炸。如 1942 年日伪时期抚顺龙凤矿曾在一昼夜中发生过 43 次瓦斯连续爆炸。此外,冲击波还会扬起煤尘,有时还能引起爆炸和导致火灾的发生。

(5)有害气体:瓦斯爆炸后产生大量有害气体,据某矿井取样分析,瓦斯爆炸后的气体成分及含量如表 3-1-6 所示。

表 3-1-6　　　瓦斯爆炸后的气体成分及含量

气体名称	氧气（O$_2$）	氮气（N$_3$）	二氧化碳（CO$_2$）	一氧化碳（CO）
浓度/％	6～10	82～88	4～8	2～4

爆炸后气体中氧含量减少很多,而一氧化碳大量增加,实践证明,大量一氧化碳产生是造成人员伤亡的主要原因。

二、常见瓦斯事故

（一）瓦斯燃烧、爆炸事故

从瓦斯发生的地点看,在任何地点,如电气设备附近、爆破地点、火区周围、产生摩擦火花以及可能出现烟火的地点等,当瓦斯达到爆炸浓度时,遇火源都会引起爆炸。但瓦斯大部分发生在瓦斯煤层采掘工作面附近,其中又多发生在掘进工作面。

（1）掘进工作面。这是因为掘进工作面局扇供风不正常,风袋不能按规定送到迎头和风袋漏风等原因,容易积聚瓦斯;加上供电线路、用电设备都集中在狭小区域,容易产生破皮漏电或由于违章带电检修等原因,产生电火花,引爆瓦斯。

据统计,我国 1983～1989 年发生的 96 次重特大瓦斯爆炸事故中,采掘面发生 84 次,占总次数的 87.5％。其次为盲巷、老硐、采空区和火区附近等。

（2）采煤工作面（主要是上隅角）。这是采煤工作面瓦斯浓度最高的区域,当回风流瓦斯浓度为 0.7％～0.8％时,上隅角瓦斯就可能超限。如图 3-1-6 所示。

（3）采煤机切割部附近。这是瓦斯涌出比较集中的区域。

（4）采煤工作面回风巷。由于巷道失修,断面缩小,通风不畅,容易积聚瓦斯。

（5）采空区边界处。由于通风不畅,容易积聚瓦斯。

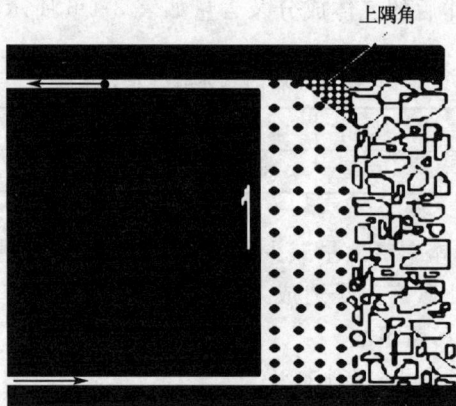

图 3-1-6

　（6）停风的盲巷及煤仓。无风或微风均容易积聚瓦斯。

　（7）刮板输送机底槽处。这是在煤炭运输过程中，经常发生瓦斯积聚的地点。

　（8）爆破地点附近。特别是 20 m 范围内是爆破火焰触及的地点，容易点燃瓦斯，应将瓦斯浓度控制在 1.0% 以下。

　（9）停风后恢复通风的工作面和瓦斯排放处等。因为高浓度的瓦斯与新鲜风流混合后得到稀释，氧浓度迅速恢复并超过12%，如果不能很好的控制排放量，则这种混合气流很容易达到爆炸浓度。因此，排放瓦斯必须制定专门的措施。

　（二）瓦斯中毒事故

　瓦斯本身无毒，但在某些特定条件下会混入其他有毒气体，人一旦吸入这种混合气体，轻者中毒、重者危及生命。在煤矿井下，常见的有毒气体主要有以下几种：

　1. 一氧化碳

　一氧化碳是无色、无味、无臭的气体；相对密度 0.97，几乎能均匀扩散在空气中；微溶于水，能燃烧，但不助燃；当浓度达到

13％～75％时能爆炸;有强烈的毒性。

井下一氧化碳的主要来源有:矿井火灾;煤炭自燃;瓦斯与煤尘爆炸;爆破工作及润滑油高温分解等。

2. 二氧化氮

二氧化氮具有刺激性臭味,呈红棕色,相对密度为 1.57,极易溶于水,不自燃、也不助燃,是一种剧毒性气体。

井下二氧化氮的主要来源于爆破工作(爆破后,会产生大量二氧化氮,1 kg 硝铵炸药爆破后能产生 10 L 二氧化氮气体)。

3. 二氧化硫

二氧化硫是一种具有硫酸气味及酸味的无色气体,相对密度为 2.2,易积聚在巷道底部,有剧毒。

井下二氧化硫的主要来源有含硫煤炭的氧化和自燃;含硫煤岩中的爆破工作;含硫煤尘爆炸;硫化矿物的缓慢氧化等。

4. 硫化氢

硫化氢是一种无色、微甜、带有臭鸡蛋味的气体,相对密度为 1.19,易溶于水,能够燃烧和爆炸(爆炸浓度为 4.3％～46％),具有强烈毒性。

井下硫化氢的主要来源有:有机物的腐烂(主要在老巷中);含硫化物的氧化和水解(积存污水处);含硫煤炭自燃;含硫化氢的煤岩层的释放等。

5. 氨气

氨气是一种无色、具有浓烈臭味的气体,相对密度为 0.6,易溶于水,有爆炸性(爆炸界限为 16％～27％)和毒性。

井下氨气的主要来源有:炸药爆破;用水熄灭燃烧的煤炭;有机物的氧化腐烂;部分岩层中涌出等。

氨对人的皮肤和呼吸器官有刺激作用,能引起咳嗽、流泪、头晕、声带水肿,重者会昏迷、痉挛、心力衰竭,甚至死亡。

三、易造成瓦斯事故的有关因素

（一）瓦斯积聚方面

瓦斯积聚而导致瓦斯爆炸的原因很多很复杂，主要有：

1. 局部通风机停止运转

这种现象导致瓦斯积聚引起爆炸的比例最大。有的是设备检修，有计划停电、停风；有的是机电故障、掘进面工作停工而停风；还有的是局部通风机管理混乱，任意停开。

2. 风筒断开或严重漏风

主要是施工人员不爱护通风设施，将风筒掐断、压扁、刮坏等，而通风人员又不能及时发现和进行维护、修补，造成掘进工作面风量不足而导致瓦斯积聚。

3. 采掘面风量不足

造成采掘面风量不足的原因多种多样，如不执行"以风定产"原则、超通风能力生产、准备采区未构成通风系统回采、不按需要风量配风、通风巷道冒顶堵塞、单台局部通风机对多头供风、风筒出口距掘进工作面距离太远等，都可能造成采掘工作面风量小、风速低而导致瓦斯积聚。

4. 局部通风机出现循环风

由于局部通风机安设的位置不符合规定或全风压供给风量小于该处局部通风机的吸入风量等原因，都可能出现循环风，致使掘进工作面涌出的瓦斯反复回到掘进面，越积越多而达到爆炸浓度。

5. 风流短路

如打开风门而不关闭、巷道贯通后不及时调整通风系统，都可能造成通风系统的风流短路而引起瓦斯积聚。

6. 通风系统不合理，不完善

自然通风、违反规定的串联通风、扩散通风和无回风道独眼井及通风设施不齐全等，都是不合理通风，都可能引起瓦斯积聚而导致爆炸事故。

7. 采空区或盲巷管理不严

采空区或盲巷,往往积存有大量高浓度瓦斯,在气压变化或冒顶能使其涌出或突然压出都可能导致瓦斯爆炸。

8. 瓦斯涌出异常未及时采取措施

断层、褶曲或地质破碎地带瓦斯的富集区域,在接近或通过这些地带时,瓦斯涌出可能会突然增大,或忽大忽小变化异常,或冒顶造成瓦斯积聚。

（二）引爆瓦斯的火源

1. 电火花

电气设备的管理不善或操作不当,如矿灯失爆、电钻失爆、带电作业、电缆漏电或短路、电缆明接头或抽线、电器开关失爆、电机车架线出火及杂散电流等而产生的电火花,是引起瓦斯爆炸的主要火源之一。

据 1983～1989 年不完全统计,所发生的 96 次重特大瓦斯事故中,电火花引爆次数占 46.9%,其中矿灯失爆、电缆漏电、明接头及带电作业所占比例较大。

2. 爆破火花

主要是炮泥装填不足、最小抵抗线不够和放明炮、放糊炮、接线不良、装药不合要求等引起的。

据 1983～1989 年统计,爆破火花引爆瓦斯的次数占爆炸总次数的 35.4%,是引爆瓦斯事故的另一主要火源。

3. 撞击、摩擦火花

煤矿井下撞击、摩擦产生火花的情形多种多样,机械设备之间的撞击、截齿与坚硬岩石之间的摩擦、坚硬顶板冒落时的撞击、运输胶带、金属表面之间的摩擦等,都可能产生火花而引爆瓦斯。随着机械化程度的提高,因撞击、摩擦火花引爆的瓦斯事故在逐渐增多,仅次于电火花和爆破火花。

4. 明火

井下虽严禁明火,但因种种因素影响,井下明火并未能杜绝。井下明火的来源主要有煤炭自然发火及形成的火区、井下违章烧焊、吸烟等,由于明火引起的瓦斯爆炸事故时有发生。

（三）采掘一线易造成瓦斯事故的不安全行为

1. 瓦斯超限作业

如果没有某些人员的违章或失职,瓦斯积聚或引爆火源就不会出现,即使出现也能得到及时妥善处理,瓦斯事故就能被控制或杜绝。大量事实充分表明,人的不安全行为（俗称"三违"）是引发事故的重要原因。

（1）瓦斯检查人员空班、漏检、假检、瞒报、虚报

井下所有地点和容易积聚瓦斯的地点,没有定人、定时、定点进行瓦斯巡回检查,没有按时汇报井下瓦斯浓度;专职瓦斯检查员跟班发现瓦斯超限时,没有立即停止作业,撤出人员汇报处理。

（2）当采掘工作面、上（下）隅角及其他地点瓦斯超限,没有立即撤出人员、切断电源汇报处理。

（3）在风速较低的巷道周壁附近、巷道冒顶的空洞区或凹陷区,采用扩散通风的盲巷、硐室内进行回收或检修电气设备等工作,未及时检测瓦斯或瓦斯超限作业。

（4）启封密闭、排放瓦斯无安全技术措施或措施不落实,瓦斯超限违章作业。

（5）盲巷未按规定管理,未设栅栏、警标或未按规定封闭或遭破坏,人员误入造成事故。

（6）瓦斯监测系统、装置未按规定检修校验而失效。

2. 设备、设施、材料不标准且管理乱

（1）排瓦斯尾巷采用金属支架支护;巷道内有各种管线、轨道、盲巷等。

（2）井下使用不符合国家标准或安全要求的设备、器材、仪器、仪表、防护用品等产生故障,出现点火源。

另外,还有各处作业人员工作过程中、行走时产生各种火源等等。

上述管理缺陷和不安全行为都可能引发瓦斯事故,造成人员伤亡和严重经济损失。

四、防治瓦斯事故的主要措施

防治瓦斯事故总的要求:必须认真贯彻执行国家有关法律、法规和严格执行煤矿安全规程,加强瓦斯专项治理,严格安全检查、制止违章行为,深化安全培训、持续提高职工素质和矿井防灾抗灾能力。其具体措施有:

(一)采取措施,严格管理,防止瓦斯积聚、防止瓦斯引燃和防止瓦斯灾害事故扩大

1. 加强通风,严格瓦斯检查

(1)采用机械通风,禁止单独利用自然通风。建立合理的通风系统,实行分区通风;

(2)按《煤矿安全规程》规定,选定适当的风速。合理分配风量,禁止无风、微风作业,做到既不使瓦斯超限,又能创造良好的作业条件;

(3)加强局部通风管理和风筒的维修,防止风筒漏风,保证掘进工作面有足够的新鲜风流。局部通风机不准抽循环风;

(4)保证通风设施的质量和正确选择通风设施的位置,并且加强维护管理。井下作业人员要爱护通风设施,不准敞开风门不关。严禁风筒破裂和脱节,防止漏风。保证通风巷道必要的通风断面,不准堆积杂物;

(5)凡瓦斯矿井都应采用抽出式通风;

(6)临时停工的巷道不准停风,否则必须切断电源、设置栅栏、悬挂警标,禁止人员入内。长期停工的盲巷和废巷要及时密闭。

2. 及时处理积聚瓦斯

(1)采煤工作面瓦斯积聚的处理

采煤工作面易发生瓦斯爆炸的地点是工作面的上隅角。因为瓦斯的比重较空气轻,易于上浮,且采煤面风流达不到上隅角,采空区与工作面的瓦斯易在此积聚;另外,回风巷往往设有回柱绞车等设备,因此产生引火火源的机会也较多。

① 风障引导风流法。其实质是迫使一部分风流流经工作面上隅角,将该处积存的瓦斯冲淡排出。如图 3-1-7 所示。

② 风筒导排风流法。风筒导排法按其动力源的不同分为水力引射器、电动通风机和压气引射器 3 种不同导排方式。其处理积聚瓦斯的原理和布置方法都是相同的。如图 3-1-8 所示。

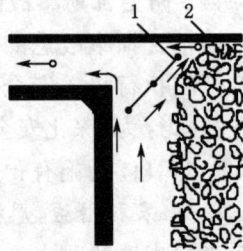

图 3-1-7　风障引导风流法
1——风障;2——采空区

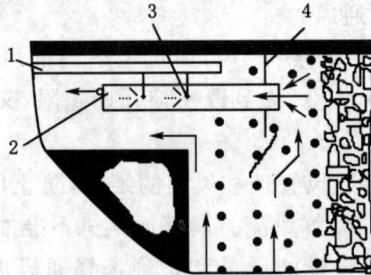

图 3-1-8　风筒导排风流法
1——高压水管;2——风筒;3——喷嘴;4——风障

③ 尾巷排放法。尾巷排放法是目前广泛采用的一种方法。此种方法利用尾巷与工作面采空区的压力差,使工作面一部分风流流经上隅角、采空区、通风眼(联络眼)到尾巷,达到冲淡、排除上隅角瓦斯的目的。如图 3-1-9 所示。

④ 调整通风方式法。根据煤层赋存条件、瓦斯涌出来源,可

调整或选择 Y 形、W 形、双 Z 形通风系统。Y 形通风系统工作面向采空区内的漏风,稀释并排放上隅角的瓦斯后,流入在采空区中维护的回风巷。Y 形与 U 形相比,工作面的风量增加不多。为了增加工作面的通风能力,满足长壁工作面高产的需要,可采用 W 和 Z 形通风系统等。如图 3-1-10 所示。

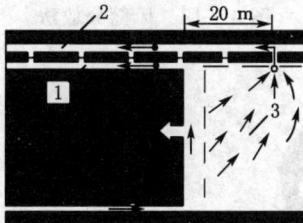

图 3-1-9 尾巷排放法　　　　　图 3-1-10 调整通风方式法

1——回风巷;2——尾巷;3——采空区

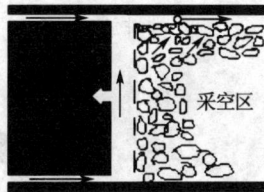

（2）掘进巷道瓦斯积聚的处理

掘进巷道瓦斯积聚多发生在因冒顶而形成的高顶空间以及供风不足的掘进头。或者巷道顶板有瓦斯涌出源,如果风速很低,在巷道顶板附近形成瓦斯层状积聚。层厚由几厘米到几十厘米,层长由几米到几十米。层内的瓦斯浓度由下向上逐渐增大（2%～10%）。预防和处理掘进巷道瓦斯积聚的方法有:

① 增加风量稀释法。加大巷道的平均风速,使瓦斯与空气充分地紊流混合。

② 引导风流排放法。采用导风板或风筒接岔向层状带或高顶空间引入风流,吹散瓦斯。如图 3-1-11、图 3-1-12 所示。

③ 充填置换法

若顶板缝隙不断有较多的瓦斯涌出,可用木板背严顶板并用黄泥填实。如图 3-1-13 所示。

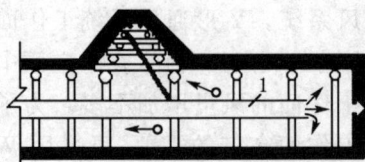

导风板引入风流吹散瓦斯

图 3-1-11　导风板引导风流
支排排放法

风筒接岔引入风流吹散瓦斯

图 3-1-12　风筒分放法

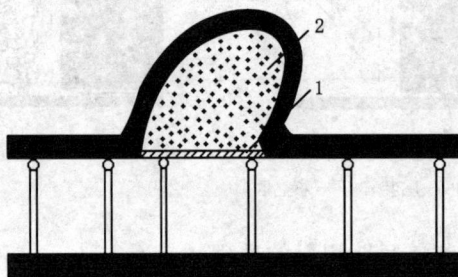

填充置换法掘进巷道冒落空间的瓦斯积聚

图 3-1-13　充填置换法
1——木板；2——黄土

（3）综合机械化机组附近积聚瓦斯的处理

① 加大风量。在采取煤层注水湿润和采煤机喷雾降尘措施后，可适当加大风速，但不得超过 5 m/s。

② 当采煤机附近（或工作面中其他部位）出现局部瓦斯积聚时，可安装小型局部通风机或水力引射器，吹散排出积聚的瓦斯。

（4）刮板输送机下部瓦斯积聚的处理

刮板输送机停止运转时，底槽附近有时会积聚高浓度的瓦斯。由于刮板与底槽之间运煤时产生的摩擦火花能引起瓦斯燃烧爆炸，因此，必须排除该处的瓦斯。处理的方法有：

① 设专人清理输送机底下遗留的煤炭，保证底槽畅通，使瓦

斯不易积聚。

② 保持输送机经常运转,以防瓦斯积聚。

③ 吊起输送机处理积聚的瓦斯。

如果发现输送机底槽内有瓦斯超限的区段,可把输送机吊起来,使空气流通而排除瓦斯。

④ 压风排瓦斯。有压风管路的地点可以将压风引致底槽进行通风,排出积聚的瓦斯。

(5) 防止钻孔瓦斯积聚和引燃的安全措施

在含有瓦斯的煤层或砂岩层,特别是在地质破碎带,打勘探钻排放瓦斯、抽放瓦斯和其他钻孔时,在钻孔中和孔口附近都形成瓦斯积聚。打钻时,瓦斯浓度沿孔长均匀分布;打钻结束后,孔底浓度最高,可达80%或更高,孔口浓度接近于5%～6%。

① 打钻作业时的安全技术措施。打钻时钻孔中形成瓦斯积聚是无法消除的。为防止打钻过程中钻头与岩石摩擦产生摩擦热引燃钻孔中的瓦斯,应采取如下措施:一是通过孔底喷水消除摩擦火花和摩擦热;二是孔口附近安设瓦斯自动监测装置;三是保证工作面有足够的风量。

② 采掘工作面已有钻孔的处理方法。当采掘工作面已有超前钻孔时,钻孔应用水、胶泥或其他惰性材料充填。瓦斯煤层中所有残孔报废后,要尽快封闭并视为危险区,封孔日期标注在采掘工程平面图上。

(6) 恢复盲巷或启封打开密闭时的安全措施

盲巷恢复生产时,首先应排除其中积聚的瓦斯。在排放瓦斯前,要制定完善的安全技术措施,同时必须符合以下要求:

① 编制排放瓦斯措施时,必须根据不同地点的不同情况制定有针对性的措施。必须由矿总工程师负责贯彻,责任落实到人,凡参加审查、贯彻、实施的人员,都必须签字备案。

② 排放瓦斯前必须先检查局部通风机及其开关附近10 m以

内风流中的瓦斯浓度,其浓度都不超过 0.5％时,方可人工开动局部通风机向独头巷道送入有限的风量,采取撤人、警戒、断电、限量、逐段排放,与全风流混合处的瓦斯和二氧化碳浓度都不超过 1.5％。

③ 排放瓦斯时,应有瓦斯检查人员在独头巷道回风流全风压风流混合处经常检查瓦斯浓度。当瓦斯浓度达到 1.5％时,应指令调节风量人员,减少向独头巷道的送入风量,确保独头巷道排出的瓦斯、在全风压风流混合处的瓦斯和二氧化碳的浓度均不超限。

④ 排放瓦斯时,严禁局部通风机喝循环风。

⑤ 排放瓦斯时,回风系统内必须切断电源、撤出人员;还应有矿山救护队现场警戒。

⑥ 排放瓦斯后,经检查证实,整个独头巷道内风流中的瓦斯浓度不超过 1％、二氧化碳浓度不超过 1.5％,且稳定 30 min 后瓦斯浓度没有变化时,才可以恢复局部通风面的正常通风。

⑦ 独头巷道恢复正常通风后,必须由电工对独头巷道中的电器设备进行检查,确认完好后,方可人工恢复局部通风机通风巷道中的一切电器设备的电源。

(二) 严格明火管理,杜绝引爆火源

1. 严格明火管理,严禁在井下使用明火和吸烟

下井人员要自觉接受井口安检人员检查,禁止携带烟草和点火工具下井;井下禁止使用电炉或灯泡取暖;井口房周围 20 m 以内禁止烟火;井下和井口房内不得进行电焊、气焊或喷灯焊,特殊情况必须烧焊时,必须严格执行《煤矿安全规程》的有关规定。

2. 严格机电防爆管理

井下有瓦斯涌出的区域应选用矿用防爆型电气设备;对电气设备的防爆性能要经常检查维护,消灭电器失爆;井下电缆的选择和使用要严格执行《煤矿安全规程》的规定;井下禁止敲打和拆卸矿灯,禁止带电检修和移动电气设备;掘进工作面的电气设备和局

部通风机必须装设风电闭锁装置。

3．杜绝引爆火源

井下必须使用取得产品许可证的煤矿许用炸药和煤矿许用电雷管，爆破工必须经过专门培训，严格执行《煤矿安全规程》对井下爆破工作的各项规定及"一炮三检"和"三人连锁"爆破制度。

4．严防产生撞击和摩擦火花

倾斜井巷运输必须按《煤矿安全规程》要求装设完善的保险装置，并经常检查维护，使其处于良好状态；在容易摩擦发热的机械部件上安设过热保护装置；对转动摩擦的机械部件加强检查维护，保持转动灵活、润滑良好；井下作业中，采取措施防止铁器撞击。

·　5．加强火区管理

按《煤矿安全规程》规定，经常检查密闭墙，测定火区温度与瓦斯浓度。

（三）防止瓦斯事故扩大措施

矿井通风系统应力求简单，无用的巷道和采空区及时密闭。在相通的进、回风巷道间安设正反两道风门，以防瓦斯爆炸时风流短路。井下一旦发生瓦斯爆炸事故，就要尽量防止灾害的扩大，限制事故范围，为此应采取下列措施：

（1）实行分区通风。各水平、各采区和各工作面都应有独立的进、回风系统。

（2）主要通风机必须安装反风装置，井下主要风门要安设反风设施，定期进行反风试验，发现问题及时解决，保证在处理灾害事故需要反风时能灵活使用。

（3）装有主要通风机的分区通风的出风井口，必须安设防爆门，防止发生爆炸时通风机遭到破坏。

（4）在矿井两翼、相邻的采区、相邻的煤层之间设置水栅或岩粉棚，防止爆炸事故范围扩大。

（5）下井人员必须佩戴自救器，以便发生事故时进行自救、互救。

（6）编制周密的应急救援方案（矿井灾害预防和处理计划），并贯彻到每个职工中，常备不懈，一旦发生事故，即可及时处理，以防灾害的发展与扩大。

五、瓦斯事故中矿工的主要救护方法

（一）矿工自救的基本原则是"灭、护、撤、躲、报"五个字

（1）灭：就是在安全的前提下，采取积极有效措施，将事故消灭在初始阶段，控制在小范围，最大限度地减少事故造成的伤害和损失。

（2）护：就是矿工无法排除事故时，正确佩戴自救器进行个人安全防护。

（3）撤：就是矿工带着自救器，在干部、班长或老工人的带领下，沿着避灾路线，沉着、冷静撤到安全地点。

（4）躲：就是进入避难硐室暂时躲避，妥善避灾。

（5）报：就是利用一切可能的通讯工具，向矿调度室汇报。在汇报时，要将看到的异常现象（火焰、烟、飞尘等）听到的异常声响、感觉到的异常冲击如实汇报。

（二）自救要点

瓦斯爆炸时，产生巨大的声响、高温有毒气体（瓦斯爆炸后的气体成分大概为：氧气 $6\% \sim 10\%$、氮气 $82\% \sim 88\%$、二氧化碳 $4\% \sim 8\%$、一氧化碳 $2\% \sim 4\%$）、炽热的火焰、强烈的（瓦斯爆炸后的气体压力大约是其爆炸前气体压力的 $7 \sim 10$ 倍）冲击波。此时应注意以下几个要点：

（1）当灾害发生时，一定要镇静清醒，不要惊慌失措，乱喊乱跑。

（2）及时报告灾情。迅速向事故可能波及的区域发出警报，争取地面救护工作人员尽快救援，使其他区域的工作人员尽快撤离。

（3）当听到爆炸声响或感觉到空气冲击波时应立即背朝声响和气浪传来的方向迅速卧倒，脸朝下，双手置于身体下面，闭上眼睛。

（4）立即屏住呼吸，用湿毛巾捂住口鼻，防止吸入有毒的高温气体，避免中毒和灼伤器官、内脏。

（5）用衣服将自己声体的裸露部分尽量盖严，以防火焰和高温气体灼伤皮肤。

（6）迅速取下自救器，佩戴好，以防止吸入有毒气体。

（7）高温气浪过后，应立即辨明方向，选择最短的距离进入新鲜风流，并按照避灾路线，尽快逃离灾区。

（8）已无法逃离灾区时，应立即进入避难硐室，充分利用现场的一切器材来保护其他人员及自身安全。

（9）进入避难硐室后，要注意安全，设法堵住硐口，防止有害气体进入。

（10）在避难硐室内要注意节约矿灯用电和食品，室外要做好标记，有规律地敲打连接外部的管子、轨道等，发出求救信号。

六、煤与瓦斯突出事故简介

我国是世界上煤与瓦斯突出最严重的国家，突出矿井数占世界突出矿井总数的 45%，突出总数最多。据统计，迄今全国已有 45 个矿务局约 250 个矿井发生过煤与瓦斯突出，除国有重点煤矿中约有 130 个矿井突出外，在地方国有煤矿和乡镇煤矿中都有数量众多的突出矿井。我国迄今累计突出次数约 1.4 万次，占世界突出总次数的 35%。煤与瓦斯突出能造成大量人员伤亡和惨重经济损失。如我国最大的突出事故是发生在 1960 年 5 月 14 日的四川省松藻矿务局二井，-352 m 水平二石门揭煤时，突出煤炭 1 000 吨，死亡 125 人，伤 16 人。因此，了解煤与瓦斯突出的基本知识，对预防减少突出事故，保护矿工的生命财产安全具有重要作用。

（一）煤与瓦斯突出概述

煤与瓦斯突出是煤矿生产中一种极其复杂的动力现象，它能在极短时间内由煤体向巷道或采场空间喷出大量的碎煤并涌出大量瓦斯，在煤体中形成特殊形状的空洞并形成十分巨大的动力效应。发生煤与瓦斯突出时，突出的瓦斯即顺风流向进风井方向流动，会使井下大范围内充满高浓度瓦斯，它可造成人员缺氧窒息死亡，还可能引起瓦斯燃烧或爆炸；突出的煤岩还可掩埋人员，造成人员死亡。

（二）煤与瓦斯突出的基本规律

大量突出事例的统计资料表明，我国煤与瓦斯突出有以下基本规律：

（1）突出危险性随开采深度增大。对同一煤田来说，在始突深度以下，随开采深度增加突出次数和突出强度均增大。

（2）突出危险性随突出煤层厚度增大。突出煤层愈厚危险性愈大，表现为突出次数多、强度大，开始发生突出的深度浅。

（3）突出绝大多数发生在掘进工作面。根据 1951 年至 1981 年期间 9 845 次突出事例的统计资料，发生在各种掘进工作面的突出有 8 049 次，占突出总次数的 81.8%。在掘进工作面中，虽然石门揭煤层突出次数最少，仅有 567 次，占 5.8%，但突出强度却最大。石门突出的平均强度为 316.5 吨/次，是突出总平均强度的 4.5 倍。近年来，在一些突出矿井中采用机械化或综合机械化开采，工作面推进速度快，采煤工作面发生的突出几率增大，如阳泉一矿、平顶山十矿等，绝大多数突出则发生在采煤工作面。

（4）突出多发生在地质构造带。地质构造带包括向斜轴部地带，帚状构造收敛端，煤层扭转区，煤层产状变化区，煤包和煤层厚度变化带，煤层分岔处，压性、压扭性断层地带，岩浆岩侵入带。例如，北京矿务局在 1951～1974 年期间共发生突出 951 次，其中有 741 次发生在地质构造带，占 78.5%。

（5）突出发生前会出现突出预兆：

① 无声预兆——工作面顶板压力增大，煤壁被挤出。片帮掉渣，顶板下沉或底板鼓起，煤层层理紊乱，煤黯淡无光泽，煤质变软，瓦斯忽大忽小，打钻时有顶钻、卡钻、喷瓦斯等现象。

② 有声预兆——煤层在变形过程中发生劈裂声、闷雷声、机枪声、煤炮声，声音由远到近，由小到大，有短暂的，有连续的，间隔时间长短不一致，煤壁发生震动和冲击，顶板来压，支架发出折裂声。

（6）突出一般需要生产作业诱发。除决定突出发生的自然因素（地压、瓦斯和煤的物理力学性质）外，采掘作业则是突出的诱发因素。

（三）煤与瓦斯突出事故原因分析

某矿 9 月 3 日，3249 工作面补充切眼掘进工作面发生煤与瓦斯突出事故，死亡 39 人。煤与瓦斯突出事故示意图如图3-1-14所示。

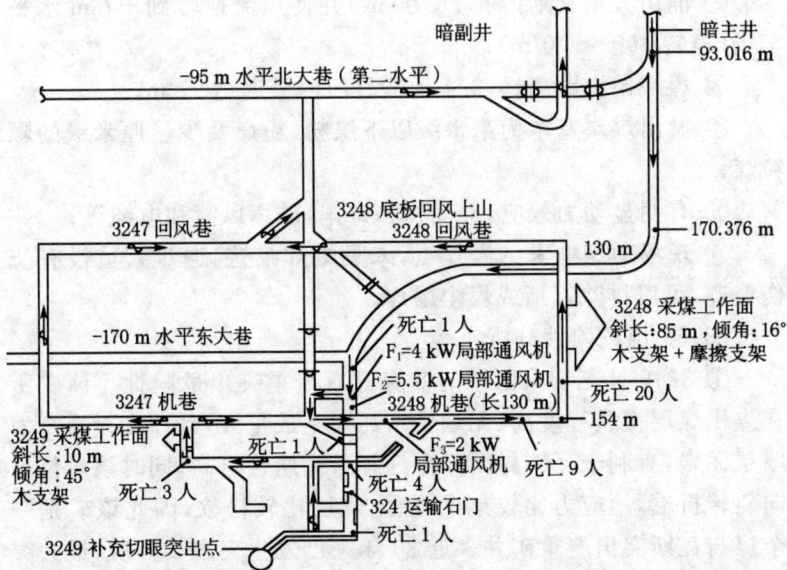

图 3-1-14　煤与瓦斯突出事故示意图

1. 事故原因分析

(1) 事故发生地点认定

根据现场勘察救护报告认定,这起突出事故发生的地点是3249补充切眼上山揭开煤层的掘进工作面。主要依据:从3249补充切眼到一170 m水平北大巷岔口,324运输石门堆满了突出物,堆积长度达97m,从一170 m北大巷岔口到3249补充切眼,突出物堆积厚度越来越高,3249补充切眼附近已经堆满,说明突出方向是从3249补充切眼往外。根据突出物堆积厚度和粒度分布,方向也是从3249补充切眼往外。

(2) 事故类别认定——根据调查认定,这起事故为煤与瓦斯突出事故,主要依据是:

① 抛出大量煤炭(约600 t);

② 涌出大量瓦斯(约7.5万 m³)并使风流逆转到+7 m水平车场(逆转800~900 m);

③ 煤炭抛出距离远,324运输石门内最远达97 m;

④ 抛出煤炭基本为毫米级以下煤粉、粉煤及少量厘米级的颗粒煤;

⑤ 有明显动力效应,推动(斜)矿车,破坏风筒和电缆等;

⑥ 现场勘探中未见爆炸点,未见爆炸痕迹,遇难人员没有烧伤痕迹,可以排除瓦斯或煤尘爆炸。

(3) 突出危险性分析。

① 3249补充切眼区域的四煤具有严重突出危险性。该矿所在煤田煤层变质程度高(无烟煤),瓦斯生成量大,且顶底板岩石为厚层泥岩,有利于瓦斯封闭保存,因此,瓦斯含量高;同时该矿位于向斜转折端,地应力比较集中,加之煤层比较松软,因此该矿是一个煤与瓦斯突出严重矿井。近30年来已发生突出168次,最大突出强度达620 t,500 t以上的大型突出有3次;

② 324采区已开采至一170 m水平,采深达300 m左右,地应

力都比上水平大,突出危险性相应增大;

③ 3249 补充切眼掘进工作面遇到一落差为 6 m 的逆断层,地质构造应力使该工作面的突出危险性增大;

④ 事故工作面距 3249 工作面走向 8 m,倾向 16 m,采动产生的支撑力使该工作面的突出危险性增大;

⑤ 3249 补充切眼掘进工作面为上山掘进,倾角 45°,工作面煤层自重作用增加了突出危险性。

2. 事故原因的综合分析

从上述事故案例中不难看出,尽管目前对煤与瓦斯突出的机理尚未完全认识清楚,还不能完全防止突出事故发生,但人们在与突出进行斗争的长期实践中探索出许多规律和预防突出的措施。由于对其认识不足,重视不够,执行措施不力等,才造成了突出事故的发生。

(1) 对"四位一体"防突出综合措施贯彻不力。

① 有的对突出危险矿井没有进行认真的预测或预测失误;

② 有的是预测到有突出危险但没有认真采取防突出措施;

③ 有的是执行措施后没有及时进行效果检验;

④ 有的是没有执行安全防护措施。

(2) 对防突工作思想麻痹,重视不够,没有按《防治煤与瓦斯突出细则》(以下简称《细则》)要求切实采取防突出措施。

(3) 执行防突出措施缺乏严肃性。如有的在执行局部防突措施时,不按措施设计要求布置钻孔。钻孔数量不够或超前距离不足等。

(4) 不按《煤矿安全规程》和《细则》规定认真制定有效的防突出措施和建立措施效果检验制度,因而未能减少事故危害程度。

(5) 防突预测失误。如有的对预测参数测定不够认真,有失准确性,结果应该采取措施的却没有采取措施,而酿成事故等。

(6) 疏于安全防护措施。有的是对避灾硐室、压风自救、反向风门等装置,管理有漏洞;有的是在有煤与瓦斯突出危险的工作面使用风镐落煤,在未保护区内掘进巷道,从而造成突出事故中伤亡扩大。

(7) 缺乏先进、可靠的超前勘探构造的仪器装备,在一定程度上影响了预测预报效果等。

(8) 作业人员缺乏煤与瓦斯突出常识。如对突出预兆缺乏认识和了解,有侥幸心理,结果未加防范,从而造成突出发生和灾情扩大。

除上述管理原因外,还有技术原因等。

(9) 煤与瓦斯突出因素、阶段和诱发突出:

① 突出因素:煤与瓦斯突出是一种力学现象,是地应力、瓦斯和煤的物理力学性质三个因素综合作用的结果。地应力、瓦斯和煤强度是突出的主要自然因素,突出的发生与否取决于上述三个因素的一定组合。对突出发生的区域条件来说,该区域的地应力越大,煤层瓦斯压力(含量)越高,煤越松软,则区域突出的危险性就越大。对采掘工作面发生的一次突出来说,不仅与上述三个因素各参数的原始值有关,而且在很大程度上还取决于近工作面区域各参数的变化。工作面前方应力和瓦斯压力梯度越大,煤体越不均质,则工作面的突出危险性就越大。

② 煤与瓦斯突出的四个阶段。典型煤与瓦斯突出过程可总结为准备、激发、发展和终止四个阶段。有些突出并不是一次完成的,而是有多个循环。

③ 开采突出煤层的实践表明,在下列情况下易于引起应力状态突然变化而诱发突出:

石门揭穿(开)煤层;

工作面迅速推进煤体,如爆破作业、快速打钻;

工作面由硬煤区进入软煤区;

工作面靠近和进入地质构造带,如断层、褶曲、火成岩侵入带和煤层厚度、倾角和起向变化带；

采煤工作面周期来压或悬臂梁突然断裂；

急斜煤层突然冒落。

④ 突出发生须同时满足以下三个条件：

诱发因素（爆破落煤、石门突然揭开煤层、采掘工作面进入地质构造带、打钻、悬顶冒落等）使工作面附近煤（岩）体应力状态突然改变并导致煤体局部的突然破坏，这是突出的直接诱发条件。

突出诱发后，煤的暴露面处于高地应力和高瓦斯压力区，使煤体能产生自发的连续破碎，这是突出的发展条件。

煤体和已破碎的煤能快速涌出瓦斯（包括游离瓦斯和吸附瓦斯），足以形成能抛出已破碎煤的瓦斯流，这是突出发展的必要条件。

（四）煤与瓦斯突出事故的防治对策

为了防止煤与瓦斯突出和伤亡事故的发生，各煤矿安全科研单位及院校与严重突出局矿协作，进行了系统的长期不懈的研究，在突出理论认识和实践方面积累了丰富经验。迄今已形成了我国自己的防突技术体系，即"四位一体"体系。其内容：一是突出危险性预测，二是防治突出措施，三是防治突出措施的效果检验，四是安全防护措施。防治煤与瓦斯突出综合措施实施系统框图如图3-1-15 所示。

1. 突出危险性预测

突出危险性预测是防突综合措施的第一个环节。其目的是确定突出危险的区域和地点，以便使防突措施的执行更加有的放矢。《煤矿安全规程》第一百八十六条规定："突出矿井必须对突出煤层进行区域突出危险性预测（简称区域预测）和工作面突出危险性预测（简称工作面预测）。"

（1）突出煤层区域突出危险性预测

只要发生一次煤与瓦斯突出，该矿井即定为突出矿井，发生突

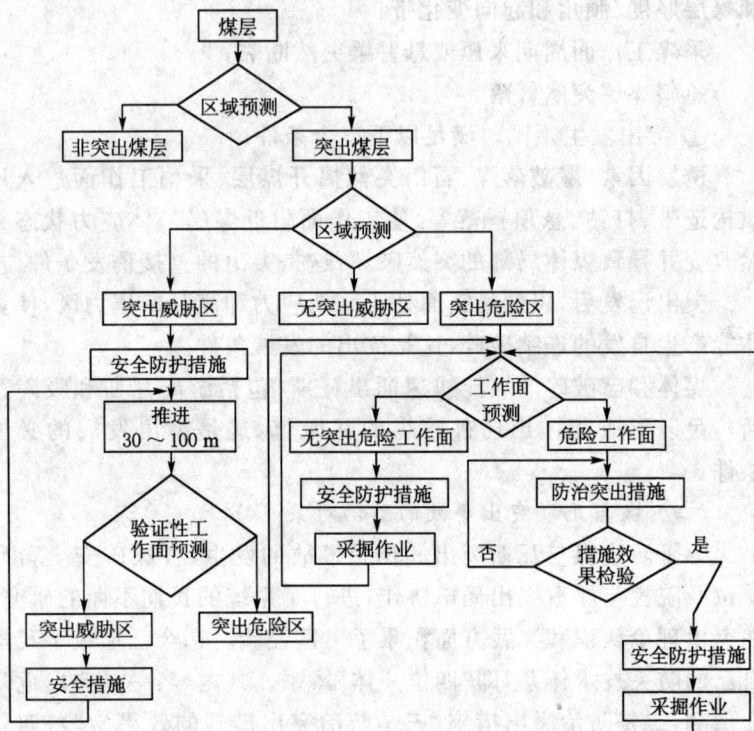

图 3-1-15　防治煤与瓦斯突出综合措施实施系统框图

出的煤层即定为突出煤层。

（2）工作面突出危险性预测

采掘工作面在突出危险和突出威胁区域内进行采掘作业时，必须进行预测。其方法应采取快捷简便易行的方法。如钻屑煤量指标法等。

2.防治突出措施的效果检验

（1）保护层保护效果的检验；

（2）预抽瓦斯防治突出效果的检验；

（3）采掘工作面防治突出措施效果的检验。

3．区域性防突措施

（1）开采保护层；

（2）预抽煤层瓦斯。

4．局部防治突出的措施

（1）石门揭穿煤层前的防突措施；

（2）突出煤层采煤工作面的防突措施，如松动爆破、煤层注水、预抽瓦斯等；

（3）煤巷掘进工作面的防突措施，如大直径钻孔、深孔松动爆破、超前钻孔、超前支架、水力冲孔、边掘边抽放防突措施等。

5．安全防护措施

为防止预测失误或防突措施失效，在进行采掘作业时必须采取安全防护措施。

（1）石门揭穿突出煤层时的震动爆破；

（2）采掘工作面远距离爆破；

（3）设置避难硐室；

（4）制定避难路线图；

（5）配备自救装置；

（6）加强通风管理。

（五）煤与瓦斯突出事故的处理程序及避灾自救

1．处理程序

（1）立即撤出人员；

（2）利用好井下避难所和井下急救袋；

（3）注意延期突出；

（4）发生煤与瓦斯突出预兆都必须按照防突措施立即把人撤到安全地点。

2．避灾自救方法

（1）佩戴隔离式自救器保护自己；

（2）寻找可避难的场所；

（3）新鲜风流区域的职工主动正确参加救护工作。

第二节　矿井煤尘灾害的防治

煤尘是煤矿五大灾害之一，它不仅可以造成爆炸事故，而且还可以使矿工吸入后患有煤肺病，严重威胁矿工的生命安全和身体健康。因此，了解煤尘的性质，掌握煤尘发生爆炸的基本规律，采取有效的防治措施，加大对煤尘的管理和监督力度，是煤矿安全生产中的一项重要工作。

一、煤尘的基础知识

（一）煤尘

从粒度上讲，煤矿生产过程中产生直径小于 1 mm 的煤粒，均叫做煤尘。

（二）煤尘的种类

根据其爆炸性，可分为无爆炸危害性煤尘和有爆炸危害性煤尘两种。有爆炸危害性煤尘：即在热源的作用下，能够单独爆炸或传播爆炸的细小煤粒。

（三）煤尘的产生

1. 产生煤尘的生产过程

在煤矿的采煤、掘进、运输、提升等生产过程中，几乎所有作业都能产生煤尘。例如：钻眼、爆破、清理工作面、落煤、运输、装载、顶板管理、支护、顶板的沉降或冒落、提升、地压（包括冲击地压）甚至矿工在巷道中走动也能产生煤尘。

煤尘的产生量不是绝对的，它是随着煤层的地质情况、赋存条件、煤质及矿井生产条件的变化而变化。一般来说，没有防尘措施的煤矿井下每昼夜产生的煤尘量等于采煤量的 1% 左右，甚至高达 3%～5%，尤其是机械化采煤，煤尘产生量更大。

2. 影响煤尘产量的因素

影响煤尘产生量的因素有:采掘强度;机械化程度、采煤方法、采掘机械结构;通风状况;地质构造;煤质情况和煤层赋存等因素。

(1)采煤强度及机械化程度

① 采掘强度越大,煤尘产生量就越多;

② 机械化程度愈高,生产高度集中,产量大幅提高,煤尘产生量增加。

如机械化采煤工作面工作地点的煤尘浓度最高达到 8 888 g/m³;一般炮采工作面为 400～600 g/m³;而风镐落煤时煤尘浓度为 800 g/m³ 左右。据不完全统计,各国机械化采煤的矿井中 70%～85%的煤尘是由采掘工作面产生的。

(2)采煤方法

急倾斜煤层采用倒台阶采煤法比水平分层采煤法煤尘产生量要大;全面冒落采煤法就比充填采煤法煤尘产生量大。

(3)采掘机械的结构

采用宽截齿,合理地切割速度、牵引速度、截割深度及合理的截齿排列均能减少煤尘的产生。

(4)通风状况

工作面的风量和风速与煤尘有密切关系,风量大时能冲淡煤尘浓度,风量较小时,不能将工作面煤尘带出,煤尘浓度就大。而风速过大时又将已沉降的煤尘或大颗粒的煤尘吹扬起来,增加了工作面煤尘浓度。

(5)地质构造

如遇有断层、褶曲等地质破坏带,采煤时,煤尘产生量大。

(6)煤质情况

如煤层的节理发达、脆性大、结构疏松、干燥,开采时,煤尘产生量大。

(7)煤尘赋存情况

煤尘的倾角大小、煤尘的厚薄,对煤尘的产生量有很大的关系。如急倾斜煤层开采时比缓倾斜煤层开采时煤尘要大;厚煤层开采时比薄煤层开采时煤尘产生量要大。

煤尘主要来源是在生产过程中产生的,而地质作用生成的原生煤尘是次要来源。从煤尘产生量来看,以采掘工作面为最高,其次为运输系统各转载点。所以,我们的防尘工作应抓住上述因素的各生产环节,采取有效的综合防尘措施,以使矿井粉尘浓度达到国家标准。

(四)煤尘的存在状态

煤矿井下各生产环节的煤尘,一般以一种不均质、不规则和不平衡的复杂运动状态悬浮于空气中,随风流而蔓延开来,一部分被风流带出矿井,而大部分却在井下各巷道及各硐室存留。按照存在状态可分为浮游和沉积煤尘两种:

1. 浮游煤尘

飞扬在矿井空气中的煤尘,它是导致煤尘爆炸事故的先决条件。

浮游煤尘在空气中的飞扬时间,除取决于粒子的大小、比重、形状外,还受空气的温度、湿度尤其是受风速的影响。所以,尘粒大的,沉积于靠近尘源处,尘粒小的,远离尘源处,尘粒更小的甚至不易沉降,小于 1 μm 的细微煤尘基本上不沉降。根据理论计算,比重为 1.31 左右的球形煤尘粒子,在静止空气中的降落速度如表 3-2-1 所示。

表 3-2-1　　　　煤尘粒子在静止空气中降落速度

尘粒直径/μm	100	10	1	0.1
降落速度/mm·s^{-1}	398	3.98	0.039 8	0.000 398

表 3-2-2 为煤尘在静止空气中从 1 公尺高处自由降落到底板

所需时间。

表 3-2-2　　尘粒从 1 米高度自由落到底板所需要时间

尘粒直径/μm	100	10	1	0.5	0.2
降落时间	2.6 s	4.4 min	7 h	22 h	92 h

沉积煤尘在受到机械、爆破或巷道中风速突变后,仍可飞扬起来,再次成为浮游煤尘。其风速的变化与尘粒的关系如表 3-2-3 所示。

表 3-2-3　　　　　　风速变化与尘粒的关系

煤粒直径/μm	75~105	35~75	10~35
吹扬风速/m·s^{-1}	6.3	5.29	3.48

注:表中煤尘水分为 5%~10%。

从表 3-2-1、表 3-2-2 可看出浮游于空气中的煤尘是不容易下沉的,在运动气流中就更加困难。

2. 沉积煤尘

因自重而分别沉积,在底板、支架、顶板上的煤量叫沉积煤尘,又称落尘。

3. 浮游、沉积煤尘之间的关系

它们两者的关系是浮游煤尘因自重而逐渐沉降下来成为沉积煤尘;而沉积煤尘如受外界条件的干扰,又可再次飞扬起来,成为浮游煤尘。

(五)煤尘浓度、粒度组成及沉积强度

1. 煤尘浓度

矿井空气中所含煤尘的数量叫做煤尘浓度。

我国规定用重量法表示矿尘浓度。即:在 1 m^3 空气中含有浮尘的质量数,单位为 mg/m^3 或 g/m^3。

2. 粒度组成（又称矿尘分散度）

粒度组成是指粉尘粒子的大小，在空气中分布的情况，一般用某粒级矿尘的质量占矿尘总量的百分比表示。

3. 沉积速度与沉积强度

（1）沉积速度：是指巷道中单位面积、单位产量的煤尘沉积量。单位为 $g/(m^3 \cdot kt)$。

（2）沉积强度：是指巷道中每昼夜每采一吨煤的煤尘沉积量。单位为 $g/(t \cdot d)$。

二、煤尘的危害

（一）煤尘的燃烧和爆炸

煤尘在一定条件下能发生燃烧和爆炸，从而给矿井酿成严重灾害，甚至使整个矿井遭到破坏，不易恢复，矿工大量死亡。

1. 煤尘爆炸产生的参数及特征

煤尘的燃烧及爆炸实际上是可燃气体的燃烧和爆炸。所以煤尘的爆炸既具有瓦斯爆炸的特点，又具有自己的特征。其爆炸后同样产生高温、高压和高速，并构成冲击波，生成大量的有毒有害气体及生成皮渣、粘块等特征。

（1）爆炸时生成的温度：煤尘的爆炸是剧烈氧化的结果。因此，在爆炸时要释放大量的热量，这个热量能使爆源周围气体的温度上升到 2 300 到 2 500 摄氏度，这种高温是造成煤尘爆炸连续发生的重要条件。

（2）爆炸产生的压力：煤尘爆炸使爆源周围气体的温度骤然上升，必然使气体的压力突然增高。实验表明，当距点火源的距离 137.2 m 遇障碍物时，其爆炸产生的压力，可达 10.69 个大气压。

（3）爆炸产生的速度：在爆炸产生的高温、高压的同时，爆炸火焰和爆炸冲击波以极快的速度向外传播，实验结果表明，每 s 可达千米以上。

（4）爆炸产生的冲击波：煤尘爆炸产生冲击波的传播速度比爆炸产生火焰的传播速度还快，有时可达 2 400 m/s，对矿井的破坏性极大。

（5）爆炸生成的有毒有害气体：煤尘爆炸后生成大量的一氧化碳气体，这是造成矿工大量中毒死亡的主要原因。

（6）煤尘爆炸具有连续性，呈跳跃式前进，并具有离爆源越远破坏性越大的特点。

（7）煤尘爆炸生成皮渣和粘块。煤中含有不可燃的物体，煤尘爆炸又缺乏氧气，因此煤的燃烧是不完全的。一部分煤尘燃烧了，另一部分煤尘被局部焦化，并附在巷道支架、巷道的周围及煤壁上，形成一种烧焦的皮渣和粘块的特征。

根据皮渣和粘块在支柱上的位置不同，可判断出煤尘爆炸的程度。

① 当爆炸程度较弱时，火焰和冲击波以较慢的速度传播，皮渣和粘块在支柱的两侧，爆炸传来的方向堆积较密。

② 当爆炸程度很大时，皮渣和粘块在支柱的迎风侧。

③ 当爆炸程度极大时，皮渣和粘块在支柱的背风侧，而在迎风侧有火烧痕。

爆炸生成皮渣和粘块是它区别于瓦斯爆炸的特征。如图3-2-1所示。

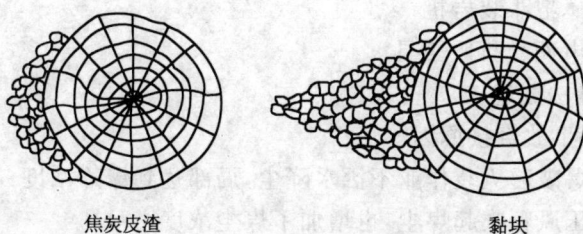

焦炭皮渣　　　　　　　　　黏块

图 3-2-1　黏焦

2. 煤尘爆炸案例

[案例一] 1986 年 9 月 28 日 10 时 13 分,某矿掘进头发生煤尘爆炸事故,死亡 26 人,伤 14 人。如图 3-2-2 所示。

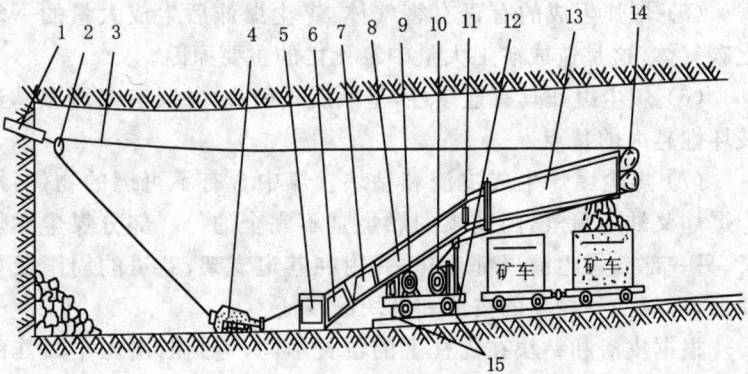

图 3-2-2 "9·28"煤尘爆炸示意图

1——固定楔;2——尾轮;3——钢丝绳;4——耙斗;5——前挡板;
6——簸箕口;7——连接槽;8——中间槽;9——电动机;10——绞车及操纵机构;
11——电气设备;12——台车;13——卸载槽;14——头轮;15——卡轨器

(1)现场概况:

净断面 10.14 m²

锚杆支护

0.3 t 耙斗装岩机

风、电两套打眼工具

钻爆法掘进

(2)事故直接原因

① 爆破后扒装作业不洒水降尘,局部达到爆炸浓度;

② 压风管吹起煤尘,也增加了煤尘浓度;

③ 耙装机钢丝绳断头打结四处,毛刺很多,作业时产生摩擦火花,是引起煤尘爆炸的火源。

（3）事故其他原因

① 现场管理不严,防尘和冲巷降尘、移动水幕、更换钢丝绳等制度执行不严;

② 干部见到违章作业不予制止;

③ 重视进尺,轻安全,事故当班任务偏重;

④ 没有把降尘纳入施工工序。

［案例二］　1993 年 10 月 18 日 17 时 15 分,某矿发生煤尘爆炸事故,死亡 40 人,伤 4 人。

（1）事故直接原因

掘进二区工作人员在修复巷口违章放明炮崩 U 形钢可伸缩拱形支架卡缆螺栓引起煤尘爆炸。爆炸的冲击波及火焰传播到 714 工作面又引起第二次爆炸,扩大了灾情。

（2）事故间接原因

① 防尘制度不落实,井下生产场所积有大量干燥的煤尘,为扬尘并达到爆炸浓度创造了条件;

② 职工素质差,违章现象严重;

③ 轻视群监工作,对群监员提出的现场煤尘大的问题不予解决。

（二）煤尘是造成矿工职业病（煤肺病）的有害物质

直径小于 5 μm 的煤尘粒子会导致矿工患煤肺病;直径 0.75～1 mm 的煤尘粒子都能发生和参与爆炸。浮游于空气中的煤尘既不利于矿工的工作条件,又刺激矿工的眼睛及呼吸气管,使之发炎而生病,尤其是矿工长期地大量地吸入小于 5 μm 的煤尘,造成肺组织的纤维性变化成为煤肺病。健康的肺组织像海绵一样具有弹性,当发生纤维化病变后,肺失去了弹性,肺组织硬化,造成呼吸困难,出现咳嗽、气促、胸痛、无力等症状,使矿工严重丧失劳动能力以致缩短寿命。

三、煤尘的爆炸与燃烧

（一）煤尘的爆炸原因

1. 煤是可燃物质

煤被粉碎成细小颗粒后，增大了表面积，当它悬浮在井下巷道的空气中，扩大了与氧的接触面积，加快了氧化作用；同时也增加了受热面积，加速了热化过程。煤尘受热后，单位时间内吸收较多热量使温度很快升高，而温度的升高又加快了氧化速度。

2. 煤加热后可逐渐放出可燃气体

如 1 kg 挥发分为 20％～26％的焦煤，受热后放出 290～350 L 可燃气体。这些可燃气体遇到高温后，容易燃烧，燃烧时不伴有显著的声效应，火焰速度为 20 m/s 左右。

3. 热量的连续传播

原煤尘燃烧的热量连续传给了已悬浮的其他煤尘，再燃烧，以此极快地进行，氧化反应越来越快，范围越来越大，遂导致气体运动，并在火焰前形成冲击波。在冲击波强度达到 300 m/s 时即转为爆炸。

（二）煤尘爆炸的条件

煤尘爆炸必须同时具备以下四个条件，缺一不可。

1. 煤尘本身具有爆炸性

煤尘爆炸是煤尘氧化后产生可燃气体遇高温后发生的剧烈反应。但是有的煤尘受热氧化后，产生很少的可燃气体，不能使煤尘发生爆炸，所以煤尘分为有爆炸性和无爆炸性煤尘，它们需要经过煤尘爆炸性鉴定后才能确定。

2. 煤尘浮游空气中，并达到一定浓度

煤矿生产中的各个环节都产生大量的浮游煤尘，这是煤尘爆炸的直接原因之一。此外在煤矿井下几乎到处都存在着大量沉积煤尘，当它受到空气波的震动或气流的吹扬时，能再次形成浮游状态以具备爆炸的条件。所以说沉积煤尘是造成井下严重灾害（连续爆炸)的重大隐患。能够爆炸的浮游煤尘浓度是有范围的,也就是说在爆炸的下限浓度至上限浓度这个范围内才能发生爆炸。

(1)爆炸下限浓度

爆炸下限浓度是指单位空气体积能够发生爆炸的最低煤尘含量。许多国家的实验结果表明,煤尘爆炸的下限浓度主要与煤尘的成分,特别是可燃、挥发分含量、粒度、引起火灾源种类和实验规模(实验室实验或巷道实验)等有关。表 3-2-4 是一些国家的实验数据。

表 3-2-4　　部分国家煤尘爆炸下限浓度实验的数据

国家名称	煤尘爆炸下限浓度 /g·m⁻³	可挥发分/%	实验室条件
中国	45	54.7	实验室、白金丝加热
波兰	32	30	实验室、白金丝加热
前苏联	30～40	30～35	巷道
德国	70	28	巷道、瓦斯爆炸
英国	50		
美国	32		黑色火药
法国	23		胶质炸药
日本	48		感应线圈的电火花

(2)爆炸上限浓度

单位体积空气中能够发生爆炸的最高煤尘含量叫做煤尘爆炸上限浓度。在此含量以上的浓度不再发生爆炸。

许多国家研究认为,爆炸上限随煤质和实验条件不同而有所变化。前苏联的试验结果是 1 650 g/m³,波兰是 900～1 000 g/m³,波兰和布劳恩的试验结果是 1 650 g/m³,我国试验的结果是 1 500～2 000 g/m³,这种情况在井下很少出现。只有沉积煤尘在冲击波等的作用下才能变成如此高的浮游煤尘浓度。

试验表明,在爆炸浓度的区间内,爆炸力最强的煤尘浓度为 $300\sim400$ g/m³。

3. 有一个能点燃煤尘爆炸的热源

煤尘爆炸的引燃温度变化范围较大,它是随着煤尘的性质和试验条件的不同而变化。经试验,我国煤尘的引燃温度在 $610\sim1\,050$ ℃之间,一般为 $700\sim800$ ℃。如爆破、电气、摩擦、撞击火花及明火、瓦斯燃爆、矿井火灾都能引起煤尘爆炸。

4. 氧含量不低于 18%,否则,煤尘就不能爆炸

应该指出,空气中的氧含量虽然减至 17%,但煤尘中混入瓦斯后仍然能发生爆炸。

(三)影响煤尘爆炸的因素

1. 煤的挥发分

理论和实践证明,煤尘可燃挥发分含量越高的煤,其煤尘也越易爆炸。我国煤田的煤质按照挥发分含量依次增高的顺序为无烟煤、贫煤、焦煤、肥煤、气煤、长烟煤和褐煤。一般说来,煤尘爆炸性也是按这种顺序增加。其中无烟煤含量最低,所以无烟煤煤尘基本上不爆炸。

能够引起煤尘发生爆炸的可燃挥发分最低含量,各国的试验结果也不一样。如法国是 14%;英国是 10%;美国是 14%;比利时是 15%;西德鲁尔区是 10%;前苏联是 10%。

2. 煤尘浓度

煤尘的浓度是决定煤尘能否发生爆炸和爆炸性强弱的重要条件。煤尘爆炸最强时的浓度为 $300\sim400$ g/m³ 直到爆炸下限浓度其爆炸强度依次变弱。而大于 400 g/m³ 直至上限浓度、爆炸强度由不变到趋弱。

3. 煤尘粒度

煤尘粒度对爆炸性影响极大。

（1）1 mm 以下的煤粒都能参与爆炸，煤粒越小，表面积越大，受热及氧化作用越快，加速可燃气体的释放，所以越易爆炸，而且爆炸性强。

（2）煤尘爆炸的主体是 0.75 mm 以下的煤粒，总的趋势是粒度越小，爆炸性越强。

（3）煤粒过小，如小于 10 μm 后爆炸性反而因变细而降低。这是由于过细的煤粒在空气中很快氧化成为灰烬所致，煤粒凝结成煤尘团的原因。

表 3-2-5　　　　　　　**尘粒直径与表面积的关系**

每 1 m³ 的边长/mm	在 1 m³ 内小立方体数	全部小立方体总面积/cm²
10	1	6
1	10^3	60
0.11	10^6	600
0.011	10^9	6 000
0.001 1	10^{12}	60 000

4. 矿井瓦斯含量

当空气中存在瓦斯时，煤尘爆炸下限浓度就要降低，瓦斯浓度越高，煤尘爆炸下限浓度越低。

表 3-2-6　　　**瓦斯浓度与煤尘爆炸下限的关系（前苏联）**

空气中的瓦斯浓度/%	0.5	1	1.5	2	2.5	3
煤尘爆炸下限浓度/g·m⁻³	30	20	15	10	8	5

表 3-2-7　　　**瓦斯浓度与煤尘爆炸下限的关系（中国）**

空气中的瓦斯浓度/%	0.5	1.4	2.5	3.5	4.5
煤尘爆炸下限浓度/g·m⁻³	34.5	26.5	15.5	6.1	6.4

5. 煤的水分

煤中水分对煤尘起粘结作用,增大颗粒而降低飞扬能力,同时起着吸热降温阻燃作用。所以煤中水分能起到减弱和阻燃煤尘爆炸的作用。

应该指出,煤尘的水分只是在爆炸前对起爆有抑制作用,但当爆炸已经发生,煤尘本身的水分所起的作用就显得微不足道了。美国在巷道中的试验表明,细微煤尘的水分即使增加到 25％仍然可参与强烈的爆炸,此时的煤尘湿润程度已呈稠泥状,用手掌握时即团成煤泥球。

6. 煤的灰分

(1)灰分是不燃物质,煤尘随含灰分量的增加,其爆炸性随之降低,因为灰分能够吸收煤尘在燃烧过程中放出的热量而起冷却作用,这就减弱了煤尘的爆炸性。实验表明,20％以下的灰分对煤尘的爆炸性没有很大的影响,只有含量达到 30％～40％时爆炸性才急剧下降。

(2)灰分增加了煤尘的比重,加快了煤尘的沉降速度。灰分含量越大,沉降速度也就越快,这在降低煤尘爆炸的危险性方面有一定的意义。

(3)目前我国所采用的岩粉棚和撒布岩粉,就是利用灰分能够削弱煤尘爆炸性这一原理来制止煤尘爆炸的。

7. 氧气对煤尘爆炸性的影响

氧气的存在对煤尘爆炸性有重大影响,氧气的含量变化,将改变煤尘的点燃温度。

(1)在增加氧气的情况下,煤尘的点燃温度可大大降低。在纯氧气中可以降低到 430～600 ℃;

(2)当减少空气中的氧气含量时,煤尘的引燃就变得困难了。氧气小于 12.4％时,瓦斯就不能爆炸,氧气小于 18％时,煤尘就不能爆炸;氧气小于 16％时,即使煤尘中混有 2％的瓦斯也不能引起爆炸。

（3）煤尘在爆炸时，其爆炸压力将随空气中的氧含量的增高而增大。

8．其他

煤尘的飞扬性、在巷道中的分布、引爆物的种类、巷道状况和巷道沉积煤尘的情况都能影响煤尘的爆炸性。例如，沉积在巷道顶部的煤尘一般是粒度小，干燥飞扬性强，容易形成浮游煤尘，所以它容易传播煤尘爆炸。

煤尘爆炸有很多影响因素，有煤的性质、粒度、化学组成，以及外界条件等。有些是提高其爆炸危险性，有些抑制和减弱其爆炸危险性。掌握它的规律，在实际工作中结合具体情况加以运用，就能减少以至避免煤尘爆炸事故的发生。

（四）煤尘的燃烧

（1）煤尘的燃烧过程进行比较缓慢，并且伴有显著的热效应。

（2）煤尘燃烧的火焰速度是变化的，在正常燃烧条件下，通常不超过 10～20 m/s，它与外界压力有着重要关系，即随着压力的提高而显著的增加，由于燃烧的膨胀而逐步形成压缩波，后波可以赶上前波，单波叠加的结果，逐渐形成冲击波特有的极大的压力差，因此在火焰前面的混合体的压力便逐渐增大，因而，引起了传播过程中的自动加速。

四、易造成煤尘爆炸事故的不安全因素

（1）未按规定进行煤尘爆炸性鉴定，未按鉴定结果采取相应的安全措施。

（2）矿井未建立完善的防尘供水系统，或供水管道支管、阀门安设不符合规定。

（3）煤仓、溜煤眼、输送机转载点、卸载点、地面筛分厂、破碎车间、带式输送机走廊等处，未安装使用喷雾降尘或除尘设施及违章爆破等。

（4）掘进井巷和硐室，未采取湿式钻眼、冲洗井壁巷帮、水炮泥、爆破喷雾、装岩（煤）洒水和净化风流等综合防尘措施。

（5）未及时清除巷道中的浮煤、清扫或冲洗沉积煤尘、定期撒布岩粉，主要大巷未定期刷浆等。

（6）开采有煤尘爆炸危险煤层的矿井，未制定预防和隔绝煤尘爆炸的措施。

（7）破坏防尘设施，有设施不用；煤尘严重飞扬、堆积（厚度超过 2 mm）。

（8）矿井未制定综合防尘措施、预防和隔绝煤尘爆炸措施及管理制度。

五、防治煤尘事故的措施

防治煤尘的基本措施主要有组织管理措施和技术措施两大类：

（一）组织和管理措施

矿井必须制定综合防治措施和煤尘管理责任制度：

（1）认真做好安全教育、培训工作，贯彻落实"安全第一，预防为主，综合治理"的方针。

（2）严格执行《煤矿安全规程》。

（3）建立和健全领导干部与现场指挥人员安全生产责任制和工人岗位责任制，并实行责任追究制度。

（4）建立健全安全业务、防尘机构。

（5）编制切实可行的综合防尘措施和规章制度。

（6）各级领导应有效足额投入矿井尘毒治理经费和加强现场检查，发现隐患及时处理，不断总结，持续改进。

（7）建立实施激励机制，严格考核，奖罚分明，充分调动广大职工在安全生产上的积极性。

（二）安全技术措施

1. 防止煤尘沉积和飞扬的技术措施

（1）煤层注水

煤层注水就是利用钻孔将压力水注入即将回采的煤层中，增加煤内部的水分，从而可以预先湿润煤体，减少开采时产生的浮尘，降尘率可达60％～90％。

（2）湿式打眼

在工作面使用电钻或风钻打眼时，将压力水经过钻杆中央或侧边的水孔送到炮眼底部，将煤粉湿润后从炮眼中冲洗出来，从而达到降尘的目的。

（3）水炮泥

采掘工作面爆破时，炮眼中必需装填特制的装满水的水炮泥，爆破后，因水受高温雾化而起到降尘、降温、净化空气等综合作用，有矿井测定降尘率可达80％，减少炮烟70％。

（4）通风除尘

通风除尘，即给工作空间供给足够的风量，清洁的风流不断稀释和排出空气中的煤尘，以保证作业环境的清洁。通风除尘的效果随风速的增加而增大，一般掘进工作面的最优风速为0.4～0.7 m/s，机械化工作面为1.5～2.5 m/s。

（5）喷雾洒水

喷雾洒水是将压力水通过特制的喷嘴喷出，使水流雾化成细小的水滴散布在空气中，与飘浮的尘粒碰撞，使其湿润下沉，防止飞扬。喷雾洒水简单方便，广泛应用于采掘机械切割、工作面爆破、煤炭装载及运输过程中。

（6）冲洗煤尘

沿容易沉积煤尘的工作面、回风巷道等，由外向里逐步冲洗巷道两帮、顶部、底部直到整个工作面，使煤尘充分湿润，无法扬起。

2．防止点火源的出现

（1）加强管理，提高防火意识

严禁携带烟草、点火物品和穿化纤衣服入井，井下严禁使用灯泡和电炉取暖;井下不得从事电焊、气焊和喷灯焊等工作,否则,必须编制安全措施,经批准后落实;井口房、通风机房周围 20 m 内禁止有明火;矿灯发放前应保证完好,在井下使用时严禁敲打、撞击,发生故障,严禁在井下拆开。

（2）防止爆破火源

在有瓦斯、煤尘爆炸危险的煤层中,采掘面爆破都必须使用取得产品许可证的雷管和炸药,使用合格的放炮器爆破,禁止使用闸刀开关等明电爆破。井下爆破工作必须由专职的爆破员担任,放炮前必须充填好炮泥,严禁放明炮、糊炮、连环炮。

（3）防止电气火源和静电火源

井下供电应做到:无"鸡爪子"、"羊尾巴"和明接头,有过电流和漏电保护,有符合要求的接地装置;应坚持使用检漏继电器,坚持使用煤电钻综合保护,坚持使用局部通风机风电闭锁等。

（4）防止摩擦和撞击火花

① 在摩擦发热的装置上安设过热保护装置和温度检测报警断电装置;在摩擦部件金属表面,附着活性低的金属,使其形成的摩擦火花难以引燃瓦斯,或在合金表面涂苯乙烯醇酸,以防止摩擦火花的产生。

② 工作面遇坚硬夹石或硫化铁夹层时,不能强行截割,应放炮处理;应定期检查截齿和其后的喷水装置,保证其工作正常。另外必须加强瓦斯煤尘的检查和监测。

③ 随着井下机械化程度的日益提高,机械摩擦、冲击引燃瓦斯煤尘爆炸的危险性也相应增加,必须采取相应的防护措施。

（三）防止灾害扩大的措施

防止煤尘爆炸灾害扩大的措施包括两个方面,即分区通风和设置自动阻爆装置。矿井主要进、回风巷道之间的联络巷必须构筑永久性挡风墙,需要使用的,必须安设正、反向两组风门。装有主要通风机的出风口应安装防爆门。

1. 分区通风

(1) 采区内采煤工作面和掘进工作面应采用独立的通风路线,防止互相影响。

(2) 对井下各工作面区域实行分区通风,每一生产水平,每一采区都必须布置单独的回风巷道,严格禁止各采区、水平之间的串联通风,尽量避免采区之间角联风路的存在。

2. 煤尘爆炸的隔爆技术

隔绝煤尘爆炸传播的措施,即是把已经发生的爆炸限制在一定的范围内,不让爆炸火焰继续蔓延,避免爆炸范围扩大所采取的技术措施,主要是采用设置隔爆棚(包括岩粉棚、水槽或自动防爆棚)的方法。

隔爆棚有岩粉棚和水棚两种。按隔爆的保护范围又可分为主要隔爆棚和辅助隔爆棚两类。主要隔爆棚设置在矿井两翼与井筒连通的主要运输大巷和回风大巷;相邻采区之间的集中运输巷道和回风巷道;相邻煤层之间的运输石门和回风石门。辅助隔爆棚设置在采煤工作面进风、回风巷道;采区内的煤层掘进巷道等。

六、世界煤尘爆炸的实例及事故处理的一般原则

(一) 实例

世界各国在煤炭生产历史上所受到的煤尘爆炸的危害是惨痛的。可是关于煤尘能否单独爆炸的问题,欧洲一些国家曾在十九世纪中激烈争论了几十年。有些认为煤尘能单独爆炸;有些认为煤尘和瓦斯配合起来才能爆炸,而不能单独爆炸。这种争论一直到 1906 年法国古利耶尔无瓦斯矿井发生煤尘爆炸以后才告结束,以后开始了对煤尘爆炸性问题的研究,并得出了以下结论:

(1) 煤尘能够在完全没有瓦斯存在的情况发生爆炸;

(2) 煤尘能使小规模的瓦斯爆炸变成大爆炸;

(3) 煤尘燃烧的火焰能够流到瓦斯积聚的地点而将积聚的瓦斯引爆;

（4）煤尘和瓦斯同时存在时，能互相增加其爆炸危险性，降低了各自的爆炸下限浓度；

（5）煤尘爆炸的产物中一般含有 2％～3％一氧化碳，这是造成人员大量死亡的原因。

下述实例，能够充分说明煤尘爆炸事故的严重性：

（1）1906 年法国古利耶尔无瓦斯矿井发生煤尘爆炸，死亡 1 099 人，爆炸后经过两年才恢复生产。

（2）1907 年美国孟诺加矿井发生煤尘爆炸，井下有 370 人，死亡 362 人。

（3）1910 年美国黑里顿矿井发生煤尘和瓦斯爆炸，牺牲 346 人，其中 287 人（81％）是因一氧化碳中毒死亡。

（4）1930 年法国马依巴克矿井发生煤尘爆炸，死亡 100 人。

（5）1930 年法国阿利斯多尔的"安娜 2 号"矿井发生煤尘和瓦斯爆炸，井下有 263 人，死亡 213 人。

（6）1942 年我国本溪煤矿发生世界历史上最大的一次煤尘爆炸，死亡 1 549 人，残废 246 人，牺牲者多为一氧化碳中毒。这次大爆炸是电火花点燃局部瓦斯而引起的煤尘爆炸，当时矿井中积聚了大量的煤尘。这次事故是日本帝国主义对中国人民犯下的滔天罪行。

（7）1962 年西德路易任塔尔矿发生煤尘瓦斯爆炸，死亡 299 人。

（8）1963 年日本三池煤矿发生煤尘瓦斯爆炸，死亡 458 人，伤 832 人，共伤亡 1 290 人，牺牲者多为一氧化碳中毒。

根据国外过去的一些统计资料，英国 1911～1941 年间就发生了 20 次煤尘爆炸。中新国成立至今，也曾多次发生过煤尘爆炸事故，教训是惨痛的。

（二）重大事故和重大煤尘爆炸事故处理的一般原则

1. 临场抢救

（1）当发生重大灾害时，首先由发现人利用附近电话向矿（井）调度室汇报灾害地点、性质、范围及波及面；同时利用各种办法通知灾区回风侧人员。

（2）由段（区）班长指挥迅速带上自救器按避灾路线退到新鲜风流地点或另一并联通风系统待命或撤出矿井。

（3）矿井调度室按救灾通讯网汇报有关领导及矿山救护队，立即组织抢救，并同时组织好医务抢救人员待命在指定地点。

2．地面紧急措施

矿井领导和有关人员（包括事故抢救组织所）接到通知后，立即赶到调度室集合，由矿务局（集团公司）局长（总经理）、矿长（经理）、总工程师、安检、生技、调度、通风、供应、救护、保卫、工会等部门（组织）组成的事故抢救指挥组，按应急救援预案，各负其责，及时全面启动抢险救灾工作，违者追究并依法处理。

3．煤尘爆炸事故井下处理的一般原则

（1）执行应急救援预案和救护规程，集中力量抢救遇难人员，使其安全脱离。

（2）由救护队按救护规程集中力量消灭爆炸后产生的火源，如火势较大暂时不能消灭，可立即局部封闭，封闭后再研究灭火方案。

（3）制定安全措施，恢复通风，排除有害气体。

（4）在确认有害气体浓度不超过《煤矿安全规程》规定的前提下，集中通风力量，修复所破坏的通风设施，尽可能维持原来的通风系统。

（5）关于停电顺序：

① 当矿井发生灾害时，首先由当班电工切断本地点的电源；

② 如灾情扩大应立即切断本区域的高压电源，并用电话通知中央变电所停止对灾区的一切电源；

③ 灾害波及全矿时，由调度室通知地面变电所对井下停止全

部供电。

（6）风流控制顺序：由矿长、总工程师决定反风或停风措施，一般状态下，应保持正常通风或用非常风门控制风流。

4. 恢复生产计划

当煤尘爆炸灾害消除后，应立即组织恢复生产。首先由救护队下井详细侦察，针对存在问题，制定相应措施。

（1）恢复破坏的巷道；

（2）消除沉积的煤尘；

（3）恢复通风的措施：如对有害气体排除的安全措施，恢复通风设施的步骤及时间要求，选择合理的通风方法和风量调节工作；

（4）恢复供电措施；

（5）恢复排水系统措施；

（6）恢复运输系统措施等。

（三）事故分析

（1）根据安全生产法和 493 号令等国家法律、法规和其他要求，迅速向上级报告并按事故类别由主管部门组织事故调查组，明确分工，落实责任，制定程序，开展工作。

（2）在灾害处理和恢复生产期间，事故调查必须组织技术力量对事故进行全面、严密的调查与分析，了解事故发生的经过、原因，认定事故性质；准确划分责任；建议处理意见。

（3）全面总结事故教训，采取相应措施，杜绝同类事故的再次发生。

（4）事故调查必须坚持"四不放过"原则，即责任不明确不放过；责任人没有受到应有的处理不放过；安全措施不落实不放过；职工受不到教育不放过。

第三节 矿井火灾的防治

矿井火灾是煤矿五大自然灾害之一。井下发生火灾,不仅会造成煤炭资源损失,工程和设备破坏,导致生产中断,而且更为严重的是会直接威胁矿工的生命安全。据 1949~2004 年统计,全国煤矿矿井火灾事故以死亡人数统计计算,火灾只占 1.52%,排在各类事故的最后。但在一次死亡 3 人以上的各类事故中,以死亡人数计算,火灾事故却占到 3.72%,仅次于瓦斯事故、顶板事故和水灾事故,位居第四位。1961 年 3 月 16 日,抚顺矿务局胜利矿一次矿井火灾事故就有 110 人遇难。因此,了解火灾发生的原因,摸清火灾发生的规律,采取有效防火措施,是煤矿安全管理监督检查的又一项重要工作。

一、矿井火灾的基础知识

矿井火灾是指发生在井下或地面井口附近,威胁到矿井安全生产和井下人员安全的火灾。矿井火灾分为外因火灾和内因火灾。

矿井火灾发生的原因虽然多种多样,但引起火灾的基本要素有以下三点:一是有一定温度的和足够能量的热源;二是存在一定的可燃物;三是有足够的氧气。发生火灾的三要素必须同时存在,缺一不可。矿井火灾的防治也应该从这三个方面来考虑。

(一)矿井外因火灾

矿井外因火灾是指由于外来热源如明火、爆破、机电设备运转不良、机械摩擦、电流短路等原因造成的火灾。

1. 外因火灾的特点

突然发生,来势凶猛,如果不能及时发现,往往可能酿成恶性事故。但外因火灾的燃烧一般是在表面,如果发现及时,是容易扑救的。

2. 外因火灾的发生地点

外因火灾可发生在矿井的任何地点,但多发生在井口房、井筒、机电硐室、皮带巷、材料库、工具房、采掘工作面附近安装电气设备的地点、井下硫化皮带、使用电气焊的地点。

(二) 矿井内因火灾

矿井内因火灾也叫煤矿自燃火灾,主要是指煤炭在一定的条件和环境下自身发生物理化学变化,聚积热量导致着火形成的火灾。

内因火灾主要发生地点有:工作面周围的切眼、停采线、联络巷、老巷、采空区、断层带附近、遗留的煤柱、破裂的煤壁、煤巷高冒区、工作面假顶和其他有浮煤堆积的地方等。

(三) 矿井火灾的危害

1. 产生大量的有害气体

矿井火灾对人的危害主要是在火灾发展期间产生大量的有毒有害气体,煤炭燃烧会产生一氧化碳、二氧化碳、二氧化硫、烟尘等有毒有害气体,这些有毒有害气体在井下随风扩散,有时可能波及相当大的区域甚至全矿,从而伤害井下人员。据统计,矿井火灾事故中遇难人员 95% 以上是一氧化碳中毒死亡。

2. 引起瓦斯和煤尘爆炸

矿井火灾产生的明火和高温,在遇到一定条件的瓦斯或浮尘时,会引起瓦斯或煤尘爆炸。火灾引起的风流紊乱,在某些条件下会增加引起瓦斯或煤尘爆炸的可能性,扩大事故灾害的范围。

3. 毁坏设备和资源

矿井火灾会毁坏井下设备,特别是自燃火灾,火源隐蔽,要想找到真正的火源确非易事,以致有的自燃火灾可以持续数月、数年甚至数十年而不灭,被封闭进去的设备被毁坏,而且烧毁大量煤炭资源。

[案例一] 1994 年 2 月 12 日 11 时 10 分,某煤矿 -280 m 水

平转载皮带运输机发生一起皮带着火重大伤亡事故,烧毁两部皮带计 480 m、电缆 287 m,烟雾蔓延－500 m 下山、－500 m 东大巷、－390 m 和－310 m 两个小反井及溜子道掘进作业区等处,波及巷道总长 3 374 m,14 人中毒死亡。

事故直接原因:挡煤板卡住可燃物,摩擦升温,皮带停后,转载点局部引燃皮带边磨损边的帘子布而着火。

事故扩大的直接原因:值班领导调度指挥不力,判断决策失误,没有及时撤人,扩大了灾情。

其他原因:没有现场交接班,没有认真检查,着火没有及时发现;阻燃皮带不合格;《规程》规定的四项保护(驱动轮防滑保护、烟雾保护、温度保护和堆煤保护)、两项装置(自动洒水和防跑偏装置)只有驱动轮防滑、堆煤两项保护和防跑偏装置;灭火系统不完善,50 m 巷内没铺设水管;有工人不会使用自救器。

[案例二]　1995 年 12 月 5 日 15 时 55 分许,某矿－400 m 水平东翼皮带着火,灾区 171 人中,死亡 27 人。

火灾直接原因:非阻燃皮带和皮带的底皮带与矸石摩擦造成矸石热量积聚,皮带停运,高温矸石烘烤皮带一处,造成皮带着火。

间接原因:皮带损坏,更换不及时;制度执行不严,劳动纪律松弛,清理工任务不完成就升井,皮带司机提前升井,中班司机晚上班,没有现场交接班;掘六区副区长在知道灾情和避灾路线的情况下,未组织本队人员而是只身撤离灾区,扩大了灾害的范围。

二、矿井火灾事故发生的条件及其预兆

(一)矿井外因火灾发生的条件

矿井发生外因火灾的条件可从有易燃物存在、有足够的氧气以及有引起火灾的热源三个方面来分析。

(1)煤矿井下的易燃物主要有:煤炭、坑木、炸药、机电设备可燃件、各种油料、非阻燃橡胶、塑料制品以及其他可燃物品等。

（2）正常通风的矿井空气中氧气的含量一般在20％，可以供给可燃物燃烧。

（3）一定高温度的和足够能量的热源。

引起矿井外因火灾的热源主要有：

（1）明火：吸烟、电焊、气焊、喷灯焊、电炉、灯泡取暖以及机械摩擦产生的明火等。

（2）电火花：主要由于机电设备性能不好、管理不善，如电钻、电机、变压器、开关、插销、接线三通、电铃、打点器、电缆等损坏或失爆，过负荷、短路等引起的电火花。

（3）炮火：由于不按爆破规定和爆破说明书爆破，如放明炮、糊炮、空心炮；以及用动力电源爆破、不装水炮泥、封泥不足、炮眼深度或最小抵抗线不符合规定等出现的爆破火花。

（二）矿井内因火灾

矿井内因火灾的基本条件有：

（1）有容易自燃和自燃的煤炭存在；

（2）有一定含氧量的空气使煤炭氧化；

（3）煤氧化生成的热量能不断积聚。

这3个必备条件同时存在且保持一定的时间。

（三）矿井内因火灾的预兆

矿井自燃火灾的预兆有：

（1）附近巷道煤、岩、空气和水温度升高；

（2）湿度加大，出现雾气，巷壁、支架等处"出汗"；

（3）有汽油味、煤油味和煤焦油味；

（4）一氧化碳和二氧化碳浓度升高；

（5）氧气浓度降低；

（6）人接近火源附近有头痛、闷热、四肢无力的感觉。

（四）矿井内因火灾隐患主要发生地点

（1）煤层巷道或采煤工作面的碎煤堆积处。

（2）采煤工作面上下的阶段保护煤柱。通常由于充填不满，煤柱受压破碎，存在漏风，易发生煤炭自燃。

（3）旧火区，当管理不严，防火密闭墙，砂门等漏风时，易引起火区复燃。

（4）掘进回采过程中遇到未充填实的旧巷道、旧火区、旧采区，当存在漏风通道时，易发生煤炭自燃。

（5）易自燃厚煤层进行分层开采时，由于假顶形成了漏风供氧条件，且上分层采空区中又遗有大量遗煤，所以，下分层工作面的进、回风巷周围是易自然发火地点。

三、易造成矿井火灾事故的相关因素

（一）环境的相关因素

（1）矿井的永久井架和井口房，以井口为中心的联合建筑，未使用不燃性材料建筑；

（2）矿井未设地面消防水池和井下消防管路系统，或地面消防水池的水量和管路系统的安设不符合有关规定；

（3）进风井口未装防火铁门或防火铁门不符合规定要求；

（4）井筒、平硐与各水平的连接处及井底车场、主要绞车道与主要运输巷、回风巷的连接处，井下机电硐室，主要巷道带式输送机机头前后两端各 20 m 范围内未按规定采用不燃性材料支护。

（二）物的不安全状态

（1）井上、下未按规定设置消防材料库或消防材料不符合有关规定；

（2）井下爆破材料库、机电设备硐室、检修硐室、材料库、井底车场，使用带式输送机或液力耦合器的巷道以及采掘工作面附近的巷道中，未按规定备有灭火器材或其数量、规格和存放地点不符合规定；

（3）采用放顶煤采煤法开采容易自燃和自燃的厚及特厚煤层时，未编制防止采空区自燃发火的设计，未选用注入惰性气体、注

浆、压注阻化剂、喷浆堵漏及均压等综合防火措施;

(4) 井下火区管理未绘制火区位置关系图,未建立火区管理卡片;永久性防火墙的管理不符合有关规定;火区启封或注销,不符合火区熄灭同时具备的条件;启封火区未制定安全措施,或其措施不符合有关规定,或措施不落实。

(三) 人的不安全行为

(1) 井口房和通风机房附近 20 m 内有烟火或用火炉取暖;

(2) 在井下和井口房,违章采用可燃性材料搭设临时操作间、休息间;

(3) 下井人员违章携带烟草和点火物品,穿化纤衣服或在井下吸烟、烤火,使用灯泡取暖和使用电炉;

(4) 井下随意拆开矿灯;

(5) 井下和井口房内从事电焊、气焊和喷灯焊接等工作无安全措施或措施不符合规定、不落实;

(6) 井下使用的汽油、煤油、变压器油和润滑油、棉纱、布头和纸等不符合有关管理规定;

(7) 未按季度对井上、下消防管路系统,防火门、消防材料库和消防器材的设置情况进行检查,或检查出的问题未及时解决;

(8) 未按规定及时对开采煤层的自燃倾向性进行鉴定,开采容易自燃和自燃煤层的矿井未采取综合预防煤层自然发火的措施;

(9) 开采容易自燃和自燃的煤层,其采煤方法、开采方式、开采期限、煤柱留设等不符合有关规定;

(10) 采用灌浆防灭火、阻化剂防灭火、均压技术防灭火和氮气防灭火时,违反有关规定;

(11) 采煤工作面回采结束后,未在 45 天内进行永久性封闭;

(12) 开采容易自燃和自燃煤层时,未按规定建立自然发火预测预报制度,未定期检查、分析、预报和处理发火隐患;

（13）在火区周围违规进行采掘工作；

（14）不检查瓦斯或瓦斯浓度达到1%及以上地点，使用普通型携带式电气测量仪表；

（15）井下使用非煤矿安全炸药、雷管等爆破材料；不按规定钻眼、装填、爆破；违章放明炮、糊炮、明电放炮，不使用水炮泥等；

（16）井下带电检修、搬迁电气设备、电缆和电线，井下违规使用非防爆设备；

（17）不按规定安装、使用各种电气保护，管理失控出现设备失爆、破皮漏电、明接头、羊尾巴等发火隐患。

（18）机电硐室未按规定装设防火铁门，未按规定装置足够的灭火器材，照明、通讯和信号不符合防火要求，井下使用非阻燃电缆、胶带、风筒等制品。

四、预防矿井外因火灾的主要措施

矿井外因火灾的预防主要从两个方面着手：一是在井下尽量采用不燃性支护材料、不燃或难燃材料制品，并防止可燃物的大量积存；二是防止失控的高温热源，防止井下出现明火、电火、炮火、摩擦、撞击火花等。

（一）防止失控高温热源的措施

防止失控高温热源的措施主要是防止井下出现明火、电火、炮火、摩擦、撞击火花等（前面已经阐述）。

（二）消防器材的管理与使用

1. 消防器材储备

井下爆炸材料库、机电设备硐室、检修硐室、材料库、井底车场、使用带式输送机或液力耦合器的巷道以及采掘工作面附近的巷道中，应备有灭火器材，《矿井灾害预防和处理计划》或《矿井灾害应急救援预案》中应对灭火器的数量、规格及存放地点明确规定。

其他消防器材储备于地面消防材料库和井下消防材料库，消防材料库储存的材料、工具的品种和数量应符合《矿井灾害预防与处理计划》或《矿井灾害应急救援预案》的规定。指定专人管理消防材料库储存的材料，并定期检查和更换；材料、工具不得挪作他用，如因处理事故使用了消防材料，必须及时补齐。

2. 消防器材的使用方法

（1）干粉灭火器的使用方法

干粉灭火器使用时应上下颠几下，然后用手将销子拔掉，将喷嘴对准火源喷射即可。（详见使用说明书）

（2）泡沫灭火器的使用方法

泡沫灭火器使用前，应将灭火器倒过来，使容器中的碱性溶液和酸性溶液在容器中混合后，立即起化学反应，产生大量的二氧化碳液体泡沫。然后正过来，将喷嘴对准火源喷射即可（详见使用说明书）。

（3）用沙子灭火的方法

因沙子不导电，把它们撒向燃烧物体表面，将燃烧物体与空气隔绝，使火熄灭（多用于电器、油类灭火）。

（三）井下人员发现火灾应采取一切可能的方法直接灭火，或迅速报告矿调度室

（1）矿调度室在接到井下火灾报告后，应立即按灾害预防和处理计划或应急救援预案通知有关人员，组织抢救灾区人员和实施灭火工作。矿调度室和在现场的区、队、班组长应按照灾害预防和处理计划或应急救援预案的规定，将所有可能受火灾威胁地区中的人员撤离，并组织人员灭火；

（2）电气设备着火时，应首先切断电源，而且用不导电的灭火器材进行灭火；

（3）在抢救人员和灭火过程中，应指定专人检查瓦斯、一氧化碳、煤尘、其他有害气体和风向、风量的变化，采取防止瓦斯、煤尘爆炸和人员中毒的安全措施。

五、预防矿井内因火灾的主要措施

（一）正确选择开拓方式、巷道布置与采煤方法

开采自然发火严重的煤层，尽量将运输大巷、回风巷、采区上下山、集中运输平巷和集中回风平巷等服务时间较长的巷道布置在煤层底板岩石中。

在开采时应尽量提高回采率、加快回采速度，使工作面在自然发火期前结束，并进行封闭。

（二）采区设计和接续安排

（1）要坚持正规开采顺序，减少采煤工作面数量；一个采区内最好布置形成一个工作面；

（2）同一区段（条带）采空区两侧不得同时进行采掘活动，掘进工作面不得尾随采煤工作面掘进；

（3）采区之间必须留设隔离煤柱，有条件的应留一个区段（条带），采区隔离煤柱不得小于 50 m。

（三）实行均压防灭火

矿井通风网络合理，风流稳定，漏风量小，尽量增加漏风风阻，降低漏风风路两端的压差。

（四）预防性灌浆

将水、浆材按适当的比例混合，制成一定浓度的浆液，借助输浆管道送往可能发生自燃的区域。其作用是隔绝碎煤与空气的接触，增加采空区密闭效果，并对已发热的煤炭有冷却作用。

（五）阻化剂防火

将它们喷洒于煤壁或采空区或注入煤体内，使煤炭与氧气接触面减少，降低煤的氧化能力，同时可以起降温作用，预防煤炭自燃。

阻化剂是一些吸水性很强的无机盐类，如氯化钙、氯化镁、氯化铵、碳酸氢铵和水玻璃等。

（六）惰性气体防灭火

向采空区注入惰性气体（如氮气、二氧化碳等），由于惰性气体较稳定，不助燃可减少采空区内氧含量，使煤炭隔氧，降低氧化速度，预防自燃。

（七）打钻孔防火

用钻机向远离现有巷道的高温点以及有发火危险的地点打钻，然后向内注水、凝胶、胶体泥浆等材料，起到断氧、降温灭火作用。

（八）挖出热源防火法

直接将火源或高温炽热物挖出来，以根除火灾隐患。

（九）火区邻近区域采掘的注意事项

在同一煤层同一水平的火区两侧、煤层倾角小于 35° 的火区下部区段、火区下方邻近煤层进行采掘时，必须编制设计，并遵守下列规定：

（1）必须留有足够宽（厚）度的煤（岩）柱隔离火区，回采时及回采后能有效隔离火区，不影响火区的灭火工作；

（2）掘进巷道时，必须有防止误冒、透火区的安全措施；

（3）煤层倾角在 35° 以上的火区下部区段严禁进行采掘工作。

（十）接近矿井已封闭火区时的安全注意事项

（1）做好气体检测工作；

（2）未经矿总工程师批准，严禁进入永久性防火墙及火区周边所设置栅栏内；

（3）接近已封闭火区的人员必须随身携带一氧化碳检测报警仪、便携式氧气—甲烷检测报警仪、便携式光学瓦斯检测仪及隔离式自救器，必须检查风流中瓦斯、一氧化碳、二氧化碳、氧气浓度，只有风流中瓦斯、一氧化碳、二氧化碳、氧气浓度符合《煤矿安全规程》规定，方可进入。

（4）要加强已封闭火区的管理，具体要遵守下列规定：

① 每个防火墙附近必须设置栅栏、警标，禁止人员入内，并悬

挂说明牌；

② 应定期测定和分析防火墙内的气体成分和空气温度；

③ 必须定期检查防火墙外的空气温度、瓦斯浓度,防火墙内外空气压差以及防火墙墙体,发现封闭不严等其他缺陷或火区有异常变化时,必须采取措施及时处理；

④ 所有测定和检查结果,必须记入防火记录簿；

⑤ 矿井风量调整时,应测定防火墙内的气体成分和空气温度；

⑥ 井下所有永久性防火墙都应编号,并在火区位置关系图中注明；

⑦ 不得在火区的同一煤层的周围进行采掘工作。

六、火灾事故中自救与互救注意事项

大量事实证明,当矿井发生灾害事故后,矿工在万分危急的情况下,依靠自己的智慧和力量,积极、正确地采取自救、互救措施,是最大限度地减少事故损失的重要环节。因此,我们每个矿工和下井工作人员,必须根据本人的工作环境特点,认识和掌握常见灾害事故的规律,了解事故发生前的预兆,通过学习牢记各种事故的避灾要点,努力提高自己的自主保护意识和抗灾能力。

（一）矿工井下避灾的基本原则

1. 积极抢救

灾害事故发生后,处于灾区内以及受威胁区域的人员,应沉着冷静,根据灾情和现场条件,在保证自身安全的前提下,采取积极有效的方法和措施,及时投入现场抢救,将事故消灭在初起阶段或控制在最小范围,最大限度地减少事故造成的损失。在抢救时,必须保持统一的指挥和严密的组织,严禁冒险蛮干和惊慌失措,严禁各行其是和单独行动。要采取防止灾区条件恶化和保障救灾人员安全的措施,特别要提高警惕,避免中毒、窒息、爆炸、触电、二次突出、顶帮二次垮落等事故的连续发生。

2. 安全撤离

当受灾现场不具备事故抢救的条件或可能危及人员的安全时,应由在场负责人或有经验的老工人带领,根据预防灾害计划中规定的撤退路线和当时当地的实际情况,尽量选择安全条件最好、距离最短的路线,迅速撤离危险区域。在撤退时,要服从领导,听从指挥,根据灾情使用防护用品和器具。要发扬团结互助的精神和先人后己的风格,主动承担工作任务,照顾好伤员和年老体弱的同志;遇有溜煤眼、积水区、垮落区等危险地段,应探明情况,谨慎通过。

3. 妥善避灾

如无法撤退(道路冒顶阻塞,在自救器有效工作时间内不能到达安全地点等)时,应迅速进入预先筑好的避难硐室或就近地点快速建筑的临时避难硐室,妥善避灾,等待矿山救护队的救援。

(二)在灾区避灾的行动准则

1. 选择适宜的避灾地点

应迅速进入预先构筑好的避难硐室或其他安全地点暂时躲避;也可利用工作地点的独头巷道、硐室或两道风门之间的巷道,利用现场的材料修建临时避难硐室,在硐室设置标志或不时发出求救信号。

2. 保持良好的精神心理状态

千万不可过分地悲观和忧虑,更不能急躁盲动,冒险乱闯。人员在避难硐室内应静卧,避免不必要的体力消耗和空气消耗,要节食、节灯借以延长待救时间。要树立获救脱险的信念,互相鼓励,统一意志,以旺盛的斗志和极大的毅力,克服一切艰难困苦,坚持到安全脱险。

3. 加强安全防护

要密切注视事故的发展和避灾地点及其附近的烟气、风流、顶板、水情、温度的变化。当发现危及人员安全的情况时,应就地取材构筑安全防护设施。如用支架、木料建防护挡板,防止冒落煤矸垮入避难硐室;用衣服、风帐堵住避难硐室的孔隙或建临时挡风墙、吊挂风帘,防止有害气体涌入。在有毒有害气体浓度超限的环境中避灾时,要坚持使用压风自救装置和自救器。

4.改善避灾地点的生存条件

如发觉避灾地点条件恶化,可能危及人员安全时,应立即转移到附近的其他安全地点。离开原避难地点后,应在转移行进沿途设置明显指示标记,以便于救护队跟踪寻找。如因条件限制无法转移时,也应积极采取措施,努力改善避灾地点的生存条件,尽量延长生存时间。

5.积极同救护人员取得联系

应在避难硐室外或所在地点附近,采取写字、遗留物品等方式,设置明显标志,为矿山救护队指示营救目标。在避灾地点,应用呼喊、敲击顶帮或金属物等方式发出求救信号,与救护人员取得联系。如有可能,可寻找电话或其他通讯设备,尽快与井上下领导人通话。

6.积极配合救护人员的抢救工作

在避灾地点听到救护人员的联络信号或发现救护人员来到时,要克制自己的情绪,不可慌乱和过分激动,应在可能的条件下给以积极的配合。脱离灾区时,要听从救护人员的安排,保持良好的秩序,并注意自身和他人安全,避免造成意外伤害。

(三)矿工在灾区自救、互救的行动准则

(1)因事故造成自己所在地点有毒有害气体浓度增高,可能危及人员生命安全时,必须及时正确地佩戴自救器,并严格制止不佩戴自救器的人员进入灾区工作或通过窒息区撤退。撤退时要根据灾害及现场的实际情况,采取不同的应对措施;

(2)在受灾地点或撤退途中,发现受伤人员,只要他们一息尚存,就应组织有经验的同志积极进行抢救,并运送到安全地点;

（3）对于从灾区内营救出来的伤员，应妥善安置到安全地点，并根据伤情，就地取材，及时进行人工呼吸、止血、包扎、骨折临时固定等急救处理；

（4）在现场急救和运送伤员过程中，方法要得当，动作要准确、轻巧，避免伤员扩大伤情和受不必要的痛苦；

（5）在灾区内避灾待救时，所有遇险人员应主动把食物、饮用水交给避灾领导人统一分配，矿灯要有计划地使用。每人应积极完成自己承担的任务，精心照料伤员和其他同志，共同渡过难关，安全脱险。

（四）矿井外源火灾发生时的应急原则

（1）外源火灾比较直观，初期火势较小，容易控制，现场人员应充分利用灭火器材或其他可以利用的灭火工具直接灭火，并及时向矿调度室汇报火灾地点。如果火灾规模较大，现场人员不能直接扑灭火灾时，应尽快将火灾的地点、范围、性质等情况向调度室汇报，并成立应急救援指挥部，积极组织受火灾威胁区域的人员沿避灾路线尽快撤离灾区。

（2）调度室接到井下火警报告后，应根据事故的地点、性质、规模等，立即通知灾区人员和受威胁区域的人员，尽快沿避灾路线撤离灾区，并及时通知矿山救护队和应急处理指挥部小组成员，组织救灾。

（3）矿长应积极组织矿山救护队营救灾区人员，采取措施，控制火势蔓延，并组织人员制定切实可行的救灾、灭火方案。

（4）电气设备着火灭火时，必须首先切断电源。

（5）根据已探明的火区地点、范围等情况，确定调整通风系统方案。

① 在进风井口附近、井筒、井底车场和井底车场直接相通的大巷发生火灾时，应采用全矿性反风措施。

② 在井下其他地点发生火灾时，应保持发火前的风流方向，

控制向火区的供风量,必要时可采取局部反风措施。

③ 在营救灾区人员和灭火过程中,要充分考虑火风压造成的风流逆转。

(6) 当井下火灾规模较大,无法直接灭火或直接灭火无效时,必须采取封闭火区的灭火措施。封闭时应采取在火源的"进、回风侧同时封闭"。不具备同时封闭条件时,可以采用"先封闭火源进风侧,后封闭火源回风侧"的封闭顺序;一般不得采用"先回后进"的封闭顺序。封闭火区应采取措施,防止一氧化碳中毒、缺氧窒息和瓦斯爆炸事故。

（五）矿井自燃火灾发生时的应急原则

(1) 井下工作人员发现煤炭自燃征兆后,必须立即向矿调度室汇报,危及人员安全时要立即组织人员撤离灾区。

(2) 调度室及时通知相关领导,自燃程度严重的要及时组织救护队抢险救灾。

(3) 通风部门必须及时采取措施,防止火灾范围的进一步扩大,并根据现场的实际情况,利用一切手段,判断确定火源位置,然后采取综合性的灭火措施进行处理。

(4) 发现自然发火征兆后,应及时布置束管监测点、气体、温度测点,分析发火地点的气体成分及温度变化情况,以便采取相应的灭火措施。

(5) 确认有高温火点存在时,要有专人检查瓦斯,防止瓦斯爆炸。

(6) 作业场所一氧化碳浓度超限时,人员必须佩戴自救器撤离,火灾进风侧人员应迎风迅速进入进风大巷中,火灾回风侧人员应快速从就近的联络巷进入新鲜风流中,再进入进风大巷中。只有当火灾回风侧遇险人员离火点较近、灾情不严重并有可靠的有害气体检测和防止一氧化碳中毒手段时,方可迅速穿过火区,进入进风侧新鲜风流中,再进入进风大巷中。

（六）在烟雾巷道里避灾时的注意事项

（1）一般不在无供风条件的烟雾巷道中停留避灾或建立临时避难硐室,应佩戴自救器采取果断措施迅速撤离有烟雾的巷道。

（2）在自救器使用超过有效防护时间或无自救器时,应将毛巾浸湿堵住嘴鼻寻找供风地点,然后切断或打开巷道中压风管路阀门,或者是对着有风（必须是新鲜无害）的风筒呼吸。

（3）一般情况下不要逆烟撤退。但只有逆烟撤退才有争取生存的希望时,可迅速采用这种撤退方法。

（4）在烟雾大、视线不清的情况下,应摸着巷道壁前进,以免错过通往新鲜风流的联通出口。

（5）烟雾不大时,也不要直立奔跑,应尽量躬身弯腰,低着头快前进;烟雾大时,应贴着巷道底和巷壁,摸着铁道或管道等快速爬行撤退。

（6）无论在多么危险的情况下,都不能惊慌失措、狂奔乱跑。应用巷道内的水浸湿毛巾、衣物或向身上淋水等办法降温;用随身物件遮挡头面部,防止高温烟气的刺激。

（七）独头巷道发火避灾时的注意事项

（1）独头掘进巷道火灾多因电器故障或违章爆破造成,其特点是发火突然,但初起火源一般不大,发现后应及时采取有效、果断的措施扑灭。

（2）掘进巷道一般采用局部通风机进行压入式通风,风筒一旦被烧,工作面通风就被截断,人员逃生的出路也被切断。因此,巷道着火后,位于火源里侧的人员,应尽一切可能穿过火源撤至火源外侧,然后再根据实际情况确定灭火或撤退方法。

（3）人员被火灾堵截无法撤退到火源外侧时,应在保证安全的前提下,尽一切可能迅速拆除引燃的风筒,撤除部分木支架（在不至于引起冒顶的情况下）及一切可燃物,切断火灾向人员所在地点蔓延的通路。

（4）如果其他地区着火使独头掘进巷道的巷口被火烟封堵,

人员无法撤离时,应立即用风幛(可利用巷道中的风筒建造)等将巷道口封闭,并建立临时避难硐室。若火烟通过局部通风机被压入巷道时,则应立即将风筒拆除。

第四节　矿井水灾的防治

一、矿井水灾的分类及特征

(一)矿井水灾的概念

凡是影响、威胁矿井安全生产,使矿井局部或全部被淹没的矿井透水事故,统称为矿井水灾。发生矿井水灾有三个必须条件,即有矿井充水水源、矿井充水通道、矿井充水失去控制,三者缺一都不会发生水灾事故。

(二)矿井水灾危害、分类及特征

1. 矿井水灾危害

矿井充水对矿井安全、生产影响极大,轻则造成巷道到处积水淤泥,空气湿度加大,恶化生产环境;矿井排水量增大,生产成本增高;煤矿酸性水腐蚀金属、电气设备,给安全生产带来影响等。重则发生水灾事故,造成井巷、采区、甚至整个矿井被淹,造成重大财产损失及人员伤亡。

2. 矿井水灾的分类及特征

依据矿井充水水源及全国煤矿水灾事故的统计分析,矿井水灾主要分为:地表水灌井水灾、煤层底板高压灰岩水突水水灾、小窑或老空透水水灾、煤层顶底板灰岩或砂岩涌水水灾四类(如图3-4-1所示)。

(1)地表水灌井水灾

地表水灌井水灾是指地表水经由井筒、与矿井相通的钻孔、采空塌陷裂隙、采掘工程直接与地表水体贯通,或者地表水经由周边小窑、古窑井口及其采空塌陷区溃入矿井而造成的水灾事故。

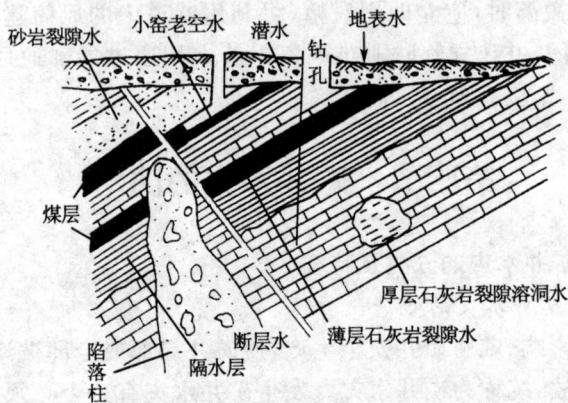

图 3-4-1　煤矿生产中遇到的几种水害示意图

[**案例一**]　2007 年 8 月 17 日,山东新汶华源矿业公司,洪水从废沙井流入井下,下水量达 1 260 万 m^3,死亡 172 人。如图 3-4-2所示。

图 3-4-2　雨水灌入井下示意图

地表水灌井水灾事故主要有以下特征:地表水灌井水灾多发生在雨季,尤其降雨强度较大的时间段或长期连阴雨季;地表水补给水源充沛,来势凶猛;水源中带有大量泥沙、矸石,对井巷工程破坏严重,常堵塞巷道,不利于人员避灾及抢险救灾;地表水灌井灾害多由于小窑、老空采掘了地表水防水煤柱,地表水经由小窑老空而入矿井所致;发生灌井水灾的矿井多位于地势较低洼地、山间盆地或沟谷中。

(2) 煤层底板高压灰岩水突水水灾

煤系地层(含煤的地层)基底多发育厚层灰岩,在地质构造及地下水亿万年的长期作用下,在厚层灰岩中发育了大量的溶洞、溶隙及裂缝,在这些空隙中储存有大量的地下水,叫厚层灰岩水,这类含水层补给水源充沛,富水性分布不均一,在岩层破碎、构造发育地段富水性较好。

[案例二]　1971 年 10 月 17 日,河南某矿东风井井底车场施工中,巷道揭露小断层,伴有少量涌水,往前施工,涌水增大,巷道底鼓,超前断层 39 m 后,巷道涌水明显增加,排水不及,最大涌水量 4 300 m^3/h,3 h 后淹井,经高压注浆治理,于 1979 年 4 月恢复生产。水害发生的主要原因是出现突水预兆后,没有及时采取措施,扩大了空顶面积,增大了巷道压力,加剧了底板突破。

高压灰岩水突水水灾特征有:高压灰岩水水灾多发生在煤层埋藏较深的地区;突水点煤岩层破碎,构造(断层、陷落柱)发育,地压力较大或滞后在采空区内部突水;高压灰岩水突水水灾单位涌水量极大,少则每 h 几百 m^3,多则达几万 m^3,涌水量由小至大有一个发展的过程,人员一般容易脱险;这类水灾治理难度较大,长达几个月到几年,且难以根本治理。

(3) 小窑或老空透水水灾

小窑、老空以及大矿采空区在其废弃关闭、封闭后,如果有储水条件(主要是指采空区内部低洼,出口较高),由于工业用水在生产过程中的汇集、地下水或地表水长期的补给,一般都会积存一定量的水,称之为小窑老空水(在大型矿井称之为采空区积水),当采掘工作面在邻近区域施工时,积水对安全生产带来严重影响,如果不能及时发现隐患,采取对策,还会形成小窑老空透水事故。

[案例三] 1996 年 4 月 6 日,某矿在主井南平巷放最后一个卧底炮时,将邻矿(石邢煤矿)积水巷道崩透,死亡 34 人,其原因主要是邻矿越层越界,非法开采,矿井设计未弄清周围窑开采状况,作业人缺乏安全知识等。如图 3-4-3 所示。

小窑老空透水水灾多发生在煤层埋藏较浅地区;由于小窑老空采空面积小,水量一般比较有限,危害范围较小;但涌水来势猛,单位涌水量大,涌水中夹杂矸石、杂物;小窑老空透水水害封闭时间长,多伴有有毒有害气体涌出;另外由于小窑老空采掘不规范,经常开采了地表水体保护煤柱,与地表水体有水力联系,则发生透水事故时,涌水量大,长期涌水稳定,汛期会对矿井产生灾难性的灌井后果。

(4)煤层顶底板灰岩砂岩水

煤层顶底板多伴随厚度不大的灰岩层、砂岩层,在这些岩层中多赋存一定量的溶隙、裂隙水,这类含水层补给水源有限,在煤层采掘中通过加强排水,一般易自然疏干。当这类含水层距地表较近,位于风化裂隙带内,与松散冲积含水层或地表水有水力联系,或通过构造破碎带与高压厚层灰岩水沟通时,则水量较丰富,对矿井防治水工作影响较大。

[案例四] 1962 年 12 月 11 日至 16 日,江苏某矿 1 号井 139 工作面推进 300 m 处时,顶板出现淋水,水量为 3 m³/h,15 日巷道发生冒顶,老顶出现断裂,到 16 日发生突水,最大涌水量 106.2 m³/h,冲垮工作面 60 m,11 人遇险,经抢救安全脱险。水灾发生的原因主要是此工作面小断层较多,形成砂岩富水带,在采前又未打钻疏干,因而发生了突水事故。

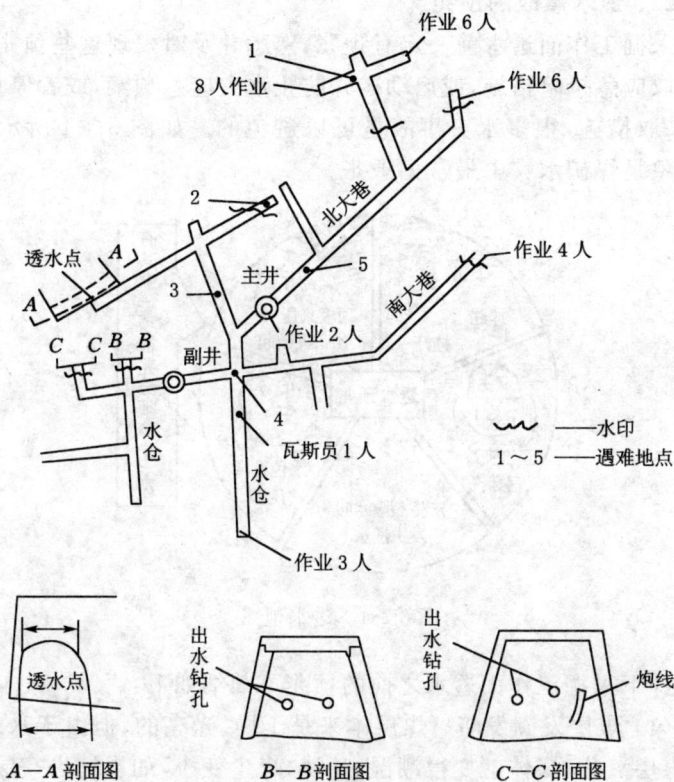

图 3-4-3　某矿"4.6 特大透水事故"示意图

这类水灾事故的发生,其涌水水源经常情况下不是单一的,或多或少与地表水或高压厚层灰岩水有关联;涌水通道多为煤岩层破碎带、采空塌陷冒落裂隙带;涌水量有一个渐变的过程,伴随煤岩层破坏,涌水量增大,水灾影响的范围有限;当这类含水层与地表水或高压灰岩水水力联系密切时,涌水量往往较大,伴随涌水点周围井、泉水位的少量下降。

二、透水事故的预兆

采掘工作面透水前一定有预兆,熟悉并及时发现这些预兆,及时采取应急抢险措施,或启动矿井防止水灾应急预案,或者停止作业,采取措施,很多水灾事故是可以避免的。如图 3-4-4 所示,图中现象是煤矿水灾中最常见预兆。

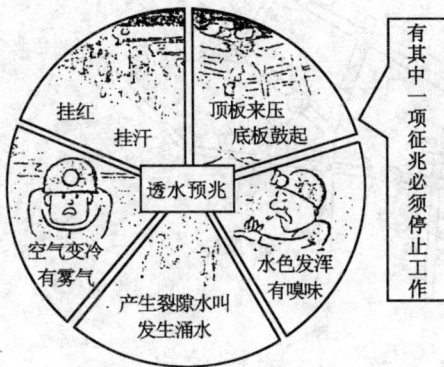

图 3-4-4　透水预兆

井下采掘工作面透水之前的预兆可归纳如下:

(1)煤层发潮发暗。煤层本来是干燥、光亮的,但由于水的渗入,煤层氧化,煤体就变得潮湿、暗淡,煤尘变小,如果挖去一层,还是如此,说明附近有积水;

(2)巷道或煤壁"挂汗",这是由于积水透过微孔裂隙而凝聚于岩石表面。顶板"挂汗"多呈尖形水珠,有"承压欲滴"之势,这可以区别煤层自燃预兆中的"挂汗",后者常是平形水珠,为水汽凝结于顶板所形成;

(3)工作面顶底板角度发生明显异常变化,巷道压力增大,出现片帮、底鼓,工作面涌水加大,多为高压厚层灰岩水或顶底板含水层水;

(4)有时透水前顶底板产生裂缝,涌水时清时浊,多为高压灰

岩水突水预兆,顶板涌水或采空区涌水伴有泥砂,多为地表水溃入矿井的现象;

(5) 工作面温度下降,空气变冷,产生雾汽,有腐烂气味;

(6) 煤层或岩层里有"吱吱"的水叫声。这是因为被淹井巷的积水具有较大的水压,能够把水从煤层或岩层中挤出来,水与裂缝摩擦而发出"吱吱"水叫声,表示有突水危险;

(7) 出现压力水流,且压力还在增大,这是离水源很近的征兆,若出水清澈,说明距水源还稍远或为灰岩水,若出水呈灰白色,表明为砂岩水;

(8) 工作面有害气体增加。一般从积水区散发出来的气体是甲烷、二氧化碳及硫化氢,多为小窑或老空突水预兆;

(9) 煤壁或巷道"挂红",水的酸度大,水发黄,味发涩,有臭鸡蛋味,为小窑或老空水突水预兆。

上述为一般预兆,有时也会遇到特殊情况,如巷道上方有一条盲巷通老空,并有较厚的淤泥隔水,预兆不明显,造成假象,结果当巷道掘过去即引起岩石松动,发生突然透水。当发现工作面有涌水预兆或发生大量涌水时,说明已接近水区,应停止作业,迅速报告有关部门,及时采取有效措施。

三、易造成矿井水灾的不安全因素

(1) 企业雨季前未对防治水工作进行全面检查。未制订雨季防治水措施,未组织抢险队伍,未储备足够的防洪抢险物资。

(2) 煤矿企业未按《煤矿安全规程》规定落实地面各项防治水措施。

(3) 在井下防治水方面违反《煤矿安全规程》规定:

① 在生产设计或采掘过程中未按规定留设防水煤柱或在防隔水煤柱中(地表水体保护煤柱、地下水体保护煤柱、矿界防水煤柱等)违规开采。

② 井巷出水点的位置、水量或有积水的井巷、采空区的积水

范围、积水标高和积水量,未绘在采掘工程平面图上;水淹区域未标出探水线的位置;采掘到探水线位置,未探水前进或经探水作业,却没有依据允许超前掘进距离超前采掘的。

③ 每次下大到暴雨时和降雨后,未及时观测分析井上、下水文变化情况。

④ 违规在水淹区积水面以下煤岩层中从事采掘活动;违规在有水或未固结的灌浆区、有淤泥的废旧井巷、岩石洞穴附近采掘;开采水淹区域下的废弃防水煤柱,未制订安全措施或未经批准。

⑤ 采掘工作面或其他地点发现有挂红、挂汗、出现雾气、水声等水灾征兆时,未停止作业,采取措施,报告矿调度室,发出警报,撤出所有受水威胁地点的人员。

⑥ 矿井未按规定做好采区、工作面的水文探查工作。煤层顶板有含水层和水体存在时,未按规定观测"三带"发育高度。未按规定超前探放水并建立疏排水系统。"带水压开采"未制订安全措施,或未报企业主要负责人审批。当承压含水层与开采煤层之间的隔水层能承受的水头值小于实际水头值时,未按相关规定采取措施,并由企业主要负责人审批。

⑦ 水文地质条件复杂的矿井,当开拓到设计水平,未按规定建成防、排水系统就开始向有突水危险地区开拓掘进;主要运输巷和主要回风巷未布置在不受水威胁的层位中,未以石门分开隔离开采。

⑧ 未按《煤矿安全规程》第二百七十三条、第二百七十四条规定设置防水闸门。

⑨ 井筒穿过含水层段、井巷揭穿含水层、地质构造带、井巷揭露的主要出水点或地段,未按规定采取相应措施。

(4)井下排水方面

① 主要排水设备不符合《煤矿安全规程》规定。

② 主要泵房出口不符合《煤矿安全规程》规定。

③ 主要水仓不符合《煤矿安全规程》规定。

④ 水泵、水管、闸阀、配电设备、输电线路未按规定检查、维修、处理问题。水仓、沉淀池和水沟中的淤泥未按规定清理。

⑤ 矿井采用多级排水时,各级排水能力不匹配。

(5) 探放水方面

① 矿井未按规定做好水害分析预报;未坚持有疑必探,先探后掘的探放水原则。未按规定编制探放水设计、安全措施,或设计、措施不落实。

② 煤矿底部有强承压含水层并有突水危险的工作面,在开采前未进行有关物探、钻探工作,编制探放水设计、未明确安全措施。

③ 安装钻机探水违反《煤矿安全规程》第二百八十八条至第二百九十三条之规定;排除井筒和下山的积水以及恢复被淹井巷违反《煤矿安全规程》第二百九十四条。

四、矿井水灾的防治措施

矿井水灾的防治是安全生产的基础工作,在矿井采掘生产中必须严格执行有关防治水方面的规程和措施,减少矿井水灾事故的发生。

防治矿井水灾的原则是拦截矿井充水水源,填塞充水通道,有控制地疏放容易造成灾害的水体。

下面从几种大的防治措施入手,对实际工作中的细节阐述如下。

(一)地表水综合防治

地表水综合治理是指在地面修筑防排水工程,填堵塌陷区、洼地和隔水防渗等措施。

地表水综合治理措施主要包括合理确定井口位置;填堵通道;挖沟排(截)洪;整治河流(整铺河床、河流改道)等。

(二)地表疏干、井下疏干

在查清矿井充水水源后,最安全最彻底的方法是预先将地下水源全部或部分疏放出来。疏干方法有三种：地表疏干、井下疏干和井上下相结合疏干。

1. 地表疏干

在地表向含水层或水体打钻孔，并用深井泵或潜水泵从相互沟通的孔组中把水抽到地表，使开采地段水位降低，工作面水压变小，达到安全生产的目的。

2. 井下疏干

当地下水源较深或水量较大用地表疏干效率不高时，多采用井下疏干的方法，可取得较好效果，不同类型的地下水可采取不同的疏干方法和措施。

（1）疏放老空积水。排放老空积水，必须根据安全、经济、合理的原则，进行全面分析对比，针对积水区具体情况采取：

① 直接放水，当老空积水没有补给水源，矿井排水能力足以负担时采用。

② 先堵后放，当老空积水有水源联系，不预先堵住水源就无法排完积水时采用。

③ 先放后堵，当被淹井巷有某种直接补给水源，但涌水量不大，或者在一定季节无水源补给时采用。

④ 先隔后放，当采区位于不易泄水的山涧或沙滩洼地之下，雨季渗水量过大时，应暂时隔离，把积水区留到开采末期处理。另外，若积水水质很坏，腐蚀排水设备，也应暂先隔离，做好排水准备工作后再排放。

（2）疏放含水层水。

① 利用钻孔疏放，若含水层距离煤层近、水量不大或含水层较厚，可在放水巷道中每隔一定距离向含水层打放水钻孔进行疏干。若含水层在煤层上部，而煤层下部含水层水位低于煤层底板标高，含水性能大于上部含水层的泄水量，则可利用泄水或吸水孔导水下泄，将上部含水层的水导入下部含水层，以疏干煤层上部含

水层,这是一种理想的经济疏干方法。

② 当煤层顶底板直接为含水层时,可利用巷道和钻孔结合疏干。

3. 井上井下结合疏干

根据矿区的具体情况,还可以采用地表疏干和井下疏干相结合的方法。

（三）地下水的探放

在矿井生产中要始终坚持"有疑必探,先探后掘"的探放水原则。在采掘生产中遇涌水预兆,在情况不明的情况下,首先要进行长探短掘,这是防治水灾最行之有效的措施。

1. 有关探水的规定

采掘工作面遇到下列情况之一时,必须确定探水线（超前确定或预测的积水边界 $60\sim100$ m）,确定探水范围后要进行探水工作,确认无突水危险后,方可有计划前进。

（1）接近水淹或可能积水的井巷、老空或小煤矿时;

（2）接近水文地质条件复杂的区域,并有出水征兆时;

（3）接近含水层、导水断层、溶洞和陷落柱时;

（4）打开隔离煤柱放水时;

（5）接近可能同河流、湖泊、水库、蓄水池、水井等相通的断层破碎带时;

（6）接近有出水可能的钻孔时;

（7）接近有水或稀泥的灌浆区时;

（8）底板原始导水裂隙有透水危险时;

（9）接近其他可能出水地区时。

另外还要编制针对性的探放水设计等。

2. 探放水作业的准备工作

（1）在安钻探水前,必须遵守以下规定:

① 加强钻孔附近的巷道支护,并在工作面迎头打好坚固的立

柱和拦板。其目的是保持探水地点巷道的稳定性,水压大时,避免发生冒顶和片帮事故。还可在立柱上固定套管,防止被水冲击,扩大水情。

② 清理巷道,挖好排水沟。钻眼透水后,使水沿水沟流走,防止水流冲动浮煤和支架,发生堵塞,改变水流路线而引起其他灾害。

③ 在打钻地点或其附近安设专用电话。遇到水情紧急,便于与调度室进行联系汇报。

④ 确定主要探水孔位置时,应由测量和负责防探水人员亲临现场,共同确定钻孔方位、角度、钻孔数目以及钻进深度。

(2)探放水作业时,必须遵守下列有关规定:

① 探水钻进时,发现煤岩松软、片帮、来压或钻孔中的水压、水量突然增大,以及有顶钻等异状时,必须停止钻进,但不得拔出钻杆,现场人员应立即向矿调度室报告,并派人监测水情。如果发现情况危急时,必须立即撤出所有受水威胁地区的人员,然后采取措施,进行处理。

打钻时,发现煤层发松,钻进时突然感到松软,一般是接近水体的象征。这时,应再次检查防水措施是否完善、可靠,排水设施是否能正常运转。当发现片帮、来压时,必须检查巷道支架是否牢固,如不牢固,要加固支架,在巷道正前方打柱,保护煤壁和顶板,防止冒顶砸人。

钻进时水压、水量突然增大,以及顶钻时,不得移动钻杆,更不能拔出钻杆,要将钻杆固定牢固,防止高压水可能将钻杆顶出,碰伤人员。

② 钻孔接近老空,预计可能有瓦斯或其他有害气体涌出时,必须有瓦斯检查员或矿山救护队员在现场值班,检查空气成分。如果瓦斯或其他有害气体超过《规程》有关条文的规定时,必须立即停止打钻,切断电源,撤出人员,并报告矿调度室,采取措施,进

行处理。

③ 探、放水是紧密连接的两个技术环节,为此在钻孔放水前,必须估计积水量,根据矿井排水能力和水仓容量,控制放水孔的流量,还必须观测水压。

(3) 探放水管理制度。

① 探放水设计的审批制度。探放水设计必须包括设计说明、安全措施和施工图。设计必须由矿总工程师批准。探放水人员必须认真按照批准的设计施工,不经总工程师同意,不得任意改变计划。

② 监督检查制度。在探放水过程中要建立严格的监督检查制度。

③ 建立现场交接班制度。交接班的主要内容:钻孔深度,孔内机械运动情况,以及瓦斯情况等。

④ 汇报制度。探放水工程施工过程中遇到水情及其他可疑情况,应及时汇报矿井调度室。

⑤ 建立探水孔验收制度。检查各孔的方向、角度、孔深、安全套管下入情况,以及原始记录等,认为符合设计要求方可撤钻。

⑥ 允许掘进通知单的填写和挂牌制度。在探水钻孔竣工后,应将探水钻孔结果,如探水眼的方向、角度、深度、控水日期、探水人员和监视人员姓名,以及探水起点和允许掘进距离及注意事项,写出五联单,分别送交矿总工程师、调度室、安全监察部门、施工区队及存底。

3. 探水时应采取的安全措施

(1) 加强钻孔附近巷道支护,背好顶帮并在工作面迎头打好坚固的立柱和护板;

(2) 清理浮煤,挖好排水沟,保证水流畅通,同时应备存相当容量的水仓和排水设备;

(3) 探水地点与其相邻地区的工作点保持信号联系。安设专用电话,一旦出水要通知受水害威胁地区的工作人员撤离危险地点。

(4)打钻时,要注意观察钻孔情况,如发现岩壁松动或沿杆向外流水超过正常打钻供水量以及放出有害或易燃气体等现象,要立刻停止钻进(不得移动或拔出钻杆),切断电源,撤出人员,报告矿调度室。

(5)在水压较大的地点探水时要设套管,钻杆通过套管打深水孔,套管上安有水压表和阀门。为防止孔口煤岩体被水冲坏,必须对钻孔孔口安全装置进行固定,其长度不应小于1.5～2.0 m。

(6)在放水过程中要随时注意水量变化,出水的清浊和杂质情况,有无有害气体涌出和有无特殊声响等。如发现异常状况应及时采取措施,防止意外事故发生。

(7)探放水及放水作业人员应事先清楚避灾撤退路线,保证路线畅通,沿途应有良好照明。

(四)矿井水的隔离与堵截

1. 隔离水源

隔离水源的措施可分为留设防隔离水煤(岩)柱和建立人为的隔水帷幕带防水两类方法。

(1)隔离煤(岩)柱。为了防止煤层开采时发生水灾事故,在受水威胁的地段留设一定宽度和厚度的煤(岩)柱,使水体不能与采掘工作面相通,此段煤(岩)柱称为防水煤(岩)柱。

(2)隔水帷幕带。隔水帷幕就是将预先制好的浆液(多为水泥砂浆、化学浆液以及一定粒径的石子、砂子等其他材料)通过地面或井巷的钻孔,压入岩层的空隙中,使浆液在空隙中渗透和扩散,凝固硬化后,使原来的含水或导水岩层不含水或不导水,起到隔离水源的目的。

2. 矿井突水的堵截

为了预防生产过程中突然发生水灾事故,最大限度地控制水灾范围,减轻灾害损失,通常在矿井的控制性地段设置防水闸门和防水墙。

(1)设置防水闸门。防水闸门一般是由混凝土墙垛、门框和能开闭的门板组成。门框的尺寸应满足运输的需要。

(2)防水墙。防水墙是用不透水材料构筑的封闭的挡水设施,用于隔绝积水的老空或有透水危险的区域,属于永久性构筑物。

防水墙应满足下列要求:

① 筑墙处的岩石应坚固和没有裂缝;

② 具有足够的强度,能承受涌水的压力;

③ 不透水、不变形、不位移;

④ 应装有测量水压的小管和放水管。放水管用以防止防水墙在未干固前承受过大的水压。

(五)带压开采的主要措施

受水威胁的矿井应组织人员查明矿井水文地质条件,分清哪些含水层是主要的,哪些是次要的;主要含水层的水压是多大,与被开采煤层之间的距离是多少。依据矿区的具体条件和实践经验,确定开采煤层的安全水头值,然后计算承压含水层与煤层之间的理论安全距离,并参考相似水文地质条件的局、矿经验,经试采后,确定本矿区的有关合理参数,确保矿井的安全生产。就目前的技术条件,防止突水的主要措施如下:

(1)加强矿井地质和矿井水文地质工作,随采掘工作面推进的同时,观测所遇到的地质、水文地质现象。对原有的资料进行修改、补充,综合分析,全面研究,逐步查清地质构造规律及断层对隔水层的破坏情况和水文地质条件,编制矿井水文地质图。

(2)采掘工作开始前,必须提交地质说明书,开展矿井水文地质预测预报工作。

(3)编制采掘设计和作业规程,必须根据水文地质资料,提出防治水措施。

（4）坚持"有疑必探，先探后掘"的超前钻探制度，探清地质构造条件。

（5）对探清的较大断层，留设防水煤、岩柱，在断层的下盘进行采掘，必须引起特别重视。

（6）穿过落差较大和导水性能良好的断层，必须严格执行《规程》的有关规定。

（7）必须配备超过承压含水层最大突水量的排水设施，保证涌水能及时排出，并按设计规定完成后，方可进行采掘。

（8）开采方法及顶板管理应能适应带压开采的需要，尽量减小矿山压力对煤层底板的影响。

（9）承压含水层与开采煤层之间的隔水层厚度，能承受的水头值小于实际水头值进行开采前，必须遵守下列规定：

① 采取疏水降压的方法，把承压含水层的水头值降到隔水层能承受的安全水头值以下，并制订安全措施，报矿务局总工程师批准；

② 承压含水层的补给边界已经基本查清，可预先进行帷幕注浆，截断水源，然后疏水降压开采，但必须编制帷幕注浆工程设计，报有关单位批准；

③ 承压含水层的补给水源充沛，不具备疏水降压和帷幕注浆的条件，根据资料分析又有突水可能时，必须制订防止淹井措施，如建筑防水闸门、注浆加固底板、留设防水煤柱、增加抗灾强排能力等，报上级部门批准备案。

水文地质条件复杂的矿井，当开拓到设计水平以后，即"必须首先建成排水系统，方可开始向有突水危险地区开拓掘进。"

煤系底部有强岩溶承压含水层时，主要运输巷和主要回风巷都必须布置在不受水威胁的层位中，并以石门分区隔离开采。

五、水灾事故中自救与互救

当矿井发生水灾,在临时抢险救灾措施不能解除水患时,作业人员必须由低到高,沿最近的避灾路线尽快撤离。

（一）透水时的自救措施

（1）井下某地突然发生透水事故时,现场工作人员除立即向领导汇报外,应迅速组织抢救,尽可能就地取材,加固工作面,设法堵住出水点,以防事故继续扩大。

（2）如水势很猛,无法抢救,应组织人员迅速按避灾路线撤至上一水平或地面,在撤退过程中,保持镇定,首先找到较安全的硐室或抓紧铁棚、锚杆等固定的东西,并靠巷帮站立,避开水头,等水头过后再撤退,在撤退时,要注意避开水中木头、矸石等杂物,防止被撞倒,人员多时,要互相连为一体,集体前进,要分清路线,防止进入盲巷,在行进中遇有积水,情况不明时不可潜水前进。

（3）万一来不及撤至安全地点而被堵在上山独头巷道内,遇难人员应保持镇静,避免体力的过度消耗,并组织人员轮流值班,观测水位及瓦斯等情况,如果瓦斯含量较大时,要佩戴自救器,要规律性地敲击水管,发出救助信号,等待救援,在等待过程中要有自信心,互相鼓励。

（二）水灾后的救助措施

矿领导接到透水报告后,应立即通知矿山救护队,同时根据事故地点和可能涉及的地区,通知有关人员撤出危险区,尽快关闭巷道防水闸门,防止灾害扩大,待人员撤出井底车场后,再关闭井底车场的防水闸门,以保护水泵房,组织排水抗灾工作。

在透水后井下排水设备应全部启动,并保证排水设备处于完好状态,根据水灾类型,尽快分析制定救灾措施,积极组织抢救井下遇险人员,正确判断遇难人员所在位置,切不可只凭水位标高来分析井下被淹范围。如某矿老空突水两条斜井已被水淹没,斜井水位已超过工作地点标高 8 m 多,但是掘进头人员仍然没有被水淹。这是因为巷道内有空气被压缩,水上不来。由于领导作出正确判断,并采取积极排水措施尽快将新鲜空气送往遇难地点,经86 h抢险,13名遇难人员全部得救。

当排水时间较长时,要考虑向遇难地点打钻输送食物,但水位必须低于人员所在的独头上山的最高标高。

如系老空水突然涌出,往往带有大量的有害气体(硫化氢、甲烷等)威胁未被水淹的地区,因此要保证通风正常,迅速排除有害气体,当灾区没有风路时,要利用水管改为送风管,保证新鲜风供给。

第五节 矿井顶板灾害的防治

顶板是煤矿五大灾害之一。一旦发生事故不仅延误工作面的正常生产,影响生产任务的完成,而且会造成人员伤亡,直接威胁矿工的生命安全和家庭幸福。据统计,2001年至2004年因煤矿顶板事故死亡9 070人,占矿总死亡人数的36.1%;在全国煤矿一次死亡3人以上顶板事故发生的总次数中,乡镇煤矿占71.79%。因此,了解煤矿发生顶板事故的原因、预兆、规律,采取相应的防治措施,减少顶板事故的发生,对保护矿工的生命安全具有重要意义。

一、顶板基础知识概述

(一)顶板和底板

位于煤层上面的岩层叫顶板,位于煤层下面的岩层叫底板。

(二)顶板的分类

(1)根据顶板岩层和煤层的相对位置以及顶板岩层在开采后垮落的难易程度,煤层顶板可分为伪顶、直接顶、基本顶,如图3-5-1所示。

① 伪顶:是指紧贴煤层之上、极易垮落的薄岩层,一般随采随

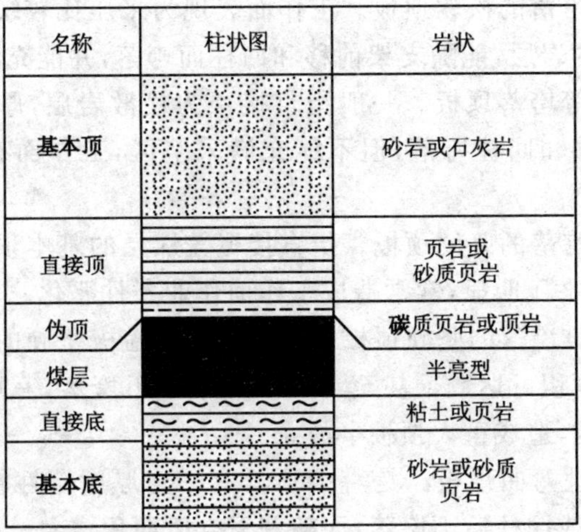

名称	柱状图	岩状
基本顶		砂岩或石灰岩
直接顶		页岩或砂质页岩
伪顶		碳质页岩或顶岩
煤层		半亮型
直接底		粘土或页岩
基本底		砂岩或砂质页岩

图 3-5-1 煤层顶底板柱状图

落。伪顶大多由炭质页岩和泥质页岩等硬度较低的岩层组成,厚度一般在 0.3～0.5 m。

② 直接顶:位于伪顶或煤层(无伪顶时)之上,一般由一层或几层厚度不同的泥岩、页岩、粉砂岩等比较容易垮落的岩层所组成。厚度可达几米,一般能够随着采煤工作面支架动移或回柱放顶及时垮落。

③ 基本顶:一般是指位于直接顶之上(有时也直接位于煤层之上)的厚而坚硬的岩层。常由砂岩、石灰岩、砂砾岩等岩层所组成。老顶能在采空区维持很大的悬露面积而不随直接顶垮落。

多数煤层同时具有伪顶、直接顶和基本顶。有的煤层只有直接顶而没有伪顶和基本顶,也有的煤层没有伪顶、直接顶,煤层上面就是基本顶。

(2)从顶板管理的角度将顶板分为:易垮落顶板、中等垮落顶板、难垮落顶板、极难垮落顶板和塑性弯曲顶板等五类顶板。

① 易垮落的松软顶板。工作面表现为来压比较缓和,一般是较易垮落的岩层,能随支架前移和回柱而垮落,并能充满采空区。

② 中等垮落顶板。一般指直接顶为松散岩层,厚度不大,能随支架前移和回柱垮落,但不能充满采空区,工作面有周期来压现象。

③ 难垮落的坚硬顶板。指直接覆盖煤层的基本顶,不能随采随落,周期来压明显,常常造成工作面作业条件恶化。

④ 极难垮落的坚硬顶板。煤层之上覆盖极坚硬的厚岩层,采空区悬顶面积可达数千甚至几万平方米而不垮落,一旦垮落会形成狂风巨响,造成重大顶板事故。

⑤ 塑性弯曲顶板。是直接顶具有一定厚度塑性较大的坚硬岩石,移架或回柱后不垮落,而随着采空区面积增大呈缓慢的弯曲下沉,逐渐与底板接触。

(三) 直接顶的初次垮落

长壁工作面从开切眼开始采煤后,直接顶跨度不断增加,其弯曲下沉也不断增加。一般直接顶跨距达 6～25 m 时,直接顶第一次垮落。当直接顶冒落高度达 1 m 以上、冒落长度达工作面长度一半以上时,就叫直接顶初次垮落。直接顶初次垮落又称工作面初次放顶。工作面初次放顶是防止顶板事故发生的关键时期,要制订专门的安全技术措施加强支护。如图 3-5-2 所示。

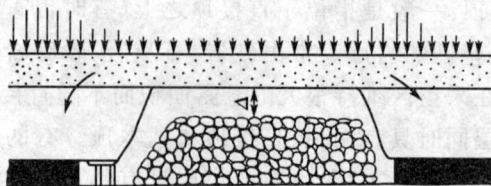

图 3-5-2　直接顶初次垮落示意图

采煤工作面初次放顶期间,直接顶离层,并沿工作面倾斜方向移动,此时工作面支柱受力不大,可能失稳而成片被推倒,造成工作面大面积冒顶。

(四) 基本顶初次来压

如果直接顶厚度较小,冒落后不足以填满采空区间,基本顶把自身及上部岩层的重量都加到工作面周围的煤体上,工作面支柱感觉不到基本顶压力。随着工作面的推进,基本顶就逐渐弯曲下沉,当达到极限跨距时,它就断裂下沉。这时工作面顶板下沉加快,煤壁片帮严重,支柱受力增大,甚至发生顶板台阶式下沉。这就是工作面推进以后的基本顶第一次断裂,使工作面支架承受较大的压力或冲击压力,这种矿山压力显现就叫基本顶初次来压。基本顶初次来压时,由开切眼到工作面煤壁的距离叫基本顶初次来压步距,一般为 25~50 m,少数可达 70 m。

老顶初次来压对工作面顶板影响甚大,除在作业规程中加以说明外,必须制订专门防治顶板灾害措施。如图 3-5-3 所示。

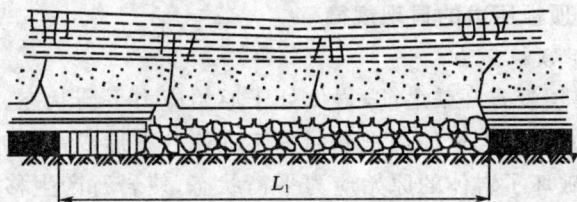

图 3-5-3　基本顶初次来压示意图

(五) 基本顶周期来压

基本顶初次来压后,随着工作面的继续推进,基本顶呈周期性折断下沉,工作面周期性出现顶板下沉加快、煤壁严重片帮、支柱受力增大以及顶板台阶下沉。这种由于基本顶周期性断裂引起的矿山压力显现叫做基本顶周期来压。如图 3-5-4 所示。

基本顶周期来压比正常压力要大得多,也往往对顶板造成较大影响。所以必须在作业规程中明确规定并编制专门的防治措施

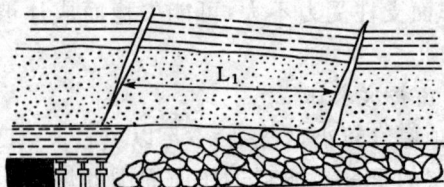

图 3-5-4　基本顶周期来压示意图

加以控制。

（六）工作面收尾

当采煤工作面推进到停采线时，就要结束采煤进入收作，工作面收作要制订专门安全技术措施。工作面收作要严格按作业规程规定调整好控顶距，按规程规定的收作顺序进行。首先撤出设备，加固好上出口，然后按照自下而上顺序回料放顶，不得分段作业，工作面回料要及时运出，以确保作业人员的安全。

二、顶板压力的显现规律

（一）顶板压力

在煤层没有开采之前，岩体处于原始应力平衡状态。随着矿井生产的进行，大量的掘进和回采工程使井下形成一定的地下空间，从而破坏了岩体的原始应力平衡状态，使岩石产生移动，进而发生变形和破坏，附近这种因岩石移动而产生的压力就是矿山压力。由于矿山压力从顶板表现出来最明显，所以通常叫顶板压力。

（二）顶板压力变化的一般规律

影响工作面顶板压力的因素很复杂，它的压力大小变化的一般规律有：

（1）顶板暴露面积越大，压力也就越大；

（2）顶板悬露时间越长，压力越大；

（3）顶板越破碎、越松软，压力越大；

（4）巷道越宽，顶板压力越大；

（5）护巷煤柱越小，巷道承受的压力越大；

（6）巷道交叉点越多，顶板压力越大。

三、顶板事故

（一）顶板事故及危害

（1）顶板事故是指在地下采掘过程中，因为顶板意外冒落造成人员伤亡、设备损坏、生产中止等事故。在实行综合机械化采煤前，顶板事故在煤矿事故中占很高比例，高达 75%。顶板事故一般称之为冒顶事故。

（2）顶板事故的危害：一是终止生产，设备设施破坏；二是造成人员伤亡。

[案例一] 1981 年 12 月 15 日，某矿东二采区采煤三区 2018 工作面在初次放顶期间发生较大冒顶事故，死亡 7 人，重伤 1 人。如图3-5-5所示。

事故主要原因分析

① 技术管理上严重失误。一是没有按规定编制正式的安全作业技术规程，而是套用了原 2018 大面的作业规程，仅补了一个措施；二是对作业规程和措施贯彻不认真。

② 现场管理混乱，违章指挥。跟班区长及班长违反规程关于控顶距离的规定，擅自采用了回一挡、采一挡的作业程序；爆破采用了大扒皮，造成空顶时间过长；对爆破崩倒的棚子也没有及时进行处理，而是继续爆破，造成了大冒顶。同时，对爆破已发生的冒顶事故没有认真进行分析和采取果断措施，导致灾情扩大，继而发生了垮面事故。

③ 工程质量低劣。从发生事故的当班检查，木垛普遍是打在浮煤上，支柱"穿鞋"不好，按规定在切断线应补 20 棵密集支柱，但实际上仅有 6 棵，在爆破后也没有及时支护和架设临时支柱。

④ 现场把关不严。职能部门现场值班人员对违反规程规定的作法没有及时加以制止。

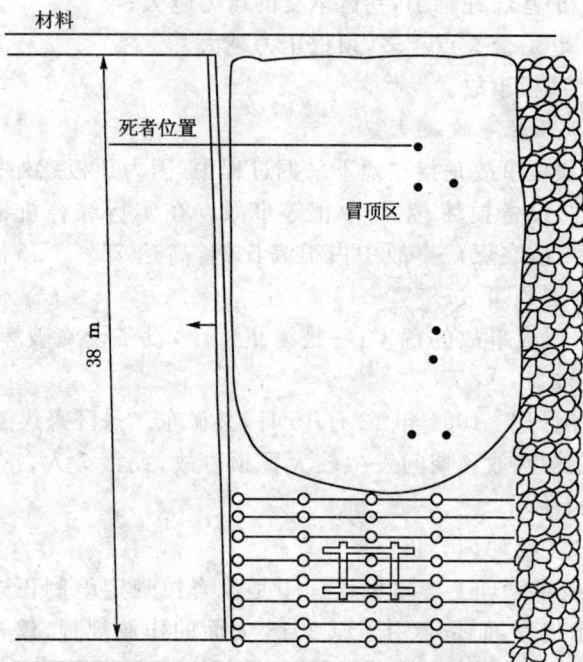

图 3-5-5　某矿 2018 工作面冒顶事故示意图

[**案例二**]　2008 年 3 月 26 日,河南洛阳煤矿发生顶板事故造成 5 人死亡,矿主隐瞒不报,并逃匿。

（二）冒顶事故分为局部冒顶事故和大冒顶事故两类

1. 局部冒顶事故

局部冒顶事故是指在采掘工作空间或井下其他工作地点局部范围内顶板岩石垮塌造成的冒顶事故。冒落高度一般不大,很少有冒高超过 3 m 以上的。它的影响范围较小,对采掘工作面生产形成的影响不十分大,因此局部冒顶往往被忽视,以至于此类事故经常发生,形成人员伤亡的比重很大。对于局部冒顶事故必须引起高度重视。

局部冒顶绝大部分发生在以下地点：

（1）地质构造带附近。地质构造带如向斜、背斜、背斜轴部、褶曲轴部、顶板岩石破碎带及断层附近容易发生局部冒顶事故。

（2）工作面上下出口附近。工作面上下出口的控顶范围比较大，随工作面移动需拆除巷道支架，并重新架设，由于支架初撑力较小，在采动影响下，使直接顶下沉、松动、破坏，容易发生冒落造成局部冒顶。

（3）工作面煤壁附近。工作面煤壁附近的局部冒顶，一是由于采动、爆破后，顶板容易形成各种劈裂，造成游离岩块或遇破碎顶板，支护不及时而发生局部冒顶；二是炮采工作面，因炮眼角度、装药量不当，崩倒支架发生局部冒顶；三是基本顶来压，因煤壁片帮，局部无支护而发生局部冒顶。

（4）放顶线附近。当回收压力大的支柱时，往往柱子一倒顶板就会冒落；再由于断层、层理等切割形成的较大游离岩块，会因回柱而回转冒落，推倒工作面支架，造成局部冒顶；在金属网下回柱放顶时，若网上有大块游离岩块，也会因回柱而推垮支架，造成局部冒顶。

（5）巷道维修支架时不按规程作业。

（6）支护材料储备不足或支护材料失效，降低了支撑力但仍然使用时，顶板得不到有效控制，下沉量增加，导致变形断裂垮落，造成局部冒顶。

（7）分层开采时假顶未胶结时。此时顶板破碎，容易在工作面控顶范围内造成局部漏顶。

（8）巷道掘进时棚距过大、前探梁支挂不及时或棚子接顶不实，容易造成巷道局部冒顶。

（9）采煤掘进作业过老空区等。

2. 大冒顶事故

大冒顶事故就是指相对局部冒顶事故而言,灾害面积较大的冒顶事故。在采煤工作面开始推进后,随着采空区的不断扩大,工作面和采空区上方的基本顶压力也不断增大,并逐渐显现,即常见的初次来压和周期来压。如果这时不采取相应措施(如不采取强制放顶措施)或采取的措施不当(如切顶线支撑力过小),都会引发大面积冒顶事故。这类事故的特点是面积大、来势凶猛、后果严重,不仅严重影响生产,往往会导致重大人身伤亡。

[案例三] 某矿 1961 年 10 月的一次特大冒顶事故,垮落面积达 12.8 万平方米,伤亡多人。

大冒顶在以下地点容易发生:

(1)顶板坚硬而且采空区顶板悬露面积过大,没有垮落的采煤工作面。

(2)地质构造带附近。当采煤工作面遇到地质构造带,顶板失去原有的塑性和完整性造成大块岩体下滑、垮落。

(3)局部冒顶周边。

(4)顶板淋水周边。由于顶板含水,硬度下降,裂隙张开,顶板完整性被破坏。

四、常见顶板事故的预兆

(一)大冒顶的主要预兆

1. 顶板的预兆

(1)顶板连续发出断裂声,有时发出沉闷的"轰隆隆"的闷雷声,这是由于顶板断裂时裂面相互摩擦发生的声响。在顶板来压突然和工作面总支撑力较低时,工作面顶板的下沉量突然加速,此时顶板沿煤墙方向会产生裂隙,原有裂隙因顶板下降量突然而张大,甚至出现台阶下沉。如图 3-5-6 所示。

(2)顶板大面积来压时,在破碎顶板处连续掉碴,岩粉末下落引起岩尘飞扬。如果是完整顶板遭遇大面积来压时则抓顶煤与顶板离层并脱落,同时产生煤尘飞扬。

图 3-5-6　工作面台阶下沉

（3）在伪顶和假顶下会有大量的煤屑和碎矸石下落卷起尘雾。

2. 煤帮的预兆

（1）由于冒顶前顶板压力增大，工作面及周围巷道受到的盘压增高，煤帮在高压下煤体变酥，片帮明显增多。

（2）煤电钻打眼时比平时省力且钻进速度加快。

（3）采煤机割煤时阻力减少，落煤块度增大，牵引速度加快且用电负荷明显减少。

3. 支架的预兆

（1）使用木支架时，支架被大量压坏或折断，并发出声响；使用金属柱时，耳朵贴在柱体上，可听见支柱受压后发出的声音。

（2）当顶板压力继续增加时，单体液压支柱的活柱迅速下缩，连续发出"咯咯"声响；摩擦支柱会产生锁销被挤压后飞出锁体的"打枪"现象，并听到同时发出的巨大"嘭"的声响。

（3）如工作面使用铰接顶梁时，在顶板冲击压力作用下，有槽楔被挤出或弹出楔孔的"飞楔"现象。

（4）在底板松散或底板留有夹石和留有底煤时，支柱会大量插入底板。

4. 其他预兆

（1）在含瓦斯煤层，瓦斯涌出量突然增大。

（2）有淋水的顶板，淋水量较以往增大。

（二）局部冒顶的预兆

（1）响声。木支柱发生劈裂声后紧接着出现折梁断柱现象；金属支柱的活柱下缩，也发生很大声响。有时也能听到采空区内顶板有闷雷声响。

（2）掉碴。顶板断裂严重时，折梁断柱增加。随着就出现顶板掉碴现象。掉碴越多，反映顶板压力越大。人工假顶掉下的碎矸和煤碴更多，工人叫下"煤雨"，这就是发生冒顶的危险信号。

（3）片帮。冒顶前煤壁所受压力增加，煤体变得松软，片帮煤比平时明显增多。

（4）裂缝。顶板的裂缝，无论是地质构造产生的自然裂隙，还是由于顶板下沉引起的采动裂隙，只要裂缝加深加宽，就有可能发生冒顶事故。

（5）顶板脱层。顶板快要冒落的时候，往往出现离层现象，要用敲帮问顶的方法判断。

（6）漏顶。破碎的伪顶和直接顶，只要出现背顶不严和支架不牢就会发生漏顶现象。

（7）在含瓦斯煤层中，瓦斯涌出量突然增大。

（8）有淋水的工作面，淋水量有明显增加。

（三）人工试探冒顶危险的方法

（1）木楔法。在裂缝中轻击打入小木楔至手不能轻易垂直拉下即可。过一段时间，如果木楔自行脱落或用手轻轻一拉即可拉出，则说明裂缝已扩大，有冒落危险。

（2）敲帮问顶法。即操作人员站在安全的地点，用长钢钎先捅掉破碎的煤或岩石后，再用斧、镐或钢钎敲击顶板，如果声音清脆，则表明顶板完好；如果顶板发出"空空"响声，则说明上下岩层之间已经离层，则应采取措施将已脱层的岩块挑落。如图3-5-7

所示。

图 3-5-7　敲帮问顶

（3）震动法。右手持钢钎或搞头，左手用手指肚托扶顶板，在右手用工具敲击顶板时左手指肚感到顶板震动，即使听不到有破裂声，也表明此岩石已与整体顶板分离，要及时采取措施加以处理或进行顶板管理。

五、易导致顶板事故的不安全因素

（一）管理方面的因素

（1）管理人员在现场指挥生产中对规程规定执行不力。

（2）技术人员对突发性地质变化不及时编制针对性安全技术措施，不认真贯彻措施并不在现场观察执行情况。

（3）初次放顶、周期来压、工作面过老空区、工作面收作等重要环节现场无区队长以上干部跟班指挥。

（4）井下生产现场支护材料不足，破损材料维修不及时，造成强度不够或空顶作业。

（5）工作面现场作业分段或劳动组织不合理，影响安全操作。

（6）不坚持正规循环作业。

（7）对老空大面积悬顶处理不及时采取措施强制放顶。

（8）现场领导对工人违章不予制止，甚至违章指挥，带头冒险作业。

（9）同一采煤工作面中，不使用同类型和同性能的支柱，使用折损木质支护材料、损坏的金属顶梁、失效的摩擦支柱和失效的单体液压支柱等。

（二）现场作业环境方面的因素

（1）作业现场支护质量差，支柱退山严重，接顶不实。

（2）戗柱、木垛、抬棚等特殊支护数量不足或质量不符合规程要求。

（3）对特殊支护方式架设时马马虎虎，尤其在连续使用一段时间并未发生顶板事故后偷工减料，造成关键部位得不到有效支护。

（4）现场材料清理不及时，堆放不合理，堵塞退路。

（5）工作面两道超前支护距离不够，支护强度不足。

（6）工作面局部冒顶处理不及时或虽处理但接顶不实等。

（三）个人行为方面的因素

（1）不严格执行作业规程和操作规程，冒险蛮干。

（2）对顶板事故预兆信号不及时处理也不汇报。

（3）不能严格执行"敲帮问顶"、"震动问顶"制度，让隐性事故发生。

（4）违章进入老塘，捡拾工具、材料。

（5）采煤工作面爆破后，不及时超前挂梁，空顶作业。

（6）掘进迎头不按规定使用前探梁，空顶作业。

（7）回柱时，对支撑力过大支柱不用替柱，直接用回柱绞车强行回柱。

（8）炮采炮掘时超量装药放大炮，造成顶板破碎。

（9）煤壁伞沿不及时清理。

（10）架棚支柱时不打足劲，致使支柱初撑力过小。

（11）回料作业时，不按规程规定顺序作业，材料堆放零乱，堵塞回撤路线。

（12）明知支护材料失效仍然使用。

（13）将支架架设在浮煤或浮矸上，在控顶区内提前摘柱等。

六、防治顶板事故的措施

（一）充分掌握顶板压力分布及来压规律

冒顶事故大都发生在直接顶初次垮落、老顶初次来压和周期来压等过程中。只要充分掌握压力分布及来压规律，采取有效的支护措施即可防止冒顶。掘进巷道在布置及支架形式的选择上也要充分考虑压力的分布规律及顶板压力大小，把巷道布置在压力降低区内。

（二）采取有效的支护措施

根据顶板特性及压力大小采取合理、有效的支护形式控制顶板，防止冒顶。如果工作面压力太大基本支架难以承受时，还可以采用特殊支架支护顶板。综采工作面要严格控制采高，及时移架控制裸露顶板。掘进工作面要坚持使用前探梁支护。爆破前要加固棚子，实行连锁，防止倒棚引起冒顶。

（三）及时处理局部漏顶

及时处理局部漏顶，以免引起大冒顶。

（四）坚持敲帮问顶制度

在进入采掘工作面装煤、支护前要敲帮问顶，处理已离层的顶板，如果处理不下来要用点柱先支撑。

（五）特殊条件下要采取有针对性的安全措施

采掘工作面在遇到托伪顶、过断层、过老巷及地质破碎带时，必须采取有针对性的放炮措施、支护措施、背顶措施及回柱措施，并严格执行，防止冒顶事故。

（六）牢固树立"质量第一"的观念

同一个煤层工作面中，不得使用不同类型和不同性能的支柱。严禁使用折损的坑木、损坏的金属顶梁、失效的摩擦式金属支柱和失效的单体液压支柱。

（七）严格按作业规程作业

（1）必须按作业规程的规定及时支护，严禁空顶作业，并及时回柱放顶或充填。

（2）所有支架必须架设牢固，并有防倒措施，严禁在浮煤或浮矸上架设支架。

（3）严禁在控顶区内提前摘柱。

（4）碰倒或损坏、失效的支柱，必须立即恢复或更换。

（八）矿井冲击地压的特点和预防措施

1. 冲击地压的特点

冲击地压是矿井巷道或工作面周围的煤岩体，由于弹性变形能的瞬时释放而产生的以突然、急剧、猛烈破坏为特征的动力现象，是矿山压力的一种特殊显现形式，是煤矿的重大灾害之一。其特点：

① 突发性。发生前一般无明显宏观前兆，难于事先准确确定发生的时间、地点和强度，冲击过程短暂，持续时间几秒到几十秒。

② 多样性。一般表现为煤爆、浅部冲击和深部冲击，最常见的是煤层冲击，也有顶板冲击、底板冲击和岩爆。

③ 破坏性。煤壁片帮；顶板瞬间明显下沉；底板突然开裂鼓起，甚至接顶；大量煤炭被挤出或抛出，支架摧垮，巷道堵塞。

④ 复杂性。各种自然地质条件、各种采煤方法都有过冲击地压灾害发生的记录。

2. 冲击压的防治措施

冲击压的防治措施包括：预测预报；防范措施；解危措施。

（1）预测预报措施。预测预报是冲击预测预报地压防治工作的重要组成部分。准确的预测预报对及时采取区域性防范措施和局部性解危措施十分重要。冲击地压的预测方法除了以往的经验类比法外，大致分为以下两类：

① 以钻屑法为主的局部探测法：煤岩体变形观测法；煤岩体应力测量法；流动地音检测法；岩芯"饼化"法。

② 系统监测法：地音系统监测法；微震系统监测法；其他地球物理方法。

（2）区域性防范措施。此类防范措施的目的在于从战略上避免形成高应力集中的条件，在较大范围内减免冲击危险。防范措施主要有：

① 开采保护层。开采煤层群时，为了降低潜在危险的应力，首先开采无冲击危险或冲击危险小的煤层作保护层。

② 避免形成孤立煤柱。划分井田和采区时，应保证有计划合理开采，避免形成应力集中的孤立煤柱和不规则的井巷几何形状。

③ 合适的顶板管理方法。开采有冲击危险的煤层时，应尽量采用长壁式开采，用全部陷落法管理顶板。

④ 合理的巷道布置。应尽量将主要巷道和硐室布置在底板岩层中，回采巷道采用大断面掘进。

⑤ 开采程序。当遇有断层和采空区时，应尽量采用由断层或采空区开始回采的顺序。此外还要避免相向采煤。回采线应尽量呈直线，且有规律地按正确的推采速度开采，一般不宜过大。

⑥ 煤层预注水。其目的是降低煤体的弹性性质和煤体的强度。注水通常以小流量和尽可能低的压力向煤体长时间注水。注水可在预先掘好的巷道内进行。注水超前距离应当超过相当于回采 10 天的进度。

⑦ 顶板预注水。其作用主要有两点：一是降低顶板的强度，

使原来不易垮落的坚硬顶板在采空区冒落,并转化成随回随冒的顶板;二是顶板注水后,本身的弹性性质减弱,因而减少了顶板的弹性潜能。顶板注水后,煤体支承压力的峰值位置向煤体前方转移。

(3)防范措施的目的在于从战术上减缓已经形成的应力集中程度,在局部范围内暂时解除冲击危险。解危措施主要有:

① 卸载钻孔。用大直径的煤层钻钻孔后,其周围的煤体受力状态发生了变化,峰值位置向煤体深部转移。

② 卸载爆破。卸载爆破就是在高应力区附近打钻,在钻孔中装药进行爆破。其目的也是改变支承压力带的形状和减小峰值,炮眼布置尽量接近于支承压力带峰值位置。

③ 诱发爆破。就是在具有冲击危险的地段进行大药量的爆破,人为地在人员撤除后诱发冲击地压。

④ 煤层高压注水。就是在工作面前方用高压水注入煤体,使煤体结构破坏,从而达到降低承载能力、降低压力的目的。

3.《煤矿安全规程》对开采冲击地压煤层的有关规定

(1)开采冲击地压煤层的煤矿应有专人负责冲击地压预测预报和防治工作。

(2)开采冲击地压煤层必须编制专门设计。

(3)冲击地压煤层掘进工作面临近大型地质构造、采空区,通过其他集中应力区,以及回收煤柱时,必须制定措施。

(4)防治冲击地压的措施中,必须规定发生冲击地压时的撤人线路。

(5)每次发生冲击地压后,必须组织人员到现场进行调查,记录发生前的征兆、发生经过、有关数据及破坏情况,并制定恢复工作的措施。

(6)冲击地压煤层巷道支护严禁采用混凝土、金属等钢性支架。

（7）开采冲击地压煤层时，应采用垮落法控制顶板，切顶支架应有足够的工作阻力，采空区中所有支柱必须回净。

（8）停产3天以上的采煤工作面，恢复生产的前一班内，应鉴定冲击地压危险程度，并采取相应的安全措施。

（9）有严重冲击地压的煤层中，采掘工作面的爆破撤人距离和爆破后进入工作面的时间，必须在作业规程中明确规定。

七、顶板事故的自救与互救

（一）采煤工作面发生冒顶后的自救与互救

（1）迅速撤离。当发现冒顶预兆而又难以采取措施防止冒顶时，要迅速离开危险区，撤退到安全地带。

（2）及时躲避。冒顶已经发生又不能立即撤至安全地带时，应立即背靠煤墙站立，同时注意防止煤墙片帮伤人；如就近有木垛时，也可撤至木垛处躲避，也要注意木垛支设质量以免滚垛伤人，更不能钻入木垛内。

（3）想法求救。冒落基本稳定后，遇险人员要想方设法采用呼喊，敲击金属物等方法发出有规律、不间断的求救信号。但在敲击金属物时注意其是否可能产生滚落以及震动使连带物塌落对自己形成威胁。求救信号的及时发出，可便于已撤离人员或救护人员了解灾情，进行及时抢救。

（4）配合营救。一旦被埋压，被埋人员不要惊慌失措，更不可猛烈挣扎，以防被再次塌落物击伤扩大伤害程度；被隔堵的人员，应在遇险地点维护好自身安全，在此前提下构筑脱险通道，积极配合外部的营救工作。

（二）掘进独头巷道被堵人员的自救与互救

（1）正视处境，沉着应对。一要正视已发生的灾难，坚定安全获救信心。跟班队干和班组长及有经验老工人或安全员、群监员等应带领矿工做好自救工作，安静坐卧减少体能和氧气消耗，做好长时间避灾待救准备。

（2）千方百计，寻求救援。如果被困地点有电话而且尚能使用，应立即电话汇报灾情。没有电话时在保证体能和极少耗氧情况下，组织好每间隔一定时间敲击轨道、管道或岩石发出求救信号，以便救援人员发现并及时了解被困人员数量、伤害情况，采取适当有效的救援。

（3）开展自救，积极待援。要及时维护被困地点的支护，防止冒顶事故扩大，保障被堵人员安全。充分利用压风管路，供、排水管路保证躲避点新鲜风供应，同时要注意保暖。

（三）采煤工作面冒顶事故后的营救

采煤工作面发生冒顶后，即使冒落面积较大，矿工依靠自己的力量也可开展营救工作，至少可为专业救护人员的抢救做好准备。

（1）切断向冒落区域及其附近机电设备供电电源，避免发生触电事故。

（2）检查并维护好冒顶区域和其附近的安全地带，如支护质量、瓦斯含量、顶板情况。保障营救人员实施救灾工作时的人身安全。同时疏通并保持安全通道。

（3）如在冒落区边缘发现被大块岩石或支柱等物料压住的遇险人员，万万不可生拉硬拽，采用撬杠或液压千斤顶等工具和方法将埋压物支起，再将遇险人员安全救出。

（4）如果遇险人员在靠近煤墙位置被沿煤墙冒落的破碎矸石埋压，营救人员可沿煤墙由冒顶区从外向里掏小洞。如遇险人员位置靠近放顶区（老塘侧），则沿放顶侧由外向里掏洞。边架设梯形棚，边用木板将靠冒落区一帮背严，防止漏矸伤人。边支护边掏洞，直至营救遇险人员脱险。

（5）分层开采下分层工作面发生冒顶，底板是煤或岩石而遇险人员位于金属网或荆芭假顶下面时，可沿煤底或沿煤墙掏小洞接近遇险者，边支护边掏洞，直至将遇险人员救出。

（6）工作面上下口同时冒顶或中部冒顶范围很大，把人堵在中间，掏小洞必然耗时长且不安全时,可采用重开切眼的方法处理和救人。

（四）掘进头发生冒顶后被阻隔人员的营救

（1）切断向被堵巷道机电设备供电电源。

（2）利用压风管,供、排水管或打钻孔等方法向被隔绝人员输送空气、水和食物。

（3）采用恢复巷道或打绕道等方法对遇险人员进行抢救。

第六节　兖矿集团济三矿
《煤矿安全检查表》实施细则

第一章　总　　则

第一条　为进一步贯彻执行全国总工会制定的《煤矿安全检查表》,广泛深入、独立负责地开展工会劳动保护监督检查活动,促进煤矿安全建设,特制定本实施细则。

第二条　矿属各车间工会负责人要认真履行职责,坚决贯彻"安全第一,预防为主",综合治理的方针,切实保障职工在生产过程中的安全和健康。

第三条　本细则适用于全矿各车间工会组织。

第二章　《煤矿安全检查表》领导小组制度

第四条　我矿成立《煤矿安全检查表》领导小组,设组长1名、副组长2名,成员11名。

第五条　各车间工会成立《煤矿安全检查表》领导小组,一般由3～5人组成。

第六条　《煤矿安全检查表》领导小组成员要由坚持原则、能独立工作、具有较高的安全技术水平和工业卫生知识、热心劳动保护工作的职工担任,并且必须具有5年以上本企业工龄,车间至少有 3 年以上本工种工龄。

第七条 由工会生产保护主任具体负责《煤矿安全检查表》的落实。

第三章 《煤矿安全检查表》领导小组工作职责

第八条 有权监督《煤矿安全检查表》每天的执行情况,对有违背检查表的行为进行制止,并限期解决。

第九条 加强对井口接待站的工作指导,确保《煤矿安全检查表》执行情况的落实。

第四章 《煤矿安全检查表》领导小组工作制度

第十条 加强制度建设,完善以下几项制度:

1. 组织整顿制度。每年对领导小组充实调整一次。

2. 群监员培训制度。群监小组要每月对群监员针对《煤矿安全检查表》所涉及的内容进行培训一次。

3. 群众安全监督检查制度。领导小组每季组织一次对《煤矿安全检查表》执行情况的检查,区队(车间)群监小组每月组织一次《煤矿安全检查表》具体条款的检查,班组群监员每班进行对《煤矿安全检查表》的检查。

4. 群监工作会议制度。领导小组每月召开一次《煤矿安全检查表》的办公会。

5. 抓典型、树样板制度。领导小组每年抓好一个点。

第五章 井口接待站管理制度

第十一条 群监站职责范围

经常深入现场检查群监员对《煤矿安全检查表》内容落实情况,认真抓好监督整改。

第十二条 群监员职责范围

1. 群监员必须与当班工人一起下井,一起上井,随时对照《煤矿安全检查表》内容进行监督检查。

2. 群监员升井后,必须到群监员井口接待站,除填写群监员安全隐患卡外,还要认真填写《煤矿安全检查表》。

第十三条 群监员义务

1. 以身作则,模范遵守各项规章制度,经常检查作业现场安全情况,时刻对照《煤矿安全检查表》检查现场存在的不安全因素,及时向现场指挥人员汇报,迅速处理。

2. 协助班组长经常了解本班组职工的思想情况,宣传《煤矿安全检查表》内容,对职工进行遵章光荣、违章可耻的思想教育。

第十四条 群监员权利

1. 发现危及职工安全情况时有权停止作业。

2. 对没有可靠保安措施的工程有权拒绝施工。

3. 对违章指挥的领导有权抵制,对违章作业和违犯劳动纪律者有权制止。

4. 对出现的事故有权追查责任,对责任者有权提出处理意见。

5. 发现有违背《煤矿安全检查表》条款的有权勒令停止施工,进行整改。

相关安全检查表附表1～附表12。

附表1　　　　　　采煤安全检查表考核标准

序号	考核内容	评分标准	标准分	加减分原因	加减分	实得分
1	综采工作面必须坚持检修制度,不准随便侵占检修时间;浮煤必须清理干净	没有制订检修制度的减2分;侵占检修时间的减2分;浮煤没有清理干净的减2分	6			

序号	考核内容	评分标准	标准分	加减分原因	加减分	实得分
2	支柱必须打在硬底板上	有一处没有打在硬底板上的扣 0.5 分,直到扣完为止	5			
3	综采工作面液压管路接头必须使用 U 形卡子	有一处没用的扣0.5分	4			
4	超前支护及安全出口的支护质量必须符合作业规程要求	缺少一处扣0.5分	4			
5	采煤工作面必须有一定量的备用支护材料	达不到要求的该项不得分	4			
6	回撤支柱必须有两人操作,且一定清理好退路	不是两人操作的每发现一次扣 0.5 分;退路清理不好的扣 2 分	5			
7	综采面支架及安装在回风道中的各种电气设备必须每班清扫一次,且严禁用水清洗	发现一处支架或电器设备没有当班清扫的扣0.5分;发现用水清洗一次该项不得分	4			
8	综采工作面,每天必须保持 4 h 的机电设备检查和检修,并有记录	达不到要求的不得分	5			
9	采面多工序作业时,工序之间的错距不能小于规程规定	达不到要求的不得分	4			
10	人员跨越刮板输送机、转载机,必须停止设备运转,行人通过的输送机尾处,必须加盖板	达不到要求的不得分	5			
11	煤壁的伞檐不能超过规程规定	达不到要求的不得分	5			

序号	考核内容	评分标准	标准分	加减分原因	加减分	实得分
12	综采机司机必须持证上岗,认真交接班,并有记录;每班作业前机长和机修工必须全面检查,无误后再生产运行	发现一次综采机司机不持证上岗的扣0.5分;发现一次交接班无记录的扣1分	8			
13	皮带严禁在摩擦状态下运行;皮带托辊要齐全可靠;灭火器材要齐全,且灭火器严禁失效	发现一处有摩擦皮带现象扣1分;缺少一处皮带托滚扣0.5分;没有配备灭火器材的地方扣1分				
14	采煤工作面要保持两个以上的畅通无阻的安全出口	达不到要求的不得分	5			
15	采煤工作面初次放顶、老顶来压、过断层、过破碎带、过老空及最后收尾等,制定安全措施,报矿总工程师批准;由生产副矿长组织区队长和有关部门人员现场指挥	达不到要求该项不得分	8			
16	工作面的支护材料、支护方式、支护强度等符合作业规程规定	达不到要求该项不得分	3			
17	使用绞车提升的巷道,实施"一坡三挡",并保证可靠,正常使用	发现一处无"一坡三挡"的扣3分	5			
18	所有职工必须学习施工措施,并有学习签名记录	发现一人次没有签名的扣0.5分	6			
19	综采工作面综合防尘工作必须符合规程规定要求	达不到要求的该项不得分	8			
合计			100			

附表2 掘进安全检查表考核标准

序号	考核内容	评分标准	标准分	加减分原因	加减分	实得分
1	迎头有顶板破碎或有片帮危险必须事先处理	发现一次没有事先处理的扣1分	5			
2	掘进综合防尘必须符合规程规定要求	不符合要求的不得分	5			
3	必须采用湿式打眼	发现一次不湿式打眼的扣1分	5			
4	扒装机口前距迎头距离不能超过32 m;迎头积矸不能超过巷道的1/3	检查发现超过一次扣1分	5			
5	迎头爆破必须执行"一炮三检"和"爆破三联锁"制度	达不到要求的该项不得分	5			
6	炮前班组长必须布置责心强的人员在警戒线和可能进入爆破地点的所有通道上担任警戒	达不到要求的该项不得分	5			
7	瞎炮、漏炮及残炮必须在当班处理完	达不到要求的该项不得分	5			
8	爆破员必须按规程要求爆破	不按要求操作的该项不得分	5			
9	掘进机割煤时,除尘风机必须供水供风运转灭尘,且风筒距迎头不超过规定	达不到要求的该项不得分	5			
10	上下山必须按规定安装防跑车装置	有一处没有设置的该项不得分	5			
11	掘进用的扒装机必须完好并安装牢固;并且必须定期检查扒装机钢丝绳和更换钢丝绳;扒装机要安装和使用照明灯	发现一次扒装机不牢固的扣2分;钢丝绳损坏严重不及时更换的,发现一次扣2分;扒装机没有照明灯或有不使用的扣1分	5			

序号	考核内容	评分标准	标准分	加减分原因	加减分	实得分
12	掘进30°以上的上山,必须有防止人员物料下滑的安全措施,必须有可靠的行人梯	达不到要求的该项不得分	5			
13	独头巷道停掘一段时间又恢复掘进时,必须有复工安全措施	达不到要求的该项不得分	5			
14	掘进迎头必须按规定备足3~5架备用棚	达不到要求的该项不得分	5			
15	掘进迎头前探梁的数量、规格、使用、存放要符合《掘进迎头前探头梁使用办法》之规定,不用时要上架、挂牌管理	达不到要求的该项不得分	5			
16	接班后在确认安全的情况下,方可悬挂准许开工牌并开始作业	接班后没有进行检查的扣2分;不挂开工牌的扣3分	5			
17	对前方有水或有老硐子的掘进迎头,必须执行先探后掘	达不到要求的该项不得分	5			
18	轨道按标准铺设,并在使用期间加强维护和检修	凡本单位铺设的,要自己维护和检修,有一处不符合标准扣0.5分	5			
19	锚索锚网质量必须按措施要求执行	达不到要求的该项不得分	5			
20	所有职工必须定期学习施工措施,并有学习签名记录	检查学习记录,发现有1人次没有学措施的扣3分;学而没有签名的扣1分	5			
合计			100			

附表 3　　　　　一通三防安全检查表考核标准

序号	考核内容	评分标准	标准分	加减分原因	加减分	实得分
1	矿井通风系统合理、稳定、可靠	达不到要求的该项不得分	2			
2	采区通风系统完善、可靠	达不到要求的该项不得分	2			
3	串联通风不超过一次	达不到要求的该项不得分	2			
4	通风系统中无违反规定的扩散风、老塘风（从冒落区、采空区通风）	达不到要求的该项不得分	2			
5	巷道贯通有专门的技术安全措施，并严格执行	无贯通措施的该项不得分	2			
6	井上、下通风设施齐全、完好、可靠、使用正常	达不到要求的该项不得分	2			
7	主要通风机要装有反风设施，并严格执行	达不到要求的该项不得分	2			
8	风机必须吊挂或垫高，离地高度大于 0.3 m	发现有一处达不到要求的扣 1 分	2			
9	风筒吊挂平直；风筒拐弯处要设弯头或缓慢拐弯	吊挂不平直的发现一处扣 1 分；风筒拐弯不符合要求的扣 1 分	2			
10	风筒末端距工作面，岩巷不大于 15 m，煤（或半煤岩巷）不大于 10 m。	发现一次超过要求的扣 1 分	2			
11	要设盲巷管理牌板	达不到要求的该项不得分	2			
12	采掘工作面和其他用风场所用风量符合规定	达不到要求的该项不得分	2			
13	采掘工作面、硐室和供风巷道、风速符合规定	有一处达不到要求的该项不得分	2			

序号	考核内容	评分标准	标准分	加减分原因	加减分	实得分
14	采掘工作面、硐室温度符合规定	有一处达不到要求的该项不得分	2			
15	采掘工作面进风流中,按体积计算氧气不得低于20%,二氧化碳不得超过0.5%	有一处达不到要求的该项不得分	2			
16	井下空气中有害气体最高容许浓度,应符合《煤矿安全规程》规定	达不到要求的该项不得分	2			
17	无计划停电、停风、无风或微风(欠风)作业	发现一次该项不得分	2			
18	局部风扇指定人员管理,无随意停、开	发现一次该项不得分	2			
19	执行瓦斯巡回检查、汇报、请示制度和现场交接班制度	发现有一项不执行的扣0.5分	2			
20	瓦斯检查班报、日报和现场记录牌上的数据做到"三对口"	出现一次数据不符的扣1分	2			
21	瓦斯日报是否及时报矿长、总工程师审阅、签字、处理问题和隐患	不及时上报的扣1分;有问题或隐患不及时处理的扣1分	2			
22	瓦斯检查的点数和次数符合规定,无空班漏检	达不到要求的该项不得分	2			
23	排放瓦斯有专门措施,并符合《煤矿安全规程》规定	达不到要求的该项不得分	2			
24	井下无瓦斯超限作业	发现一次该项不得分	2			

序号	考核内容	评分标准	标准分	加减分原因	加减分	实得分
25	井下无瓦斯积聚（浓度达到 2% 以上，体积超过 0.5 m³），已封闭区除外	发现一次该项不得分	2			
26	高瓦斯地区和瓦斯异常涌出地区有专门防瓦斯措施并严格执行	无措施扣 1 分；有措施不执行扣 1 分	2			
27	停风区和盲巷管理符合规程规定	检查不符合该项不得分	2			
28	按规定配齐和使用瓦斯检测装置	发现一人次现场不使用者该项不得分	2			
29	井巷揭穿新水平煤层时有专门防瓦斯措施，并符合规定	无措施该项不得分	2			
30	防止瓦斯突出与抽放瓦斯符合《煤矿安全规程》规定	检查发现不符合该项不得分	2			
31	掘进工作面实行风电联锁，高瓦斯地区工作面实行"三专""两闭锁"	不实行风电联锁的该项不得分	2			
32	建立健全防尘洒水系统	检查发现有一工作现场没有建立健全的扣 1 分	2			
33	防尘水源、水质、水压、水量满足防尘需要	有一项不满足需要的扣 0.5 分	2			
34	防尘设施齐全、可靠，使用正常	检查有一处缺少防尘设施或不使用的扣 1 分	2			
35	井下无干式作业，无煤尘严重飞扬和堆积	发现一次干式作业扣 1 分；有煤尘堆积的扣 1 分	2			

序号	考核内容	评分标准	标准分	加减分原因	加减分	实得分
36	实行综合防尘措施,有巷道定期冲洗制度和记录	区队无综合防尘措施扣1分;无定期巷道冲洗制度扣1分;无记录或记录不细扣1分	2			
37	有粉尘测定、化验、分析制度和报表、台账	缺一项扣 0.5 分	2			
38	按规定安设隔爆设施	发现有一处没有按规定安设的该项不得分	2			
39	建立矿井防治火灾管理制度	无制度该项不得分	2			
40	建立查火分析和预测预报制度	达不到要求该项不得分	2			
41	采煤工作面结束时,在 1.5 个月内进行永久封闭	达不到要求该项不得分	2			
42	井上下要害场所按规定配备灭火器材	有一处不配备的扣 1 分	2			
43	有地面消防水池和足够的水源	没有该项不得分	2			
44	使用井下防尘供水系统用于防火的,配备有足够的三通阀门和水量	达不到要求该项不得分	2			
45	要有专门的防火措施	没有该项不得分	2			
46	井下无超过 35 ℃的高温发火疑点和一氧化碳超标(0.002 4%)地点	有一处有该项不得分	2			
47	井下和井口房烧焊,有专门措施,并符合规程规定	无措施该项不得分;作业不符合规程要求该项不得分	2			

序号	考核内容	评分标准	标准分	加减分原因	加减分	实得分
48	井下硐室内不准存放汽油、煤油和变压器油及其他可燃物质	发现一处存有任何一种物质,该项不得分	2			
49	井口房和通风机房附近20 m内,不得有烟火或用火炉取暖	发现一处该项不得分	2			
50	胶带输送机使用阻燃输送带,并有可靠的防灭火装置	没有灭火装置该项不得分	2			
合计			100			

附表 4   **爆破材料系列安全检查表**

序号	检查内容	是	否	说 明
1	爆破材料库的布置、建筑结构、防护设施、内外安全距离要符合国家颁布的有关法规和规定			
2	爆破材料的贮存种类、最大贮量、摆放符合《规程》和设计规定			
3	建立爆破材料领退制度、雷管编号制度和爆破材料丢失处理办法			
4	建立爆破材料销毁制度并及时销毁			
5	井筒、井下运输爆破材料要遵守《规程》有关规定			
6	地面运输爆破材料要遵守《中华人民共和国民用爆炸物品管理条例》和《规程》有关规定			
7	井下爆破材料库必须采用防爆型的照明设备,照明线必须使用不延燃电缆,电压不得超过 127 V;严禁在爆破材料的硐室或壁槽内装灯			
8	任何人不得携带矿灯进入井下爆破材料库房内			
9	井上下接触爆破材料的人员,应穿棉布或抗静电工作服,严禁穿化纤衣服			

附表 5 **爆破材料安全检查表考核标准**

序号	考核内容	评分标准	标准分	加减分原因	加减分	实得分
1	爆破材料库的布置、建筑结构、防护设施、内外安全距离要符合国家颁布的有关法规和规定	有一项达不到要求的扣 4 分	16			
2	爆破材料的贮存种类、最大贮量、摆放符合《规程》和设计规定	有一项达不到要求的扣 5 分	15			
3	建立爆破材料领退制度、雷管编号制度和爆破材料丢失处理办法	没有建立领退制度的扣 5 分；没有建立雷管编号制度的扣 5 分；没有建立爆破材料丢失处理办法的扣 5 分	15			
4	建立爆破材料销毁制度并及时销毁	没有制度扣 5 分；不及时销毁的扣 5 分	10			
5	井筒、井下运输爆破材料要遵守《规程》有关规定	达不到要求该项不得分	6			
6	地面运输爆破材料要遵守《中华人民共和国民用爆炸物品管理条例》和《规程》有关规定	达不到要求该项不得分	6			
7	井下爆破材料库必须采用防爆型的照明设备，照明线必须使用不延燃电缆，电压不得超过 127 V；严禁在爆破材料的硐室或壁槽内装灯	照明设备不防爆或有失爆现象扣 4 分；照明电缆不符合要求的扣 4 分；电压不符合规定的扣 4 分；爆破材料的硐室或壁槽内装灯的扣 4 分	16			
8	任何人不得携带矿灯进入井下爆破材料库房内	发现一人违反规定的该项不得分	6			

序号	考核内容	评分标准	标准分	加减分原因	加减分	实得分
9	井上下接触爆破材料的人员,应穿棉布或抗静电工作服,严禁穿化纤衣服	有一人违反规定的该项不得分	10			
合计			100			

附表 6　　运输和提升系列安全检查表

序号	检查内容	是	否	说　明
1	平巷和斜巷运输			
1.1	使用机车运输要符合《规程》规定			
1.2	机车和矿车定期维修,经常检查,发现隐患,及时处理			
1.3	机车的闸、灯、警铃(喇叭)连接器及 3 t 以上机车的撒砂装置,任何一项不正常或防爆部分失去防爆性能时,都不得使用			
1.4	轨道按标准铺设。在使用期间加强维护,定期检修,其维修质量符合《规程》规定			
1.5	长度超过 1.5 km 的巷道,上下班采用无轨胶轮车运送人员			
1.6	电机车或无轨胶轮车司机严禁将头和身体探出驾驶室外驾车行驶			
1.7	倾斜巷道的运输工作,建立严格的岗位责任制,由各专业人员对车的轨道、钢丝绳、绞车、驱动装置、人车、矿车、连接装置、一坡三挡装置进行检查、维修和调试,安全装置经常处于良好状态			
1.8	矿车之间必须使用合格的三环链、插销连接。严禁使用钢丝绳套、铁丝等物连接			
1.9	无轨胶轮车必须按规定路线行驶;非无轨胶轮车司机不得私自驾驶胶轮车;无轨胶轮车司机必须严格执行现场交接班制度			

序号	检查内容	是	否	说 明
1.10	在弯道、交叉点、道岔、风门、小断面、车场等处,行人严禁与机车抢行			
1.11	所有铁路中不得使用撑杆,轨道、道岔及各种行车信号必须保持灵敏可靠			
2	提升			
2.1	提升装置和绞车的各部分,每天由各分工专职人员检查一次,每月由机电科长组织检查一次。发现问题,立即处理			
2.2	提升装置和绞车的各部分检查和处理结果,都要留有记录			
2.3	提升、悬吊钢丝绳按《规程》规定进行检查、试验,达不到《规程》要求时,做到立即更换			
2.4	提升装置装设符合《规程》要求的各项保护装置			
2.5	每一主要提升装置配有正、副司机。在交接班升降人员时间内,由正司机操作,副司机在旁监护			
2.6	每部提升装置具备《规程》规定的各项技术资料、岗位责任制、操作规程、设备完好标准和各项记录			
2.7	在提升大型物料及设备时,必须制订特殊安全措施,并认真贯彻执行			
2.8	使用绞车提升的倾斜巷道,实施一坡三挡,并保证可靠,正常使用			
2.9	斜巷提升,严禁蹬钩。行车时,严禁行人			

附表 7 运输和提升系列安全检查表考核标准

序号	考核内容	评分标准	标准分	加减分原因	加减分	实得分
1	使用机车运输要.符合《规程》规定	达不到要求的不得分	5			

续附表 7

序号	考核内容	评分标准	标准分	加减分原因	加减分	实得分
2	机车和矿车执行定期维修,经常检查,发现隐患,及时处理	检查维修记录,发现不按时维修的扣1分	5			
3	机车的闸、灯、警铃(喇叭)连接器及 3 t 以上机车的撒砂装置,任何一项不正常或防爆部分失去防爆性能时,都不得使用	有一项不符合的扣1分	6			
4	轨道按标准铺设。在使用期间加强维护,定期检修,其维修质量符合《规程》规定	达不到要求的该项不得分	5			
5	长度超过 1.5 km 的巷道,上下班采用无轨胶轮车运送人员	达不到要求的该项不得分	5			
6	电机车或无轨胶轮车司机严禁将头和身体探出驾驶室外驾车行驶	发现一次该项不得分	5			
7	倾斜巷道的运输工作,建立严格的岗位责任制,由各专业人员对车的轨道、钢丝绳、绞车、驱动装置、人车、矿车、连接装置、一坡三挡装置进行检查、维修和调试,安全装置经常处于良好状态	有一项达不到要求的扣0.5分	5			
8	矿车之间必须使用合格的三环链、插销连接,严禁使用钢丝绳套、铁丝等物连接	有一项达不到要求的扣2分	6			

序号	考核内容	评分标准	标准分	加减分原因	加减分	实得分
9	无轨胶轮车必须按规定路线行驶；非无轨胶轮车司机不得私自驾驶胶轮车；无轨胶轮车司机必须严格执行现场交接班制度	无轨胶轮车不按规定路线行驶的扣 1 分；私自驾驶胶轮车的扣 2 分；发现胶轮车司机不交接班的扣 2 分	5			
10	在弯道、交叉点、道岔、风门、小断面、车场等处，行人严禁与机车抢行，机车要鸣笛慢速行驶。所有铁路中不得使用撑杆	发现有一人违反的扣 1 分	5			
11	轨道、道岔，各种行车信号必须保持灵敏可靠	有一处达不到要求的扣 2 分	5			
12	提升装置和绞车的各部分，每天由各分工专职人员检查一次，每月由机电科长组织检查一次。发现问题，立即处理	检查现场记录，没有按要求执行的该项不得分	5			
13	提升装置和绞车的各部分检查和处理结果，都留有记录	没有检查和处理记录的该项不得分	3			
14	提升、悬吊钢丝绳按《规程》规定进行检查、试验，达不到《规程》要求时，做到立即更换	达不到要求的该项不得分	5			
15	提升装置装设符合《规程》要求的各项保护装置	少装一项保护装置该项不得分	5			
16	每一主要提升装置配有正、副司机。在交接班升降人员时间内，由正司机操作，副司机在旁监护	缺一名司机该项不得分	5			

序号	考核内容	评分标准	标准分	加减分原因	加减分	实得分
17	每部提升装置具备《规程》规定的各项技术资料、岗位责任制、操作规程、设备完好标准和各项记录	有一处不符合要求的该项不得分	5			
18	在提升大型物料及设备时,必须制订特殊安全措施,并认真贯彻执行	无措施该项不得分	5			
19	使用绞车提升的倾斜巷道,实施一坡三挡,并保证可靠,正常使用	达不到要求的该项不得分	5			
20	斜巷提升,严禁蹬钩。行车时,严禁行人	发现有违反的该项不得分	5			
合计			100			

附表 8 　　　　　**电气系列安全检查表**

序号	检查内容	是	否	说　明
1	供电			
1.1	矿井要有两回路电源线路			
1.2	井下各水平中央变(配)电所和主排水泵房的供电线路,不得少于两回路			
2	电气和保护			
2.1	井下电气设备的选用符合《规程》规定			
2.2	一切容易碰到的、裸露的电器设备及其带动的机器外露转动和传动部分都应设护罩或遮栏			
2.3	井下防爆电气设备必须取得矿用产品防爆合格证,方准入井。做到及时维护和修理,失去防爆性能的防爆设备停止使用			
2.4	36 V 以上和由于绝缘损坏可能带有危险电压的电气设备的金属外壳、构架等,都有保护接地,其安装、检查与测定符合《规程》规定			

序号	检查内容	是	否	说 明
2.5	防止雷电危险,装设符合《规程》规定的避雷装置			
2.6	电气设备必须上架			
3	电气设备的维修			
3.1	井下不得带电检修、搬迁电气设备(包括电缆和电线)			
3.2	电气设备的检查、维护、修理和调整工作,由专职的或临时指派的电气维修工进行,并符合《规程》规定			
3.3	井下供电做到:三无("无鸡爪子"、"无羊尾巴"、"无明接头") 四有(有过流和漏电保护、有螺丝和弹簧垫、有密封圈和挡板、有接地装置) 二齐(电缆悬挂整齐,设备硐室清洁整齐) 三全(防护装置全、绝缘用具全、图纸资料全) 三坚持(坚持使用漏电继电器,并保持动作灵敏可靠,坚持使用煤电钻、照明和信号综合保护,坚持使用瓦斯报警断电信号仪和风电闭锁)			

附表 9　　　　**电气安全检查表考核标准**

序号	考核内容	评分标准	标准分	加减分原因	加减分	实得分
1	矿井要有两回路电源线路	达不到要求该项不得分	8			
2	井下各水平中央变(配)电所和主排水泵房的供电线路,不得少于两回路	达不到要求该项不得分	8			
3	井下电器设备的选用符合《规程》规定。	达不到要求该项不得分	6			

序号	考核内容	评分标准	标准分	加减分原因	加减分	实得分
4	一切容易碰到的、裸露的电器设备及其带动的机器外露转动和传动部分都就加护罩或遮栏。	有一外不安设的扣 2 分	8			
5	井下防爆电气设备必须取得矿用产品防爆合格证后,方准入井。做到及时维护和修理,失去防爆性能的防爆设备停止使用	达不到要求的该项不得分	10			
6	36 V 以上和由于绝缘损坏可能带有危险电压的电气设备的金属外壳、构架等,都有保护接地,其安装、检查与测定符合《规程》规定	有一处达不到要求的扣 2 分	10			
7	防止雷电危险,装设符合《规程》规定的避雷装置	达不到要求的该项不得分	8			
8	电气设备必须上架	有一处电气设备不上架的扣 2 分	6			
9	井下不得带电检修、搬迁电气设备(包括电缆和电线)	发现一次扣 3 分;因带电作业或搬迁而出现事故的该项不得分	6			
10	电气设备的检查、维护、修理和调整工作,由专职的或临时指派的电气维修工进行,并符合《规程》规定	达不到要求的该项不得分	10			

序号	考核内容	评分标准	标准分	加减分原因	加减分	实得分
11	井下供电做到：三无（"无鸡爪子"、"无羊尾巴"、"无明接头"）四有（有过流和漏电保护、有螺丝和弹簧垫、有密封圈和挡板、有接地装置）二齐（电缆悬挂整齐、设备硐室清洁整齐）三全（防护装置全、绝缘用具全、图纸资料全）三坚持（坚持使用漏电继电器，并保持动作灵敏可靠，坚持使用煤电钻、照明和信号综合保护，坚持使用瓦斯报警断电信号仪和风电闭锁）	发现有一处不符合要求的扣 2 分	20			
合计			100			

附表 10 防坠落和安装系列安全检查表

序号	检查内容	是	否	说 明
1	高空作业要有防止人员、石、物料、工具等坠落措施，并且高空作业人员必须佩戴保险带			
2	立井井口、井筒和水平连接处，用栅栏或金属网围住，进出口设置栅栏门			
3	人员进入井口、施工现场佩戴安全帽			
4	倾角在 25°以上小眼、人行道、上山和下山的上口，有防止人员坠落的设施			
5	煤仓、溜煤（矸）眼有防止人员、物料坠入和煤（矸）堵塞的设施			
6	起吊工作必须加固起吊设施，井下严禁挂在棚梁上起吊			

序号	检查内容	是	否	说 明
7	井下烧焊时,要严格执行《煤矿安全规程》规定			
8	安装的管路等要牢固可靠			
9	电气安装、维修要严格执行《煤矿电气设备安装标准》			
10	机械安装索具、起吊工具要达到完好标准			
11	设备运输封车要牢固可靠。装卸车时要注意保护设备完好			
12	起吊作业时,要先试吊,试吊确认无误后,再进行起吊。起吊时要有专人监护			
13	使用绞车,要先检查绞车是否完好,且持证上岗			
14	属分管范围内的绞车、安全设施、电气设备等,要定期巡检,并做好记录			

附表 11　　　防坠落和安装系列安全检查表考核标准

序号	考核内容	评分标准	标准分	加减分原因	加减分	实得分
1	高空作业要有防止人员、石、物料、工具等坠落措施,并且高空作业人员必须佩戴保险带	无措施该项不得分;高空作业时不佩戴保险带的扣3分	8			
2	立井井口、井筒和水平连接处,用栅栏或金属网围住,进出口设置栅栏门	有一处不设置的扣2分	8			
3	人员进入井口、施工现场佩戴安全帽	发现有一人不佩戴安全帽的扣2分	8			
4	倾角在25°以上小眼、人行道、上山和下山的上口,有防止人员坠落的设施	达不到要求的该项不得分	6			

续附表 11

序号	考核内容	评分标准	标准分	加减分原因	加减分	实得分
5	煤仓、溜煤（矸）眼有防止人员、物料坠入和煤（矸）堵塞的设施	有一处不设置的扣4分	8			
6	起吊工作必须加固起吊设施，井下严禁挂在棚梁上起吊	发现一次扣4分	8			
7	井下烧焊时，要严格执行《煤矿安全规程》规定	发现一次不符合规定的扣4分	8			
8	安装的管路等要牢固可靠	有一处不牢固的扣2分	6			
9	电气安装、维修要严格执行《煤矿电气设备安装标准》	违反标准的该项不得分	6			
10	机械安装索具、起吊工具要达到完好标准	达不到标准的该项不得分	6			
11	设备运输封车要牢固可靠。装卸车时要注意保护设备完好	达不到要求的该项不得分	6			
12	起吊作业时，要先试吊，试吊确认无误后，再进行起吊。起吊时要有专人监护	不符合要求的发现一次扣4分；因起吊工作而发生事故的该项不得分	6			
13	使用绞车，要先检查绞车是否完好，且持证上岗	发现有一人不持证上岗的扣3分	6			
14	属分管范围内的绞车、安全设施、电气设备等，要定期巡检，并做好记录	不定期巡检的发现一次扣4分；巡检无记录的扣4分	8			
合计			100			

附表12　　　其他安全检查表(一)工会监督检查

序号	检查内容	是	否	说　明
1	组织、人员			
1.1	建立健全工会劳动保护检查组织网络			
1.2	按全国总工会劳动保护"三个条例"规定配备专业人员			
2	制度、规定			
2.1	建立健全工会劳动保护监督检查责任制,依法实行群众监督			
2.2	定期研究工会劳动保护工作,做到有计划、有布置、有检查、有评比、有总结			
2.3	贯彻落实《煤矿工人安全生产十项权利》			
2.4	工会参加劳动安全卫生设施与主体工程"三同时"审查、验收			
2.5	矿山企业召开讨论有关劳动保护等涉及职工切身利益的会议,应当有工会代表参加,工会有权提出意见和建议			
2.6	工会负责组织职工群众对本单位尘肺病防治工作进行监督			
2.7	工会发现危及职工生命安全的情况时,有权向矿行政方面提出建议,组织职工撤离危险现场,矿行政方面必须及时做出处理			
2.8	组织安全生产检查,对事故隐患和职业危害作业,监督整改			
2.9	对违反国家法律、法规,不符合劳动安全卫生标准规定的问题,提出整改意见,问题严重的,下达《限期解决问题通知书》,要求限期解决			
2.10	参加伤亡事故调查,查清事故原因和责任,提出对事故责任者的处理意见,监督、协助矿采取防范措施			
2.11	参加劳动安全卫生方面协商谈判和集体合同条款的制定,依法监督集体合同中劳动保护条款的执行			

其他安全检查表(二)安全管理

序号	检查内容	是	否	说　明
1	目标、规划			
1.1	坚持安全目标管理,并制定保证安全目标全面实现的规划措施			
1.2	编制安全技术发展规划和安全技术措施计划			
2	组织机构			
2.1	建立安全监察机构或安全管理机构,按规定配备专职安全人员			
2.2	建立健全总工程师负责的技术管理体系,加强对技术管理工作的领导			
2.3	建立"一通三防"、水害防治、顶板管理等安全专业管理机构,配齐专业管理人员			
3	制度规定			
3.1	建设工程的安全设施执行"三同时"审查、验收制度			
3.2	矿建立、健全下列安全生产责任制			
3.2.1	行政领导岗位安全生产责任制			
3.2.2	职能机构安全生产责任制			
3.2.3	岗位人员安全生产责任制			
3.3	矿建立、健全下列主要安全工作制度			
3.3.1	安全办公会议制度			
3.3.2	安全生产检查制度			
3.3.3	事故隐患排查治理制度			
3.3.4	事故报告制度			
3.3.5	事故调查统计分析制度			
3.3.6	安全奖罚制度			
3.4	执行干部下井登记制度,坚持区队干部跟班现场指挥生产			

序号	检查内容	是	否	说明
3.5	按照国家规定提取和使用安全技术措施专项费用,并不得挪作他用			
4	措施、资料			
4.1	有煤和瓦斯突出、自然发火、水害威胁、冲击地压的采掘工作面必须编制防治灾害的专门安全技术组织措施			
4.2	单项工程、主要单位工程具备批准的施工组织设计,施工安全技术措施			
4.3	所有开采煤层有煤层自然发火倾向性、瓦斯等级、煤尘爆炸指数鉴定资料			
4.4	及时填绘反映当前实际情况的下列图纸			
4.4.1	矿井地质和水文地质图			
4.4.2	地面、井下对照图			
4.4.3	巷道布置图			
4.4.4	采掘工程平面图			
4.4.5	通风系统图			
4.4.6	井下运输系统图			
4.4.7	安全检测装备布置图			
4.4.8	排水、防尘、防火注浆、压风、充填、抽放瓦斯等管路系统图			
4.4.9	井下通风系统图			
4.4.10	地面、井下配电系统图和井下电气设备布置图			
4.4.11	井下避灾路线图			
5	责任划分			
5.1	矿总工程师每年组织编制矿井灾害预防和处理计划,报局总工程师批准,每季末制定补充措施			
5.2	矿长定期检查技术发展规划和安全技术措施计划的执行情况			

续表

序号	检查内容	是	否	说 明
5.3	矿长负责贯彻实施灾害预防和处理计划			
5.4	每年雨季前对防洪(水害)工作进行全面检查,并储备足够数量的防洪抢险物资			
5.5	矿要建立水害分析预防制度,坚持"有疑必探、先探后掘"的探放水原则			

其他安全检查表(三)安全培训

序号	检查内容	是	否	说 明
1	机构、人员、装备			
1.1	建立安全技术培训机构、安全技术培训中心、安全教育室,并取得上级主管部门资格认证			
1.2	安全技术培训中心有专职主要领导,有足够数量的专职管理人员和教师			
1.3	安全技术培训中心具备完成培训任务的校舍、设备、设施,教学用的仪器、仪表、工具等			
2	任务、对象、资金、管理			
2.1	局、矿长负责组织有关部门编制安全技术培训规划和年度计划			
2.2	局、矿长参加安全技术培训,并经考核合格取得《安全工作资格证书》			
2.3	按有关规定对从事井下工作人员进行安全技术培训,经考试考核合格,取得《安全工作资格证书》才准上岗			
2.4	特种作业人员通过专业技术培训,取得岗位操作资格证书后,再经安全技术培训教育,考核合格取得《安全工作资格证书》,并坚持做到持证上岗			
2.5	教培中心要把安全技术培训教育经费按规定提取使用			
2.6	严格执行《安全工作资格证书》制度,未经培训的人员,不许指挥生产、不准上岗操作			
2.7	教培中心要建立安全培训账、卡管理制度,还要建立安全技术培训台账			

其他安全检查表(四)工业卫生和矿山救护

序号	检查内容	是	否	说 明
1	工业卫生			
1.1	建立工业卫生、职业病防治和卫生防疫机构,负责监督、监测和管理工作			
1.2	为职工提供符合国家规定的劳动防护用品			
1.3	执行国家有关女职工特殊保护的法规(女工不得从事矿山井下作业、__级以上有强烈振动的作业),并做好女职工"四期"保护工作			
1.4	不得安排未成年工从事矿山井下、有毒有害、国家规定的第四级体力劳动强度以上的劳动			
1.5	对接触粉尘等有害作业的工人应定期进行健康检查,并做好记录			
1.6	对查出的职业病患者,按国家规定及时给予治疗、疗养和调离有害作业			
1.7	搞好井上下的环境卫生和环境保护,做好尘毒危害及"三废"治理,达到卫生标准要求			
1.8	井下作业地点的噪声不得超过国家标准或行业标准规定			
2	矿山救护			
2.1	矿应与附近的救护队签订救灾协议			
2.2	井下主要机电硐室、保健站、采掘工作面都要安装电话			
2.3	井下主要水泵房,井下中央变电所、地面变电所、通风机房有能与矿调度室直接联系的电话			
2.4	井下不同作业场所要设置禁止、警告、指令、提示等安全技术标牌和路标			
2.5	井下采掘工作面、主要机电硐室等作业场所均设置避灾路线图牌板			
2.6	矿发生重大事故时,矿长和矿总工程师立即赶到现场组织抢救,矿长负责指挥处理事故			

第四章 "煤矿职工安全自我评价系统"简介

第一节 概 述

安全生产关系人民群众的生命和财产安全,关系企业改革发展稳定的大局。煤矿企业作为高危行业,安全更是需要不断探索和破解的重大课题。目前全国安全生产形势总体上保持相对稳定、趋于好转的发展态势,但是安全形势依然严峻。与此同时,国际劳工组织为保护工人生命与健康,针对印度和中国矿难增加的现状,通过了煤矿最新安全健康守则《地下煤矿安全健康手册》,从而对煤矿安全提出了更高的要求。在这样的背景下,工会组织如何履行维护职能,保护煤矿职工在生产过程中的安全和健康,促进企业安全生产形势稳定健康发展,是需要探讨的重大课题。2003年3月,徐矿集团卧牛山煤矿组织职工开展的安全自我评价活动,为全国总工会、徐州矿务集团、徐州市总工会、江苏省总工会于2006年3月联合研制开发"煤矿职工安全评价系统"(以下简称"系统")引发了思路。

一、"系统"研制开发的背景和重要意义

(一)国家煤炭安全生产形势依然严峻

我国政府历来重视煤矿安全生产工作,制定了一整套煤矿安全生产法律、法规,建立了较为完善的煤矿安全监督管理机构,投入了大量资金进行技术改造,煤矿安全生产条件和职工的作业环境得到了改善。煤矿安全生产形势有逐年趋于好转的态势。但严峻的安全生产形势没有得到根本好转。2005年我国煤矿共发生

一次死亡 10 人以上重特大事故 58 起,死亡 1 739 人,同比增加 15 起,多死亡 695 人,分别上升 34.9% 和 66.6%。2006 年全国煤矿重特大事故死亡人数同比上升 22.2%,非法违法生产事故多,在 39 起重特大事故中,非法、违法生产矿井发生 22 起,特别是部分省、市重特大事故反弹,伤亡惨重,损失巨大,社会影响恶劣,引起全社会广泛关注。

造成我国煤矿安全生产形势依然严峻的原因是多方面的:

(1) 企业超能力、超强度、超定员组织生产问题突出。

(2) 企业安全生产主体责任不落实。

(3) 行业管理弱化,部门监管不力。

(4) 煤矿安全投入严重不足。据 2005 年专家对 54 户重点煤矿企业会诊分析,仅国有重点煤矿安全欠账高达 689 亿元,一些矿井防灾系统不健全,设备陈旧老化,安全装备落后。地方国有和非公有制煤矿安全欠账更为突出,安全保障水平低,抵御事故灾害的能力差。

(5) 煤矿安全科技水平低,尚未形成完善的安全科技支撑体系。

(6) 煤矿从业人员整体素质偏低且流动性大,科技人员不足且流失严重。

(7) 企业以罚代管,挫伤了煤矿职工安全生产的积极性,安全生产主体的积极性没有得到充分调动和发挥。

(8) 煤矿安全法制建设亟待加强,少数地区官商勾结,执法不严,违法不纠的现象时有发生。

(二) 适应国际劳工组织(ILO)对煤矿安全生产新要求的需要

1919 年,国际劳工组织根据《凡尔赛和约》作为国际联盟的附属机构成立。1946 年 12 月 14 日,成为联合国的一个专门机构,总部设在日内瓦。组织自成立起至 2006 年共举行了 95 届国际劳工大会。近年来,理事会的经常性议题主要有:审议通过结社自由、计划财务与行政、法律与国际劳工标准、就业与社会政策等专门委员会的报告,讨论预算、人事和会议计划等。除以上例会外,该组织还经常召开各种产业和部门专业会议,研究有关产业在就业、培训、职业安全卫生和社会保障等方面的问题。

（1）组织宗旨:促进充分就业和提高生活水平;主张通过劳工立法来改善劳工状况,进而获得世界持久和平,建立社会正义。该组织实行"三方代表"原则,即各成员国代表团由政府2人、工人、雇主各1人组成,三方都参加各类会议和机构,独立表决。我国自1919年在对中国对奥和约上签字,成为创始会员国。1944年成为国际劳工组织常任理事国。1985年1月该组织在北京设立分支机构——国际劳工组织北京局,负责与中国有关政府机关、工会组织、企业团体、学术单位等进行联系,并实施技术合作计划,协助中国发展技术培训。

（2）组织的主要活动内容:

① 国际劳工立法:制定国际劳工公约和建议书供成员国批准实施;

② 技术援助与技术合作:向成员国提供劳动领域的资金、技术和咨询援助与合作;

③ 研究和出版:开展劳动科学领域理论与实践的研究工作,出版散发各类有关期刊、专著和宣传材料。

（3）国际劳工标准按其内容可分为下列各类:

① 基本劳动人权:指结社自由,主要是指建立工会的自由、废除强迫劳动、实行集体谈判、劳动机会和待遇的平等、废除童工劳动。

② 就业、社会政策、劳动管理、劳资关系、工作条件(包括工资、工时、职业安全卫生)、社会保障(包括工伤赔偿、抚恤、失业保险)。

③ 针对特定人群和职业,包括妇女、童工和未成年工、老年工人、残疾人、移民工人、海员、渔民、码头工人等。

长期以来,国际劳工组织重视国际劳工标准的制定,促进会员国对国际劳工公约的批准实施,对维护各国工人和其他劳动者的基本权益起到了积极作用。进入 20 世纪 90 年代,国际劳工组织更采取了一系列措施推动对公约的批准进程。

2004 年针对中国煤矿伤亡事故较多的现状,国际劳工组织首次在中国湖南长沙启动了旨在改善中国小煤矿安全卫生状况的培训项目。培训内容重点是矿山安全方面的国际标准,其中包括国际劳工组织一九九五年颁布的第一百七十六号公约中有关矿山安全卫生方面的条款。

2006 年针对印度和中国矿难增加的现状,国际劳工组织通过了为煤矿这个世界上最危险的行业之一制定的最新安全健康手则《地下煤矿安全健康手则》(以下简称《手则》)。《手则》考虑到了井下采煤业 20 年来的一些重要发展趋势。采煤业在约 50 个国家是一个重要行业,为这些国家的经济发展提供了动力。《手则》为各国执行 1995 年《采矿安全和健康公约》及其《建议》提供了具体内容和依据。

《手则》以国家为框架,对管理当局、安全检查机构、雇主、工人及工会、供应商、制造商、设计师、承包商以及职业健康安全管理体系的责任、义务和权利提出了新建议。《手则》第二部分,对于矿井的进出口通道、运输设备、支撑设备和材料、通风采光系统、粉尘、火、水、瓦斯等危险有害因素,以及电气设备和炸药使用的注意事项等都有详细说明。该部分的内容还涉及人员培训、个人防护用品、应急措施、特殊保护及卫生条件等问题。

《手则》的通过无疑对我国煤矿安全管理提出了更高的要求。

(三)煤矿企业生存、发展和参与市场竞争的需要

煤矿企业生存、发展和参与市场激烈竞争的基本条件,是要有

一支身强力壮特别能战斗的队伍,否则,一切就无从谈起。"系统"研制开发和实施运行旨在教育、培训、激励煤矿职工,增强安全意识,自觉遵章守纪,规范作业行为,预防和减少人身伤亡事故的发生,促进企业安全、健康、稳定、较快发展,在激烈的市场竞争中,立于不败之地。

（四）构建"和谐社会"、实践"科学发展观"活动的需要

构建"和谐社会",需要有一个安全稳定的社会环境,伤亡事故时有发生,是影响社会安定的重要因素之一,甚至引起突发事件的发生。而实践"科学发展观"活动,首先要"安全发展",其宗旨是惠及民生,使人民得到更多的实惠。"系统"是全国总工会、江苏省总工会和徐州市总工会与徐矿集团应用现代安全管理技术理论和方法,联合研制开发的。课题研发的全过程,就是实践"科学发展观"的全过程。实践证明,它的实施运行,能够预防和减少人身伤亡事故的发生,保护职工的人身安全和健康,使职工有一个美满幸福的家庭,从而促进了社会的和谐和实践"科学发展观"活动的深入开展。

二、"煤矿职工安全自我评价系统"研制开发的目的

人的不安全行为是事故发生的直接原因之一,约占我国伤亡事故发生原因的 70%。

行为科学理论认为,人的行为源于人的动机与意识,有什么样的动机和意识,就会有什么样的行为。而安全意识是指对人的身心免受不利因素影响的存在条件与心理状态所持有的活动总和,它是人们对生产、生活中所有可能伤害自己或他人的客观事物的警觉和戒备的心理状态。安全意识的活动过程包括:个人运用感觉、知觉等技能,对所处在的潜在危险状态进行感知。运用经验、学习、记忆和智慧等能力,对危险进行认识。根据个性、动机、经验和风险倾向做出是否采取避免风险的措施决策,其生理、心理条件是否有能力执行决策。如果"否",则会导致不安全行为出现,致使

事故发生。如果"是",则行为安全,无不可预测事件,不会出现事故。

"系统"将各工种、岗位中的安全生产应知应会、必知必会、事故预想、防范、控制、自救、逃生等方面的基本知识和有效方法融为一体。其目的是通过职工对"系统"的频繁操作和长期实施,不仅提高职工的安全意识和操作技能,使职工逐渐由"要我安全"向"我要安全"、"我能安全"、"我会安全"转变,而且通过《系统》的应用,员工自我教育、自我约束、自我控制、自我评价,全员参与,全方位、全过程地预防、减少事故的发生,保护职工在生产过程中的安全和健康,促进企业安全健康稳定发展,进而推进和谐企业、和谐社会目标的实现和促进国民经济协调稳定发展。

三、研究内容和方法

（一）研究内容

根据采、掘、机、运、通各工种的工序、流程、质量标准、安全规程内容和在日常生产过程中习惯性违章可能造成的事故教训,研究适用于职工开展班前预想与准备、班中控制和班后评价的具体条款,内容、标准、程序和方法,并应用现代计算机信息化管理技术,研制开发具有系统功能的计算机应用软件,实现计算机网络化管理。以此规范职工作业行为,让职工进行自我教育、自我控制、自我约束、自我评价、自我管理,以提高安全管理水平,预防、控制、减少事故的发生。

（二）研究方法

采用上下结合、群专结合、专业技术与现场管理结合的方法,使"系统"既符合煤矿安全生产有关法律法规和标准的要求,又贴近煤矿生产现场的实际,具有普遍适用性和推广应用价值。

第二节 "煤矿职工安全自我评价系统"的 法律法规依据和理论基础

一、"煤矿职工安全自我评价系统"的法律依据

"系统"主要是根据劳动法、工会法、安全生产法、职业病防治法等劳动安全卫生法律为依据而研制开发的。

（一）劳动法

第五十二条规定："用人单位必须建立、健全劳动安全卫生制度，严格执行国家劳动安全卫生规程和标准，对劳动者进行劳动安全卫生教育，防止劳动过程中的事故，减少职业危害。"第五十六条规定："劳动者在劳动过程中必须严格遵守安全操作规程。劳动者对用人单位管理人员违章指挥、强令冒险作业，有权拒绝执行；对危害生命安全和身体健康的行为，有权提出批评、检举和控告"。

（二）工会法

第六条规定："维护职工合法权益是工会的基本职责。工会在维护全国人民总体利益的同时，代表和维护职工的合法权益。"第二十四条规定："工会发现企业违章指挥、强令工人冒险作业，或者生产过程中发现明显事故隐患和职业危害，有权提出解决的建议，企业应当及时研究答复；发现危及职工生命安全的情况时，工会有权向企业建议组织职工撤离危险现场，企业必须做出处理决定。"

（三）安全生产法

第七条规定："工会依法组织职工参加本单位安全生产工作的民主管理和民主监督，维护职工在安全生产方面的合法权益。"第二十一条规定："生产经营单位应当对从业人员进行安全生产教育和培训，保证从业人员具备必要的安全知识，熟悉有关的安全生产规章制度和安全操作规程，掌握本岗位的安全操作技能。"第四十九条规定："从业人员在作业过程中，应严格遵守本单位的安全生

产规章制度和操作规程,服从管理,正确配戴和使用劳动防护用品。"第五十条规定:"从业人员应当接受安全生产教育和培训,掌握本职工作所需的安全生产知识,提高安全生产技能,增强事故预防和应急处理能力。"

（四）职业病防治法

第四条规定:"劳动者依法享有职业卫生保护的权利。用人单位应当为劳动者创造符合国家职业卫生标准和卫生要求的工作环境和条件,并采取措施保障劳动者获得职业卫生保护。"第五条规定:"用人单位应当建立、健全职业病防治责任制,加强对职业病防治的管理,提高职业病防治水平,对本单位产生的职业病危害承担责任。"

二、"煤矿职工安全自我评价系统"的法规依据

（一）国务院"预防煤矿安全生产事故的特别规定"

第九条规定:"煤矿企业应当建立健全安全生产隐患排查、治理和报告制度。煤矿企业应当对本规定第八条第二款所列情形定期组织排查,并将排查情况每季度向县级以上地方人民政府负责煤矿安全生产监督管理的部门、煤矿安全监察机构写出书面报告。报告应有煤矿企业负责人签字。"第十六条规定:"煤矿企业应当依照国家有关规定对井下作业人员进行安全生产教育和培训,保证井下作业人员具有必要的安全生产知识,熟悉有关安全生产规章制度和安全操作规程,掌握本岗位的安全操作技能,并建立培训档案。未进行安全生产教育培训或者经教育和培训不合格的人员不得下井作业。"

（二）煤矿安全规程

第五条规定:"煤矿安全工作必须实行群众监督。煤矿企业必须支持群众安全监督组织的活动,发挥职工群众安全监督作用。"第六条规定:"煤矿企业必须对职工进行安全培训。未经安全培训的,不得上岗作业。"

"系统"的实施与运行,大大激发了广大职工自觉遵守煤矿安全规程,参与管理、监督企业安全生产的积极性。

（三）江苏省安全生产条例

第十三条规定:"生产经营单位的安全生产管理机构和安全生产管理人员履行开展安全生产宣传、教育、培训,总结推广安全生产经验的职责;"第十五条规定:"生产经营单位应当制定安全生产教育培训计划,建立培训档案,如实记录培训情况。"

三、"煤矿职工安全自我评价系统"的理论基础

（一）事故致因理论

1. 事故频发倾向论

查姆勃和法默提出了"事故频发倾向论"。该理论认为,从事同样的工作和在同样的工作环境下,某些人比其他人更容易发生事故,这些人是事故倾向者,他们的存在是工业事故发生的主要原因。迄今有无数的研究者对事故频发倾向理论的科学性问题进行了专门的理论探讨,不过后来的许多研究结果证明事故频发倾向者并不存在。

2. 事故因果连锁理论

美国的海因里希对当时美国工业安全实际经验进行总结和概括,并上升为理论,提出了事故因果连锁理论,用以阐明导致伤亡事故的各种原因因素之间以及这些因素与事故、伤害之间的关系。该理论的核心思想是伤亡事故的发生不是一个孤立的事件,而是一系列原因事件相继发生的结果。即伤害与各原因相互之间具有连锁关系。海因里希提出的事故因果连锁过程包括因素遗传及社会环境（M）、人的缺点（P）、人的不安全行为或物的不安全状态（H）、事故（D）、损害或伤害（A）。

上述事故因果连锁关系,可以用五块多米诺骨牌来形象地加以描述,如图 4-2-1、4-2-2 所示。如果第一块骨牌倒下（即第一个原因出现）,则发生连锁反应,后面的骨牌被相继碰倒（相继发生）。

图 4-2-1　多米诺骨牌连锁　　　图 4-2-2　多米诺骨牌连锁
理论模型一　　　　　　　　理论模型二

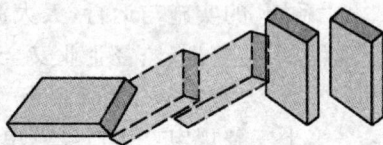

　　该理论积极意义在于,如果移去因果连锁中的任一块骨牌,则连锁被破坏,事故过程被终止。海因里希认为,企业安全工作的中心就是要移去中间的一块骨牌,防止人的不安全行为或物的不安全状态,从而中断事故连锁的过程,避免发生事故。

　　海因里希的理论有明显的的不足,如他对事故连锁关系的描述过于简单化、绝对化。事实上,各个骨牌(因素)之间的连锁关系是复杂的、随机的。前面的牌倒下,后面的牌可能倒下,也可能不倒下。事故并不是全都造成伤害,不安全状态也并不是必然造成事故等。尽管如此,海因里希的事故因果连锁理论促进了事故致因理论的发展,成为事故研究科学化的先导,具有重要的历史地位。

　　3. 轨迹交叉论

　　近十几年来,比较流行的事故致因理论是"轨迹交叉"论。该理论认为,事故的发生不外乎是人的不安全行为或失误和物的不安全状态或故障两大因素综合作用的结果。即人、物两大系列时空运动轨迹的交叉点就是事故发生的所在。轨迹交叉理论反映了绝大多数事故的情况。在实际生产过程中,只有少量的事故仅仅由人的不安全行为或物的不安全状态引起,绝大多数的事故是二者同时相关的。例如:日本劳动省通过对 50 万起工伤事故调查发现,只有约 4% 的事故与人的不安全行为无关,只有约 9% 的事故与物的不安全状态无关。因此,预防事故的发生就是设法从时空上避免人、物运动轨迹的交叉。"轨迹交叉"论将事故定位为人、物两大系列时空运动轨迹的交叉，从而通过控制人、物两大系列的运动轨迹，避免它们的交叉，来避免事故的发生。这一思想为我们认识煤矿安全事故的发展过程和"系统"的研发提供了有益的指导，对于如何研发好"系统"做好煤矿生产安全工作具有较强的借鉴作用。如图 4-2-3、图 4-2-4 所示。

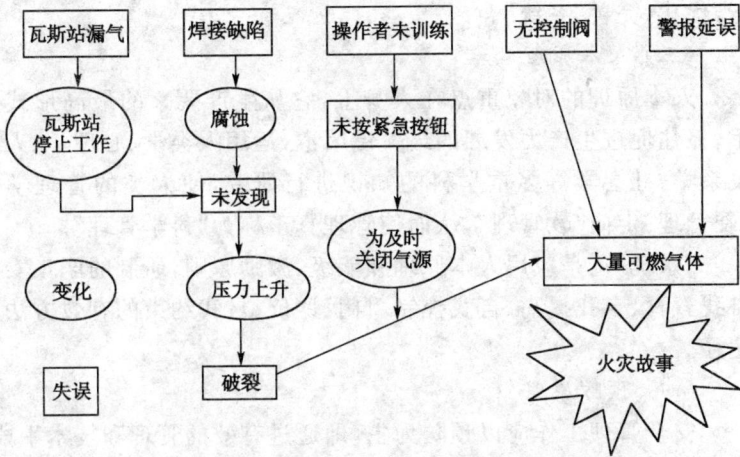

图 4-2-3 煤气管道破裂失火事故变化——火连锁模型

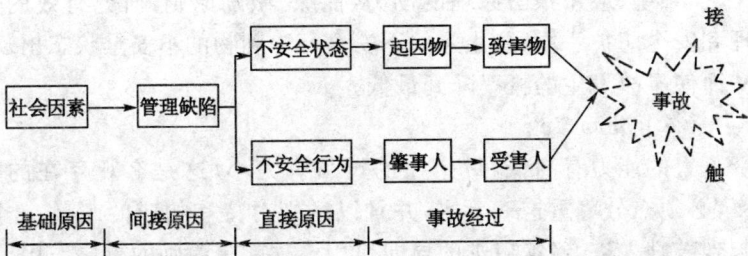

图 4-2-4 轨迹交叉事故模型

（二）系统控制理论

应用系统原理，研究"系统"的集合性、相关性、目的性、整体性、层次性。应用整分合原则，研究各子系统具体内容、作用、功能及综合性；应用动态相关性原则，研究各子系统之间相互制约的关系；应用反馈原则，研究"系统"准确、快速、捕获安全生产信息的作用；应用系统理论的观点和方法、标准进行充分的"系统"研究和分析，优化、完善"系统"。

（三）人本原理

人本原理的对象重点在人身上，它从生产要素的最高形式着手，抓住促进生产力发展的最关键因素，运用人类学、心理学、人际关系学、社会学等多重学科的知识进行研究，使人类的管理学从"硬管理"走向"软管理"，从而使管理真正称为"科学管理"。

"系统"正是应用人本原理和能级、激励原则，研制的职工安全自我教育、自我提高、自我控制、自我评价、自我约束的有效方法和途径。

（四）预防原理

安全管理工作应以预防为主，即通过有效的管理和技术手段，防止人的不安全行为和物的不安全状态出现，从而使事故发生的概率降到最低，这就是预防原理。

"系统"应用预防原理的动力、能级、激励原则，研究有效的管理和安全防护手段，防止人的不安全行为和物的不安全状态出现，从而使事故发生的概率降到最低。

（五）激励理论

人的能力有高低，对企业的贡献有大小，这是客观存在的事实，必须充分尊重这一事实，并且以区别对待和相应的刺激，才能起到鼓励先进、鞭策后进的导向作用。这就是激励的重要作用。

"系统"通过应用激励理论的物质动力、精神动力和信息动力，建立一套合理能级，激发人的内在潜能和动力，充分调动人的积极性、主动性和创造性,确保职工自我评价的有效性。

（六）PDCA 理论

PDCA 循环理论由美国著名的质量管理专家戴明提出,又称截明环(戴明模型)。包含 P(Plan)——计划,D(Do)——执行,C(Cneck)——检查,A(Ation)——行动(或处置),四个阶段。应用 PDCA 模型,研究"系统"的目标计划与措施——实施执行——检查总结——持续改进的方法,不断堤高职工的素质,增强安全意识,规范安全行为。

（七）信息论

信息是一种从整体出发,把系统看做借助于信息的获取、传递、加工、处理而实现其目性的一种研究方法。它运用系统的观点,把系统的过程抽象为信息输入(接收)、储存、交换、输出、反馈和控制的过程。通过对信息流程的分析和处理达到对复杂系统运动过程的规律性认识。"系统"就是应用计算机网络信息对职工安全自我评价进行决策、计划和实施管理控制的全过程,以便使"系统"在实施过程中得到持续改进,求得实效。

第三节 "煤矿职工安全自我评价系统"的功能、特点和推广应用领域

"煤矿职工安全自我评价系统"是指煤矿职工通过班前预想与准备、班中控制和班后评价等具体内容条款、标准和程序,进行自我教育、自我提高、自我评价、自我约束,规范作业行为,持续提高安全绩效和企业安全管理水平,预防、控制、减少事故发生的计算机网络评价系统。

一、"煤矿职工安全自我评价系统"的功能

针对不同矿井的实际和需要,"系统"具有教育培训、预想提示、行为控制、事后评价、数据系统防伪、统计汇总、分析处理和系

统维护等功能。

（一）教育培训功能

行为科学理论认为，人的行为源于人的动机和意识，有什么样的动机和意识，就会有什么样的行为。基于这一理论，将各工种、岗位中的安全生产应知应会、必知必会、事故预想、防范、控制、自救、逃生等方面的基本知识和有效方法融入"系统"，让职工通过"系统"的频繁操作、培训学习和每天的安全自我评价活动，掌握相关知识，以此来增强安全教育的针对性和感染力，从而变被动接受教育为主动自我教育，自觉规范作业行为，以起到教育培训的作用。

（二）预想提示功能

"系统"结合各工种的安全生产要求，提出当天安全生产工作中应当注意的安全事项、安全重点和必备的安全生产器具及个体防护用品，提示职工在生产过程中必须注意的安全行为规范，明确安全生产方面"对与错"、"是与非"、"应该做"和"不应该做"的界限，熟知预防事故灾害、整改事故隐患和防止事故发生的方法，以起到预防提示的作用。

（三）行为控制功能

调查资料显示，人的不安全行为约占事故直接原因的70％。因此，"系统"紧紧围绕"人"的这一要素，按照井下各专业、工种安全生产的需要，从管理科学和行为科学的角度研究人在生产过程中行为规范和对事故灾害的预防、处理方法，并通过班前预想与准备、班中控制和班后评价，并辅之监督检查、奖惩激励，提高职工安全意识，自觉规范作业行为，起到了预防、控制事故发生的作用。

（四）事后评价功能

职工下班后就当班工作的安全行为（班前预想与准备、班中控制两个部分的条款内容执行情况），按照"系统"中班后评价的条款内容和要求进行自我评价、认格。再经过班组评格、工区定格、矿领导小组审格等程序的评价审核,从而客观地决定了职工当天的安全生产绩效。

（五）数据系统防伪功能

为了体现安全自我评价的真实性和自我性,计算机网络安装设置了指纹识别系统。职工在计算机操作系统中事先输入各自指纹,在上机操作时首先通过指纹仪的辨识,待评价操作完成后,再进行指纹确认,从而防止了弄虚作假,保证了自我评价的真实性。

（六）数据统计汇总分析功能

"系统"将每个职工的安全自我评价和认格、班组评格、工区定格、矿领导小组审格情况和相关信息准确地记入计算机系统,并通过计算机网络将有关信息进行处理、分析、存储,查询、汇总、编辑,提供数据信息报表,及时反映安全状况,实现了对安全生产的信息化管理,从而为领导安全决策提供了可靠的依据。

（七）系统修改和维护功能

用户可根据实际需要,对计算机评价系统中的条款和内容进行修改或增减和维护,保证系统的正常运行。

二、"煤矿职工安全自我评价系统"的特性

"系统"具有诸多特性,包括自我性、群众性、科学性和可操作性等。

（一）自我性

应用行为科学和安全管理中的人本原理,将人的因素放在首位,研制人的不安全行为在生产过程中的控制方法,以及监督检查、约束、激励的长效运行机制。利用物质、精神和信息动力的诱发、刺激,调动职工的安全积极性和创造性,持续深化和提高职工自身的安全意识和技能,从要我安全逐步转化到我要安全,我会安全,我能安全。

（二）群众性

"系统"是应用现代安全管理和行为科学的原理和原则、方法,研制通用于大、中、小煤矿的采、掘、机、运、通井下各专业、各岗位职工安全自我评价活动方法和程序,充分体现了群防群治的特点。

（三）科学性

应用现代安全管理的系统原理、原则和方法,研究各作业岗位、工种的工作内容和安全管理的理念、方法、行为;研究"系统"中各子系统、各元素之间的动态相关性,各自和整体的目的性,信息网络技术应用的实效性,以此进行科学分析,找出"系统"运行的规律,并将其转化为人们共同遵循的行为规范和准则,进行科学有效的管理,实现生产中人与机器设备、物料、环境的和谐,以达到安全生产的目的。

（四）可操作性

采用计算机应用软件操作系统或纸张表格填写的方式,让职工在计算机系统提供的条款问答"是"与"否"中用鼠标点击,或在纸张表格中打"√",对自己当天的安全行为进行评价。"系统"简单易行、方便实用、便于操作。

三、"煤矿职工安全自我评价系统"应用领域和范围

由于"系统"具有自我性、群众性、科学性和可操作性等多个特点,因此它广泛适用于全国大、中、小各类煤矿井下采、掘、机、运、通各专业、各岗位、各工种的管理人员和职工,具有广泛的推广应用价值。其"系统"的框架,对其他行业起到借鉴作用。

四、"煤矿职工安全自我评价系统"应用的条件和要求

具有初中以上文化程度,经岗前培训取得安全资格证、上岗证并经"系统"等有关知识学习和计算机操作培训的管理人员和职工。

第四节 "煤矿职工安全自我评价系统"的运行机制

一、"系统"运行程序

由"班前预想与准备"——"班中控制"——"班后评价"三个部分和"自我认格"——"班组评格"——"工区定格"——"矿领导小组审格"程序组成。

（一）班前预想与准备

职工在班前严格按照本工种"班前预想与准备"提出的内容条款要求，和当班生产现场可能遇到的安全问题及必须注意的安全事项进行预想和准备，做到心中有数，有备无患。

（二）班中控制

职工在当班生产过程中按照本工种"班中控制"提出的内容条款要求作业，规范作业行为，按章作业，标准施工，预防和控制事故的发生。

（三）班后评价

职工在下班后就当班作业行为，对照本工种"班后评价"提出的内容条款要求进行自我评价。找出不足，纠正偏差，增强职工搞好安全生产的自觉性。

二、"系统"的评价标准

（一）优秀

（1）能够积极主动参加"系统"试运行工作；

（2）能够熟练操作计算机；

（3）安全工作表现突出，没有出现不规范行为；

（4）按照要求答题，得分在 95 分及以上。

（二）良好

（1）能够积极参加"系统"试运行工作；

（2）比较熟练操作计算机；

（3）安全工作表现较好，没有出现不规范行为；

（4）按照要求答题，得分在 85 分及以上，

（三）合格

（1）能够积极参加"系统"试运行工作；

（2）会操作计算机；

（3）没有出现"三违"行为；

（4）当班没有发生工伤事故；

（5）按照要求答题，得分在 75 分及以上。

（四）不合格

（1）不积极参加"系统"试运行工作；

（2）计算机操作不熟练；

（3）操作不规范，出现"三违"行为；

（4）当班出现工伤事故；

（5）答题得分在 75 分以下。

三、"系统"的评价方法

（一）自我认格

职工依据"系统"中的"班前预想与准备"、"班中控制"、"班后评价"的条款内容，对照自己在工作中的执行情况进行定性定量评价。按照标准，自我认格。

（二）班组评格

班组根据职工个人当班的安全工作情况，职工个人认格的等级情况进行评定。

（三）区队定格

根据工区管理人员对现场的检查情况，班组评定等级情况进行定格；

（四）矿领导小组审格

根据评定标准，对工区、班组上报的职工定格情况进行审核确定。

另外,为了促进安全自我评价工作的开展,每一个班组每天评选出一名优秀职工代表和一名末位职工,让他们在第二天的班前会上分别简单介绍各自的经验和教训。同时还将安全评价工作与个人的安全绩效工资挂钩考核,当月进行总结、评比、表彰奖励。通过"系统"周而复始的持续运行,激励职工有效地开展安全自我评价工作,主动规范安全行为,实现安全自我教育、自我提高、自我控制、自我评价、自我约束,促进企业安全生产形势的稳定发展。

四、"系统"的实施流程

"系统"的实施流程如图 4-4-1、图 4-4-2 所示。

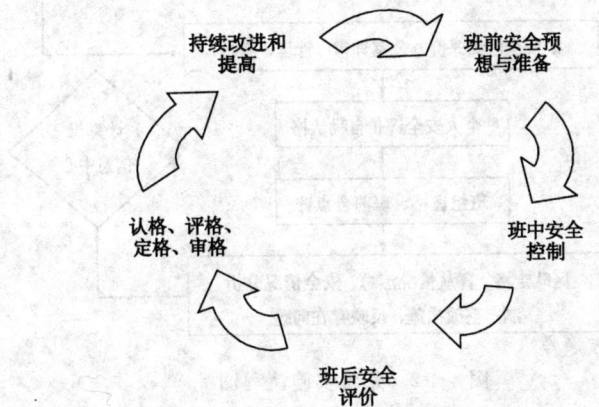

图 4-4-1 系统实施流程图

图 4-4-2"系统"实施流程图说明:

·矿安全自我评价领导小组:由矿领导和有关部门负责人组成;

·部门、领导、全员职责:指职能部门、分管领导以及各部门领导、区队领导和全体职工的职责;

·宣传发动、制定实施意见:宣传职工安全自我评价的目的、意义和重要性,制定并下达职工安全自我评价实施意见;

```
┌──────────────────────────────────┐
│         矿安全自我评价领导小组         │◄─────┐
└──────────────────────────────────┘      │
   │         │            │               │
   ▼         ▼            ▼               │
┌────────┐ ┌────────┐ ┌────────┐          │
│相关部门职责│ │各级领导职责│ │ 全员职责 │          │
└────────┘ └────────┘ └────────┘          │
              │                           │
              ▼                           │
       ┌──────────────────┐               │
       │  宣传发动、制定实施意见  │               │
       └──────────────────┘               │
              │                           │
              ▼                           │
       ┌──────────────────┐               │
       │ 安装调试计算机系统和网络 │               │
       └──────────────────┘               │
              │                           │
              ▼                           │
       ┌──────────────────┐               │
       │操作管理员和职工全员学习、培训│             │
       └──────────────────┘               │
              │                           │
              ▼                           │
   ┌────────────────────────┐             │
   │ 矿安全自我评价办公室评审、管理、考核 │◄────────┤
   └────────────────────────┘             │
              │                           │
              ▼                        ◇──────◇
       ┌──────────────────┐          ╱  计算机  ╲
       │  个人安全评价自我认格  │         ╱          ╲
       └──────────────────┘         ╲  信息中心  ╱
              │                      ╲        ╱
              ▼                        ◇──────◇
       ┌──────────────────┐               │
       │  班组评格、班前会点评   │───────────────┘
       └──────────────────┘
              │
              ▼
   ┌────────────────────────────┐
   │ 区队定格、评从情况汇总、安全情况分析 │
   │  制定整改措施、反映存在问题      │
   └────────────────────────────┘
```

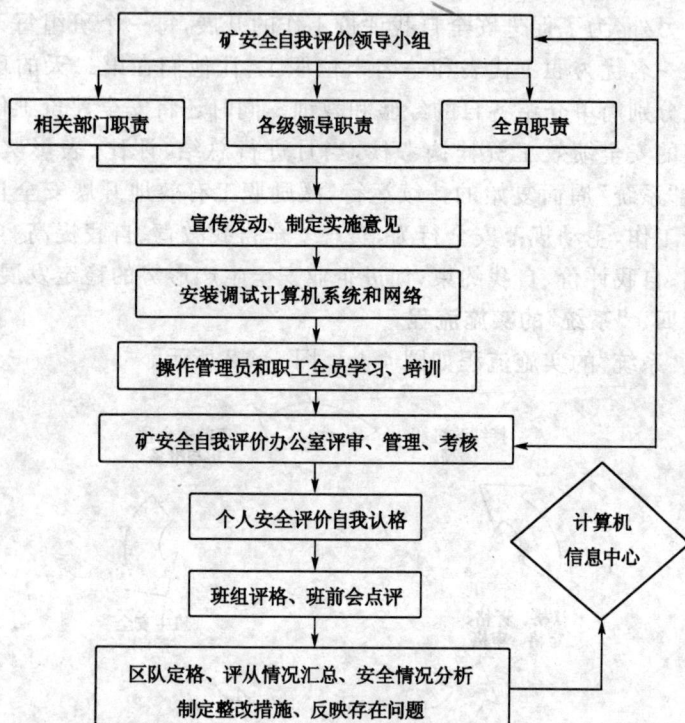

图 4-4-2　系统实施流程图

·安装调试计算机系统和网络:为各生产区队组织安装计算机和网络,调试好系统;

·操作管理员和职工全员学习、培训:组织各生产区队计算机操作管理员和井下全体职工全员学习培训"系统"内容、知识和计算机操作方法等;

·矿安全自我评价办公室:负责全矿评价系统的日常管理,并将每天反馈的安全信息进行分析、综合、处理上报矿领导小组。另外,负责对各区队的安全自我评价进行检查、考核、总结和评比。

· 个人安全评价自我认格：职工就当天班前"预想与准备"和"班中控制"条款执行情况按照计算机评价系统提出的条款内容进行自我评价和认格。

· 班组评格、班前会点评：班组就每一职工的安全评价执行情况进行评格。另外，在班前会就安全评价情况进行简单总结，并对优秀职工和末位职工进行点评。

· 区队定格、汇总、分析、制定整改措施、反映问题：区队就职工的自我评价情况和班组意见进行定格，并就当天的评价情况、安全情况、存在问题，进行汇总、分析，制定整改措施和督促整改，并将以上情况及时向矿安全自我评价办公室反馈。另外，每月就各班组的评价情况开展一次总结、评价和表彰奖励。

第五节　"煤矿职工安全自我评价系统"
的实施效果分析

从卧牛山矿和夹河矿开始试点"系统"以来，在矿有关领导和徐矿集团的共同努力下，坚持运行，持续改进，不断创新，取得了较好的安全经济效益。

一、"系统"的安全效益分析

"系统"课题的深入研究和成果的成功应用，促进了卧牛山、夹河两矿的安全生产，更为徐矿集团提供了强有力的安全生产保障。职工安全意识提高，"三违"现象逐渐减少，事故率下降，煤炭产量上升，科研成果已转化成生产力，企业正朝着安全稳定、和谐的方向较快持续发展。

（一）职工安全意识明显提高，"三违"现象不断减少

卧牛山矿和夹河矿开展煤矿职工安全自我评价活动以来收到显著效果。职工的安全生产意识提高，作业行为进一步规范。随着活动的深入开展，职工不仅树立了正确的安全理念，而且自觉纠

正和制止违章行为,"三违"现象逐渐减少,"三违"人员总数呈下降趋势。见图 4-5-1、表 4-5-1。

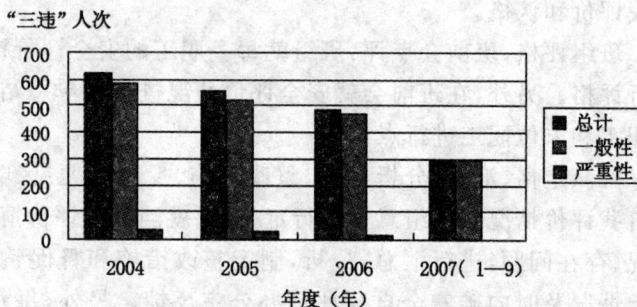

图 4-5-1 卧牛山矿 2004～2007 年"三违"人次柱状图

表 4-5-1 夹河矿 2005 年至 2007 年 10 月"三违"人次统计表

年份	总人次	一般"三违"人次	严重"三违"人次
2005	1 398	1 373	25
2006	1 563	1 533	30
2007	435	435	0

（二）人身伤亡事故率降低

随着卧牛、夹河两矿"系统"的实施运行,职工安全意识有了进一步提高,有效控制了工伤事故,减少了一般生产事故,节约了时间,保证了生产计划的顺利完成。

以夹河矿为例,详见表 4-5-2、图 4-5-2、表 4-5-3、图 4-5-3。

表 4-5-2 夹河矿 2005～2007 年 10 月伤亡事故统计表

年份	轻伤/人	重伤/人	死亡/人
2005	7	1	1
2006	2	2	2
2007	0	0	0

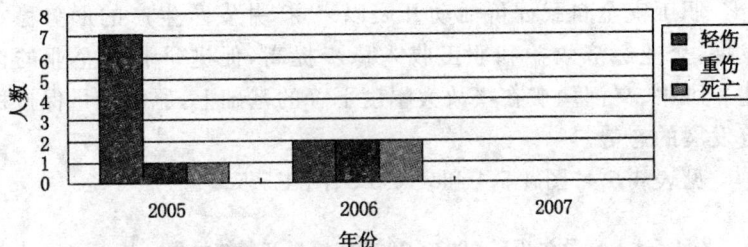

图 4-5-2 夹河矿 2005～2007 年 10 月伤亡事故柱状图

表 4-5-3　　　　夹河矿 2005～2007 年 10 月
年生产事故影响时间统计表

年份	事故/起	影响时间/h
2005	288	718
2006	233	1 123
2007	52	157.5

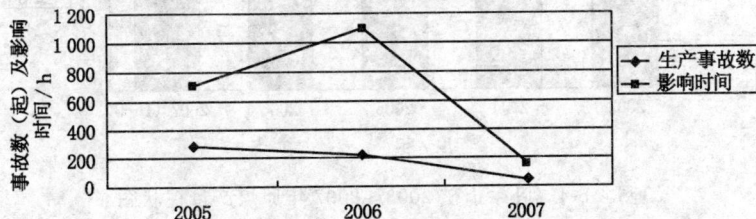

图 4-5-3 夹河矿 2005～2007 年 10 月
年生产事故影响时间曲线图

二、"系统"的经济效益分析

"系统"试运行以来,卧牛、夹河两矿产生了较好的经济效益,为企业的发展增添了活力。

（一）产量不断增加,经济效益不断提高

职工安全自我评价活动开展以来,矿井安全生产的形势稳定发展,企业经济效益和职工收入稳步提高,促进了和谐企业的创建。卧牛、夹河两矿在事故大幅度下降的基础上,原煤产量保持稳定发展的态势。

见表 4-5-4、图 4-5-4 和表 4-5-5、图 4-5-5。

表 4-5-4　卧牛山矿 2003～2007 年原煤产量统计表

年度/年	2003	2004	2005	2006	2007(1～9)
计划/(10^4 t)	15	15	15	15	11.25
实际	21.1	17.14	16.41	17.32	13.45

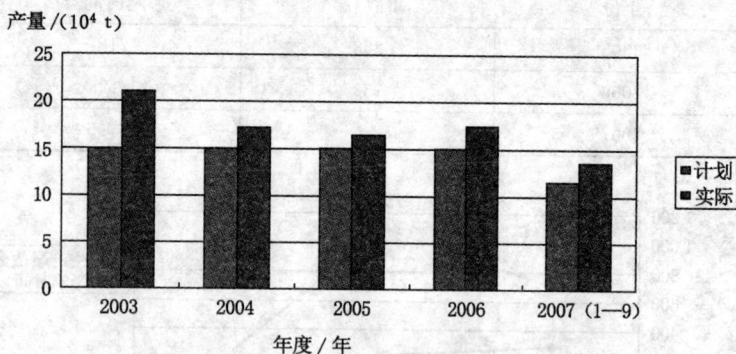

图 4-5-4　卧牛山矿 2003～2007 年原煤产量柱状图

表 4-5-5　夹河矿 2005～2007 年 10 月原煤产量统计表

年份	计划/10^4 t	实际/10^4 t
2005	140	164.1
2006	149	146.8
2007	110	115.8

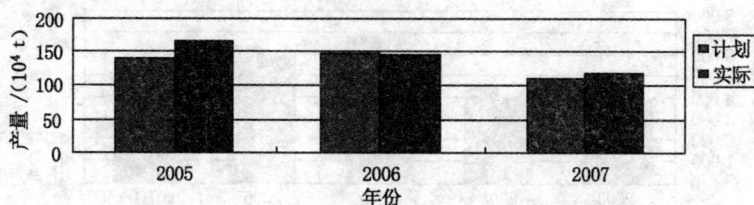

图 4-5-5　夹河矿 2005～2007 年 10 月原煤产量柱状图

（二）综合掘进进尺不断增加

见表 4-5-6、图 4-5-6 和表 4-5-7、图 4-5-7。

表 4-5-6　夹河矿 2005～2007 年综合掘进进尺比较表

年份	计划/m	实际/m
2005	14 473	15 883
2006	13 414	9 864
2007	7 290	7 582.6

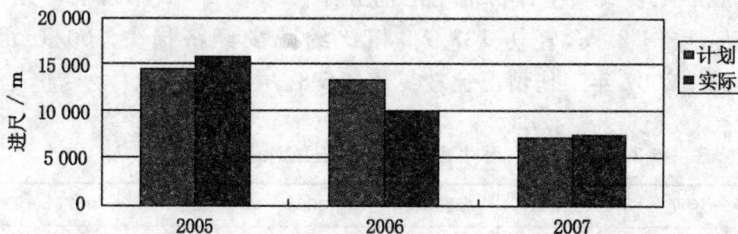

图 4-5-6　夹河矿 2005～2007 年综合掘进进尺柱状图

表 4-5-7　卧牛山矿 2003～2007 年综合掘进进尺统计表

年度/年	2003	2004	2005	2006	2007(1～9)
计划	4 000	4 000	6 000	6 000	4 500
实际	4 607	4 524	6 979	6 423	4 967

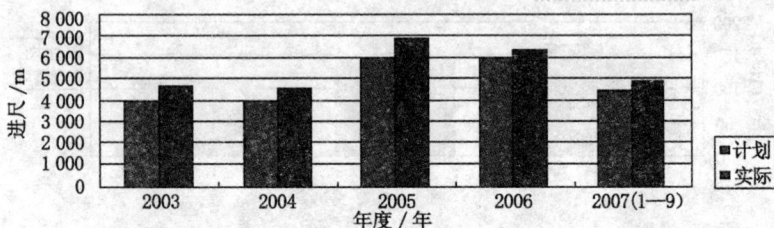

图 4-5-7　卧牛山矿 2003～2007 年综合掘进进尺柱状图

（三）工伤事故的经济损失不断减少

以夹河为例，"系统"试运行以来，与 2006 年同期相比，减少工亡 2 人、重伤 2 人、轻伤 2 人，减少直接经济损失计 800 万元。

（四）工伤人员减少，工伤费用逐年降低

从 2003 年卧牛山矿职工开展安全自我评价以来，杜绝了重伤及以上事故，轻伤事故也逐年下降。2003～2007 年五年间全矿杜绝了重伤及以上事故和二级以上生产事故，轻伤共计 75 人。在未开展职工自我安全评价活动的前五年（1998～2002 年），全矿死亡 1 人，重伤 2 人，轻伤 133 人，相比约减少经济损失 300 万元。2003～2007 年工伤情况比较见表 4-5-8。

表 4-5-8　　　　　　　卧牛山矿工伤情况统计表

年度	2003	2004	2005	2006	2007(1～9)
总计	30	22	13	7	3
重伤	0	0	0	0	0
轻伤	30	22	13	7	3

三、"系统"的社会效益分析

课题的成功实施与应用是煤矿安全管理的一大创新成果，并获得了国家安全生产监督管理总局第四届安全生产科技成果三等奖（AQJ－4－3－119）。它的成功运行，实现了煤矿安全管理的"五个"转变，得到了试点单位领导及职工的充分肯定和认可，拓宽了煤矿安全管理的思路，为矿区社会稳定和企业和谐可持续发展作出了重要贡献。

（一）实现了"五个"转变

一是职工由"要我安全"向"我要安全、我会安全、我能安全"的意识转变；二是企业从监督职工做好安全向尊重职工、依靠职工、激励职工自觉做好安全的理念转变；三是企业由依靠少数行政专职安监人员管理安全向依靠职工、全员参与管理安全工作的方法转变；四是企业由传统的经验管理向现代安全管理的模式转变；五是企业由处理伤亡事故为主向预防事故的重点转变。

（二）"系统"得到了上级工会组织的认可和支持

全国总工会、能源工会的领导在徐州视察工作时指出，煤矿职工开展的安全自我评价活动，具体真实地体现了"以职工为本"的"安全发展观"，具体真实地搭建了职工参与安全管理的平台，是一个科学有效、操作性强、预防事故、保证职工安全的自我评价系统。

（三）"系统"受到了试运行单位的充分肯定

夹河矿试运行单位领导一致认为：课题通过日复一日、周而复始的班前预想、班中控制、班后评价，广大煤矿职工逐步养成了良好的上标准岗、干标准活、当标杆职工的习惯。本课题创新了安全教育形式，丰富了安全教育的内涵，改变了领导讲、职工听的教育模式，激发了广大职工做好安全工作的主动性和自觉性，矿井的安全水平明显提高。

卧牛山矿领导一致认为："系统"具有科学性、有效性和实用性的特点，自我评价活动的开展，使职工的思想观念发生根本转变，"培训是最好的福利"、"平安是最大的幸福"等安全理念在职工中已形成共识。职工安全自我评价活动的广泛开展，促进了职工安全素质的全面提高，从根本上维护了职工的切身利益。

（四）"系统"得到了试运行单位职工的广泛认可

夹河矿综采一区认为，"系统"自 2006 年 12 月 20 日经过该区队三个阶段近一年的试点运行，有力地促进了区队安全水平的提高，各方面均取得了良好的效果，职工的"三违"发生率明显下降，各类轻伤及以上事故大幅度减少，原煤产量始终保持稳产高产的局面。

卧牛矿职工普遍认为，"系统"具有普遍、较高的推广价值，通修、掘进工区自"系统"运行以来未出现轻伤及以上事故，杜绝了"三违"，月月保证了生产任务的顺利超额完成，使职工得到了实惠。

（五）"系统"拓宽了煤矿企业安全管理的思路

安全问题是煤矿生产的首要问题，"系统"的开发拓宽了煤矿企业安全管理的思路。一是推进了安全管理的程序化。安全自我评价，涵盖了岗位安全规程措施学习、文件会议传达等多项工作程序，各岗位人员什么时间应该在什么地方，做什么事情，由谁配合，达到什么标准，程序清楚，井井有条；二是推进了安全教育系统化。开展安全自我评价，为安全教育工作搭建了一个实用有效的平台，通过班前预想、班中控制和班后评价程序的实施，既系统全面学习了安全基础知识，又对安全教育工作及时进行了调整和规范，实现了安全教育的超前性、针对性和实用性；三是推进了职工行为的标准化。日复一日，周而复始的安全自我评价和"三步四定"的工作规范，使参与安全自我评价的职工逐渐养成了上标准岗、干标准活、当标杆职工的工作习惯。职工在安全自我评价过程中，以岗位行为规范为目标，自我约束，规范操作，确保了职工的生命安全。

（六）"系统"促进了区域经济的发展

"系统"的全面实施，较好地解决了制约煤矿安全生产的一大难题，实现了人、机、系统、制度四大因素的有机结合和统一，职工安全素质提高，事故率下降，生产成本减少，原煤产量增加，收到了良好的经济效益,增加了地方的财政收入,促进了区域的经济发展。

第六节 "煤矿职工安全自我评价系统"的展望

"系统"的开发和实施,是保障煤矿安全生产和职工生命安全、健康的先进手段和重大举措,它有助于煤矿企业安全生产水平的提高,促进本质安全型企业的创建。这项科技成果已在徐矿集团全部推广应用。江苏其他煤矿也在试点推广应用,四川等省煤矿、工会也先后来徐矿集团学习。"系统"的开发和应用,将对全国煤矿企业和其他行业的安全生产工作的开展,起到一定的指导、促进和借鉴作用。

一、"系统"的推广价值

(一)"系统"是"以人为本"重要理念的体现

煤矿是高危行业,安全是煤矿企业的重中之重。煤矿职工是安全生产的主体,又是事故的直接受害者。"系统"的开发和应用,解决了长期困扰煤矿企业"安全生产依靠谁、为了谁和惠及谁"的一大难题。只有依靠职工,全员参与,全过程控制,持续改进,才能实现煤矿安全生产形势的稳定、健康发展,切实保护职工的安全和健康,促进企业平稳较快发展。

(二)"系统"是煤矿职工认真实践"科学发展观"活动的重大成果

"科学发展"首先要"安全发展","安全发展"首先应树立"以人为本"的理念。全国总工会、江苏省、徐州市总工会,在深入基层煤矿企业,调研安全生产难题,倾听煤矿职工意见,探讨安全生产规律的基础上,集广大煤矿职工之智慧,与徐州矿务集团联合研制开发了"煤矿职工安全自我评价系统",这不仅为广大煤矿职工全员、全过程、全方位参与企业安全管理和实践"科学发展观"活动提供了一个真实、科学的平台,而且将实践的成果,回报、惠及职工,真正维护了煤矿职工在生产过程中生命安全、健康的根本利益,保证了家庭的美满和幸福。

(三)"系统"是保证煤矿安全生产形势稳定发展的基础

"系统"的主要特点就是群众性、自我性和科学性。而事故发生的直接原因之一就是人的不安全行为,广大煤矿职工通过对"系统"的长期实践应用、科学熟练操作,深化了安全意识,提高了安全技能,实现了自我约束,规范了作业行为,切断了事故的发生链,从而为保证煤矿安全形势的稳定发展打下了坚实的基础,促进了企业的长治久安。

二、"系统"的展望

2007 年 12 月 24 日,"系统"已通过国家安全生产监督管理总局规划科技司组织的有关专家鉴定,其意见:一是该项目针对煤矿职工的不安全行为,提出了"煤矿职工自我安全评价系统"的框架和运行机制,具有创新性;二是该项目依据有关法律、法规和标准,分析了事故的不安全行为原因,研究制定了职工开展班前预想与准备、班中控制和班后评价的 25 000 多个具体条目,内容丰富,可操作性强;三是研究开发了由指纹登录、分析评价、结果显示等部分组成的"煤矿职工安全自我评价系统"软件,系统完整;四是"煤矿职工安全自我评价系统"在 2 000 多名职工中进行了实际应用,使职工的遵章意识显著提高,有力地促进了煤矿企业的安全生产工作,取得了较好的经济效益和社会效益。

基本结论:该项目提供的鉴定资料齐全、完整,完成了项目的规定任务,同意通过鉴定,研究成果达到国内领先水平。有关专家的鉴定意见和结论,充分体现了"系统"的推广价值和美好前景。随着推广应用范围的扩展和延伸,"系统"将对我国煤矿安全生产严峻形势的根本好转,乃至全国安全生产形势的稳定发展起到积极作用和重大影响。展望未来,前途似锦,让"系统"的花朵开遍全国,结出丰满的硕果。

第五章　工业企业危险源(点)分级控制与管理

第一节　危险源基本概念

一、概述

工业企业危险源(点)分级控制管理是运用安全系统工程学的原理和方法,通过对企业生产系统的各生产环节中物质固有危险及危险程度的辨识、评估和分级,针对企业所有作业场所、生产装置及工艺过程中存在的固有危险源(点)实行全员、全方位、全过程的事故隐患预测和事故预防,并根据危险源(点)的不同等级采取相应管理对策和综合安全防范措施,使生产系统发生事故的可能性,减小到最低限度,从而实现全过程安全生产的一种安全科学管理方法。

众所周知,企业里只要有生产过程的进行,就会有危险因素的存在。危险因素是构成事故的物质基础,它表示劳动生产过程的物质条件(如工具、设备、机械、产品、劳动场所环境等)的固有危险性质和它本身潜在的破坏能量。危险因素是客观存在的,是不能被绝对消灭的,但是危险因素向事故转化的条件是可以认识和控制的。只要控制住危险因素向事故转化的条件,事故就可避免。

长期以来,企业对物质固有危险源缺乏一种科学的解释与辨识,认为某台设备出了事故或造成了灾害就有危险,而没出事故或没造成灾害就不存在危险。这就势必形成了在企业里出了事故,就"草木皆兵",不出事故则万事大吉,"风平浪静"之时未曾想过那种注定无处不在的,可能会造成损害的固有危险。只有对危险源进行准确的辨识、评价并加以有效地掌握和控制,方能减少事故的发生,促进企业的安全工作。

正确地运用危险源点分级控制管理,可以使安全管理由"事后处理"转轨为"事前预防";从经验型什么整改什么的随机性措施,转变为有计划地实施安全技术标准控制,并以人为主体采取主动行动,把人从事故的灾难中解放出来,达到消除或防止不安全状态,实现对企业生产经营过程中的危险源分级控制管理和预防预控体系。

二、危险源定义

(一)危险源定义

1. 危险源

从安全的角度,危险源是指可能造成人员伤害、疾病、财产损失、作业环境破坏或其他损失的根源和状态。在系统或生产过程中客观存在的能够导致伤害、疾病、财物损失或可能伴随着产生某种潜在危险的物质、设施、机器工具、管理与操作行为等均为危害源。企业中危险源可分为固有危险源和人为危险源两大类。

2. 固有危险源

指可能发生意外释放而伤害人员和破坏财物的能量、能量载体或有毒有害化学物质。通俗地讲,即是生产中存在的可能导致事故和损失的、不安全的物质条件,还包括物质因素和部分环境因素。固有危险源是导致伤害事故的能量主体,它决定事故后果的严重性。

3. 人为危险源

指可能造成固有危险源失控,屏蔽失效的各种随机因素,它包括生产的组织者、指挥者和操作者三方面的责任。人为危险源是构成伤亡事故的活动因素,它可以激发固有危险源而导致事故的扩大。

（二）危险源点的定义

危险源点是指具有危险形态的危险源所在地点（单机、岗位或局部作业场所等），危险源形态是危险源的危险因素所具有的"宏观"表现形态。

危险源点分级控制管理是针对企业固有危险源点所进行的辨识、评估、分级和控制管理，故下文提到的危险源和危险源点均指固有危险源(点)。

三、危险源分类

按照 GB/T 13816—92《生产过程中危险和危害因素分类代码》规定，将生产过程中的危险源分为物理性、化学性、生物性、生理心理性、行为性和其他 6 类 37 种危险源。

固有危险源按其性质可分为化学危险源、电气危险源、机械（含土木）危险源、辐射危险源和其他危险源 5 大类。

（一）化学危险源

系指在生产过程中的原材料、燃料、成品、半成品和辅助材料中所含的化学危险物质，其危险程度与这些物质的性质、数量、分布范围及存在方式有关。它包括：

（1）火灾、爆炸危险源：指那些构成事故危险的易燃、易爆物质、禁水性物质及易氧化自燃物质。这些物质是爆炸性物品、易燃和可燃液体、易燃和助燃气体、遇水燃烧物品、自燃物品、易燃和可燃固体和氧化剂。

（2）工业毒害源：指在工业生产中能导致职业病和中毒窒息的有毒有害物质、窒息性气体、刺激性气体、有害性粉尘、腐蚀性物质和剧毒物。

（3）大气污染源：指造成大气污染的工业性烟尘和粉尘。

（4）水质污染源：指造成水质污染的工业废弃物和药剂。

（二）电气危险源

系指那些引起人员触电、电气火灾、电击和雷击的不安全因素。它包括：

（1）漏、触电危险源：指电气设备和线路损坏、绝缘损坏以及缺少必需的安全防护等。

（2）着火危险源：包括电弧、电火花和静电、放电等危险。

（3）电击、雷击危险源：这些危险不是孤立的，而是互相影响的。

（三）机械（含土木）危险源

系指那些引起人员机械伤害的不安全因素。它包括：

（1）重物伤害危险源：包括矿山顶板冒落的危险和建筑物塌落的危险。

（2）速度和加速度造成伤害的危险源：包括设备的往复式运动物体的位移、运输车辆和起重提升设备的运行造成的伤害危险。

（3）冲击、振动危险源：包括各种冲压、剪切、轧制设备和设备中有冲撞危险的部分。

（4）旋转和凸轮机构动作伤人的危险源。

（5）切割和刺伤的危险源。

（6）高处坠落危险源：包括具有位能而缺乏有效防护的地点。

（7）倒塌、下沉危险源。

（四）辐射危险源

系指那些产生或释放射线引起人员受到辐射伤害的不安全因素。它包括：

（1）放射源：指 α、β、γ 射线源。

（2）红外射线源。

（3）紫外射线源。

（4）无线电辐射源，包括射频源和微波源。

辐射危险与辐射强度、暴露作用时间有关。辐射危险与辐射剂量成正比，与距离成反比。各种辐射线在通过不同介质时，其强度均有不同程度的衰减。

（五）其他危险源

系指除上述危险源以外能够导致人员伤亡和事故发生的其他不安全因素。它包括：

（1）噪声源：长期在噪声环境中作业人员会引起重听、耳聋等职业病或神经性疾病，而且在噪声环境中作业，往往事故频率增高。

（2）强光源：如电焊弧光、冶炼中高温熔融物的强光。

（3）高温源：具有烫伤、烧伤及火灾危险。

（4）湿度：长期在潮湿场所作业的人员会引起风湿等职业病。

（5）高压气体：具有爆炸和机械伤害的危险。

（6）生物危害：如毒蛇、猛兽伤害等，这种伤害在林业和地质勘探中较常见，并与地理区域或地形有关。

以上固有危险源的分类乃是为了便于辨识。在实际生产过程或系统中，往往发生多种危险源的综合作用，而且可能相互转化。

第二节　危险源辨识

一、危险源辨识的基本任务和依据

（一）基本任务

辨识就是发现与鉴别。危险源辨识即识别危险源的存在并确定其特性的过程。危险辨识是评估与分级的前提。危险源辨识就是找出可能引发事故导致不良后果的物质、岗位或作业场所，设施和工具及工艺过程的特征。因此它有两个基本任务：

1. 辨识可能发生的事故后果

事故后果可分为对人的伤害、对环境的破坏及财产损失三大类，在此基础上可进一步细分为各种具体的伤害或破坏类型。事故后果分得越精细，辨识危险源就越容易。可能发生的事故后果确定后，就可在此基础上辨识可能产生这些后果的系统过程的特征。

2. 识别危险因素的特征

应从物质、能量和环境三方面入手,对系统的工艺流程、装备、动力、运输、存贮及岗位操作进行仔细的考评。

（二）辨识依据

（1）有易发生爆炸、火灾危险和易燃品的场所,如液化气站、油库、气库、气焊作业点、化工易燃易爆品存放点和作业场所等。

（2）有触电、雷击伤害危险的场所,如变电所、高低压配电室、配电柜、盘、电器等。

（3）有坠落危险性的场所,GB 3608—83《高处作业分级》规定:凡在坠落高度基准面 2 m 以上（含 2 m)有可能坠落的高处进行的作业,均称为高处作业。高处作业场所均有可能造成坠落的危险。

（4）有灼烫伤害危险的场所,如熔炼炉、高温加热炉、高温作业场所、酸碱等化学物质储存和作业场所等。

（5）有机具绞、辗、碰、挤压等机械伤害危险的场所,如机床、机械设备、工具等。

（6）有被物体挂、挟、撞、打击危险的场所,如行车、运输车辆、高处作业点等。

（7）接触和使用有毒有害化学物质和有职业危害的场所。

（8）其他容易致人伤害的作业场所和岗位。

二、危险源辨识的方法

常用的危险源辨识方法包括分析材料性质和生产条件、总结生产经验、制定相互作用矩阵以及应用危险评价方法等。

（一）分析材料性质和生产条件

1. 分析材料性质

了解生产或使用的材料性质是危险辨识的基础。初始的危险辨识可通过简单比较材料性质来进行。如对火灾,只要辨识出易燃和可燃材料,将它们分类为各种火灾危险源,再进行详细的危险评估工作。危险辨识中常用的材料性质如下。

(1) 化学性质:

- 急毒性:·吸入·口入·皮入
- 致畸性
- 慢毒性:·吸入·口入·皮入
- 蒸汽性
- 致癌性
- 腐蚀性
- 诱变性
- 水毒性
- 生物退化性
- 暴露极限值
- 环境中的持续性
- 气味阈值

(2) 物理性质:

- 熔点
- 密度
- 膨胀系数
- 比热
- 沸点
- 热容量
- 溶解性

(3) 反应性:

- 要求的反应
- 原材料纯度
- 副反应
- 污染物
- 分解反应
- 分解产物
- 动力学反应
- 不相容的化学品
- 结构材料

(4) 稳定性:

- 撞击
- 光
- 温度
- 聚合作用

(5) 燃烧性/爆炸性:

- 爆炸下限/燃烧下限
- 闪点
- 爆炸上限/燃烧上限
- 自点火温度
- 粉尘爆炸系数
- 产生能量
- 最小点火能量

2. 分析生产条件

生产条件也会产生危险或使生产过程中材料的危险性加剧。例如,水仅就其性质来说没有爆炸危险,然而,如果生产工艺的温度和压力超过了水的沸点,那么水的存在就是具有蒸汽爆炸危险的物质。因此在危险辨识时,仅考虑材料性质是不够的,还必须同时考虑生产条件。分析生产条件可使有些危险材料免于进一步分析和评价。例如,某材料的闪点高于 400 ℃,而生产是在室温和高压下进行的,那就可排除这种材料引发火灾的可能性。当然,在危险辨识时既要考虑正常生产过程,也要考虑生产不正常的情况。

(二) 总结生产经验

总结生产经验有助于辨识危险源。通常,分析人员一般总是以一些基本的化学知识作为引发点。然而,实验室的实验结果可能会揭示某种化合物的物理性质、毒性或反应动力学特性等。

好的安全生产经验只表明危险得到了有效控制,并不表示危险不存在。危险辨识应充分参考同类或类似生产过程或系统发生事故的情况,总结和借鉴相关的安全生产经验,可以找出依靠分析材料性质和生产条件不容易辨识的危险。

(三) 制定相互作用矩阵

相互作用矩阵是一种结构性的危险辨识方法,是辨识各种因素(包括材料、生产条件、能量源等)之间相互影响或反应的简便工具。实际使用时,这种方法通常限制在两个因素(见图 5-2-1)。分析时也可以加入第三个因素。如图 5-2-1 中混合物 1 可以是化学物 C 和 D 的混合物,则此图表可表明混合物 CD 与化学物 A、混合物 CD 与污染 1 的相互作用等等。若多因素相互作用很重要,具有力量详细分析,则可建立 n 维矩阵来进行。

相互作用矩阵是双对称性的,所以只需完成矩阵的一半(图中没有阴影的部分),因为化学物 A 与 B 的作用和 B 与 A 的作用相同。应该指出的是相互作用矩阵分析的因素不限于化学物质,也

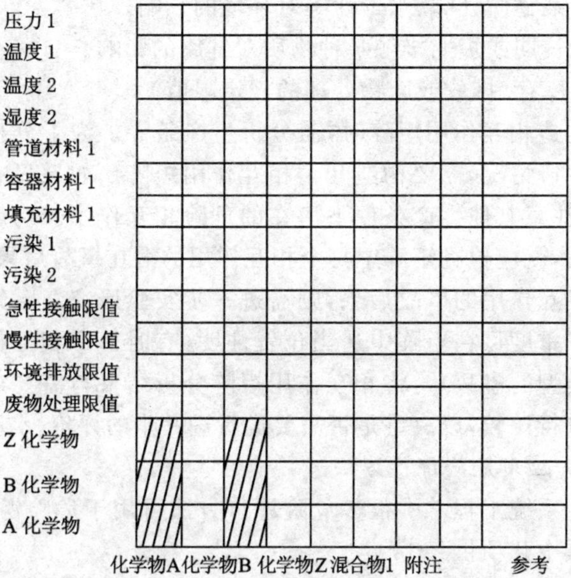

图 5-2-1 相互作用矩阵分析图

不限于图中所述的因素。可以根据辨识的需要分析任何一类物质和任何两个或多个因素。图 5-2-1 的纵轴上列出了其他需要分析的因素。通常在矩阵的一个轴上列出另外的因素即可。因为我们仅对这些因素与生产材料的相互作用感兴趣,对这些因素之间的相互作用并不感兴趣。

相互作用矩阵分析常用的其他参数如下:

(1)生产条件参数:如温度、压力、静电等。

(2)环境条件参数:如温度、湿度、粉尘等。

(3)结构材料参数:如碳钢、不锈钢、石棉填料等。

(4)常见的污染物:如空气、水、锈、盐、润滑剂等。

(5)生产设备或区域中处理其他材料产生的污染。

（6）某物质气味、水毒性等对环境的影响。

（7）长期或短期接触某种物质对健康的影响。

（8）库存、排放或废物处理的规定限值。

在构造相互作用矩阵时，需分析生产条件。为了分析正常和非正常生产情况，需要构造几个相互作用矩阵。如果只有一个矩阵，则应注意其他生产条件下潜在的危险相互作用。构成相互作用矩阵后，就应检查矩阵中每个相互作用的潜在事故后果，如不了解每个相互作用的事故后果，则需进一步实验研究。已知的事故类型和严重度可在矩阵中适当位置注明（有时一个相互作用会产生几种类型的事故）。将相互作用矩阵分析结果与需要辨识的潜在事故进行比较，以决定是否需要进行进一步的评价。

（四）应用危险评价方法

安全系统工程学中很多危险评价方法可用于危险源的辨识。现列举其中几项供参考。

1. 安全检查表

安全检查表是采取问答形式逐项检查材料、生产过程、生产条件、安全管理等方面存在的危险因素的一种方法，它是按专门的领域或范畴事先拟好的问题清单，列举出应该查明的所有不安全状态，这种状态能导致工伤或各种事故。安全检查表既是进行安全检查、发现潜在危险的一种基础工具（如果分析人员具有丰富经验的话），它也是一种有效的危险源点辨识的方法。其缺点是内容冗长，分析工作繁琐。

2. "如果——怎么办"分析和危险可操作性研究

这两种方法属解析评价技术，即是采用逻辑分析和数学计算的方法，对生产过程中所存在的事故危险性进行评价。也可以用于危险源辨识。这两种方法都是让分析小组提出或回答一系列问题，可以揭示潜在事故的后果，也称为"头脑风暴法"。它可使分析人员充分利用自己的经验，发挥其创造性。用此方法可揭示生产过程其他方法不易辨识的危险。然而,除非分析人员对这两种方法熟悉且有丰富经验,否则会遗漏一些危险因素。因此,常常是将安全检查表和"头脑风暴法"结合起来使用,这样既利用了安全检查表的严格性和连贯性,又保留了"头脑风暴法"的灵活性和创造性。

3. 预先危险性分析

预先危险性分析,即在一项工程活动或生产行为之前,对系统存在的危险性类别、出现条件、导致事故的结果作出宏观、概略的分析。它要求分析人员要对生产目的、过程及操作中的环境进行确切的了解,明确能够造成受伤、损害、功能或物质损失的初始伤害、触发条件和转化条件,确定导致初始伤害的危险性并对危险因素排序。因此,此法应用得当,不失为一种有效的危险源辨识的方法。

第三节　危险源评估

一、危险源评估的基本原则

危险源评估的原则是贯穿评估工作全过程的基本准则,是探讨评估方法和内容的中心线索。根据危险源的客观特点,危险源评估的基本原则可归纳为六项:

(一)客观实在原则

危险源寓于生产活动的各个方面,它是客观存在的物质,是一种看得见、摸得着,具有可辨识、估评的客观实在的物质和具体环境,而不是什么凭空想象的、抽象的、精神的东西。

(二)普遍性原则

危险源存在于企业生产经营全过程和物质储存期间的任何环节。企业只要有生产过程的进行,均可能存在危险源,而不只是存在于某一环节或某一局部环境。

（三）系统性原则

各个危险源之间是互相联系、互相影响的，而不是孤立存在的。因而就必须对其进行系统的解剖和分析，以便最大限度地辨识和评估其危险性，并找出它们对系统的影响程度，确定危险源的整体危险性。

（四）可行性原则

危险源的评估方法必须反映行业特点，能够方便地现场采集数据，具有可操作性，使定量估算尽可能简化。

（五）可比性原则

尽可能把各种各样的不可比危险因素通过量化转化为可比指标，并通过一定的计算能够以大小比较危险源的危险程度。

（六）企业评估与专业评估相结合原则

对重大、特大危险源，危险发生可能性大，危害可能涉及人数多，损失财产数额严重，应提高评估质量。可采取企业聘请专业人员指导评估。行业主管部门应根据"谁主管、谁负责"原则，可对本行业、本系统的重大、特大危险源，由行业主管部门组织评估或聘请专业人员参与共同评估。以企业评估为基础和行业、专业评估相结合，安技管理人员评估与专业的专家、科技人员评估相结合，是定性评估和定量评估相结合方法的具体贯彻。

二、危险源评估的基本步骤

危险源评估的步骤大体上分为四步：

（一）准备阶段

这一阶段的任务主要是熟悉和了解系统的生产工艺、厂区布置、设施配备、人员配置等情况，搜集和查找有关资料、信息，寻找危险源存在的客观特征和所在地点。在这一阶段一定要做到四个字，即：严、细、实、全。

（二）定性评估阶段

即在准备阶段的基础上，对辨识出的危险源进行评估并确定评估的优化顺序。具体方法主要有信息经验判别法和技术鉴别法。

(三)定量评估阶段

危险源的危险性本是一个不定量的相对概念,它的范围也是模糊的。但为了对危险源进行比较、分级、控制往往需要进行定量评估,然后根据危险程度的不同,实施相应的必要的措施。危险的大小,实际包括发生事故可能性的大小和事故发生后对系统中的人、物及社会公众的安全、健康的损害大小两方面。因此在作定量评估前必须对此作出科学的估量。安全系统工程学定量评价技术中,对于危险性的定量评估提供了较好方法,如格雷厄姆法(即LEC 法)、危险指数法(如火灾爆炸危险指数评价法,日本定量评价法)等都可以对危险源进行定量评估。

一般来讲,适用于企业的领导和基层安技人员评估的方法是依定性评估为主,辅之定量评估相结合的评估方法,可对一般和重大危险源进行评估,适用于专业评估人员的是依定量评估为主的评估方法,可对重大、特大危险源进行评估。

(四)编写危险源评估报告或填写危险源评估卡

评估报告内容如下:

单位名称:厂、装置、设备部位。

系统环境概述:作业场所、作业地点、工艺流程、操作程序。

危险源名称:内容。

危险源评估论证:现实状况、危险形态或特征、事故预想模型及同类性质事故国内国外典型事例、事故后果及损失数据计算、危险指数计算分数值等。

三、危险源评估的方法

(一)定性评估法

1. 信息经验判别法

信息经验判别法是根据企业的内外部信息,借鉴直接、间接的事故教训,对照本企业、本系统检查分析、判定是否存在类似问题,以此识别危险源的方法。

运用信息经验判别法,要求评估人员掌握丰富的行业技术和规范知识。在对危险源的评估过程中,如果不具备与客观存在的危险源息息相关的行业技术知识和规范,就难以反馈准确、科学的信息,难以对危险源进行全面、完整、准确的评估。因此对危险源的评估也是对评估者所具有的行业安全技术、安全规范和安全法规知识的检验。

运用信息经验判别法,还要求评估者善于从以往的事故教训中总结经验。在过去漫长的历程中,许许多多的固有危险源已经给人类带来了多种灾难,同时也为我们对危险源评估,确定安全防范措施提供了极其宝贵的经验和方法。不少事故还是历史悲剧的重演。因此,有必要以实践和历史为镜,找到对危险源评估的必要数据和论证材料,进而对各种危险源作出准确评估和有效的治理和防范。

2. 技术鉴别法

技术鉴别法是通过技术鉴定、技术论证、测试等形式对工艺、材料、设施、工具等进行鉴别分析,以发现危险源所在。对危险源进行技术鉴别可以从五个类别入手:

(1)生产工艺类:系指生产工艺过程中存在的危险源,包括生产工艺路线、工艺控制、原材料、半成品及成品所存在的不安全因素。

(2)机械设备类:系指机械设备、工具方面存在的危险源。包括生产、作业过程中在用的各种传动设备、静止设备(含压力容器)机具安全防护设施及车辆等所存在的不安全因素。

(3)电气仪表类:系指生产过程中电气、仪表方面存在的危险源。包括发电、变配电、电力输送、电气照明、电力驱动设备、批示仪表、控制仪表、自动连锁、分析仪表及安全检测、报警、紧急停车装置等所存在的不安全因素。

（4）建构筑物类：系指工业建筑物、构筑物方面存在的危险源。包括厂房、框架梁柱、设备基础、烟囱、地沟等仓库等存在的不安全因素。

（5）作业环境类：系指存在于作业环境、作业场所中的危险源，包括作业场所的温度、湿度、照明、尘毒、噪声、辐射、通道、原材料堆放、机台设备布置、劳动组织等方面。

（二）定量评估法

1. 格雷厄姆法（即 LEC 法）

LEC 法是在危险环境下进行一般作业时要用的危险定量评估法，它是由美国学者格雷厄姆和金庄提出的。这种方法认为作业的危险性是下列三因素的乘积：

（1）发生事故及危险事件的可能性分值——L：危险源的存在系统的可靠性降低，危险源导致事故的可能性越大，其危险性则越大（L 值见表 5-3-1）。

表 5-3-1　　　　　发生危险的可能性分值（L）

L 值	10	6	3	1	0.5	0.2	0.1
事故发生的可能性	安全被预料要发生	有相当可能会发生	不经常，但可能发生	极少发生	可以设想，但极少可能发生	极不可能	实际上不可能

（2）人在危险环境中出现的频率分值——E：伤亡事故的发生是由于人员与危险源中意外释放的能量相互作用的结果。人置于隐患的次数越多，时间越长，出现伤害的机会就越大，此危险源的危险性也越大（E 值见表 5-3-2）。

表 5-3-2　　　　　作业者在危险环境的状况分值（E）

E 值	10	6	3	2	1	0.5
人在危险源中的暴露情况	连续暴露	每天暴露	每周一次暴露	每月一次暴露	每年一次暴露	极难出现

（3）事故所致后果严重度分值——C：导致事故的经济损失越大，人员伤亡越多，伤害程度越重、影响越大的危险源，危险性也越大，需重点控制（C 值见表 5-3-3）。

表 5-3-3　　　　　事故的可能后果分值（C）

C 值	100	50	15	10	7	6	3	1
事故导致的可能后果	重大灾难多人死亡损失 1 000 万元以上	严重事故死者 1～2 人，损失 50 万～1 000 万元	严重事故一人死亡损失 30 万～50 万元	重大事故重伤致残以上，损失 10 万～30 万元	较大事故重伤致残损失 10 万元左右	较大事故手足伤残损失 5 万元左右	一般事故受伤较重	轻伤，损失 1 万元以下

于是，某一作业的危险性 $S=L\times E\times C$，依据计算出的 S 值来综合评估危险源的危险性，并以此进行分级（S 值见表 5-3-4）。

表 5-3-4　　　　　　作业危险性评价表

S 值	＞320	320～160	159～70	69～20	＜20
作业危险性	极其危险	高度危险	很危险	可能危险	危险性不大

2. 危险性指数法

任何危险源都有导致事故发生可能性的大小和造成危害程度的差异，考虑危险源导致事故发生的概率和危害程度这两个因素，并有一个量值——危险性指数来评估的危险源对安全威胁大小的方法即为危险性指数法。危险性指数的计算公式：

$$危险指数＝危害度×发生概率$$

危害度和概率可以用坐标系作出区域图或用图表来表示(见图 5-3-1 和表 5-3-5)。

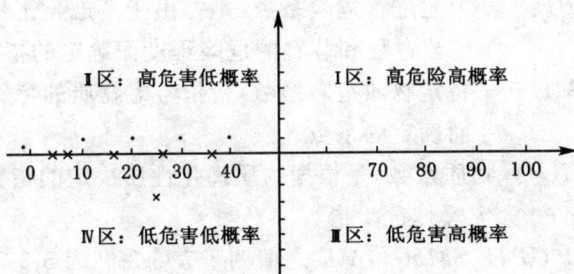

图 5-3-1　危害度和发生概率区域图

表 5-3-5　　　　　　　　危害度与概率关系表

区域	危害度	发生概率	对安全的威胁
I	高	高	最大
II	高	低	一般
III	低	高	一般
IV	低	低	最小

火灾爆炸危险性指数法和日本定量评价法即为这种方法的具体应用。

(1)火灾爆炸危险性指数法：该法是 1964 年由美国道化学公司提出的,用它对化工工艺过程及其生产装置的火灾、爆炸危险性作出评价,并提出了相应的安全措施。它是将所要评价的生产系统分成单元,分别予以计算,确定每个生产单元的危险程度及其相应的安全技术措施。计算公式为：

$$B=\left(1+\frac{\sum SPH}{100}\right)\times\left(1+\frac{\sum GPH}{100}\right)\times\left(1+\frac{\sum SMH}{100}\times MF\right)$$

求出 B 值后，即可按其危险度分析。

式中　SPH——特定工艺过程危险系数；

　　　GPH——工艺过程危险系数，是指由于考虑化工生产中的工艺过程和装置的危险程度而确定的指数；

　　　SMH——特定物质危险系数，是指考虑物质的特殊危险性而确定的系数；

　　　MF——物质系数，是根据物质理化性质决定的指数；

　　　B——火灾爆炸危险指数。

SPH、GPH、SMH 和 MF 之值列于表 5-3-6、表 5-3-7、表 5-3-8 和表 5-3-9 中，计算出 B 的值后根据表 5-3-10 中的指数对照，从而确定危险源危险性等级。

表 5-3-6　　　　　特定工艺危险值（SPH）

低压	爆炸界限	低温	高温	高压	难控制操作	粉尘危害	爆炸危险性大的物质	大量可燃液体
0～100	0～150	15～20	30～50	30～10	50～100	30～60	60～100	40～100

表 5-3-7　　　　　一般工艺危险值（GPH）

操作和物理变化	连续反应	分批操作	同一装置多种反应
0～50	25～50	25～60	0～50

表 5-3-8　　　　　特定物质危险值（SMH）

氢氧化剂	禁水性物质	自然发热物质	自然聚合物质	分解爆炸物质	爆炸性物质	其他
0～20	0～30	30	75～80	125	150	0～150

表 5-3-9　　　　　　　　　　　物质系数(*MF*)

不燃性物体	可燃性固体	可燃性液体	可燃爆炸性气体	氧化剂
1	2~16	3~20	6~20	16

表 5-3-10　　　　　　火灾爆炸危险性等级划分表

指数	<20	20~40	40~60	60~75	75~90	>90
危险性	无	轻	中等	较大	大	很大

　　(2)日本劳动省定量评价法:此法是日本劳动省在火灾爆炸危险指数法基础上发展的一种化工行业使用的新的危险指数计算方法,它是按工艺流程将化工厂分为若干系统,各系统再详细划分为单元,每个单元按物质、容量、温度、压力、操作五个项目计分,分值范围都在 0~10 之间,五个项目评分总数即为单元总分,该总分即为火灾爆炸危险指数。计算公式为:

$$B = \begin{bmatrix} 物质 \\ 0\sim10 \end{bmatrix} + \begin{bmatrix} 容量 \\ 0\sim10 \end{bmatrix} + \begin{bmatrix} 温度 \\ 0\sim10 \end{bmatrix} + \begin{bmatrix} 压力 \\ 0\sim10 \end{bmatrix} + \begin{bmatrix} 操作 \\ 0\sim10 \end{bmatrix}$$

　　表 5-3-11 中的安全评分标准和表 5-3-12 中的安全评分法分级管理用来评估危险源等级。

表 5-3-11　　　　　日本劳动省化工厂安全评分标准

条件 项目　　评分	10	5	2	0
物质	爆炸物压力 >2 kgf/cm²	可燃烧气体 着燃<−30 ℃	引燃物	
容量　(气)/m³	>1 000	500~1 000	100~500	<100
(液)/m³	>100	50~100	1050	<10
(炉)/m³				

条件　评分　项目	10	5	2	0
温度 ℃	100 以上高于着火点	1 000 以下低于着火点		
压力/kg·cm^{-2}	>1 000	200~1 000	10~100	<10
操作	爆炸范围内操作	1. 会发生危险反应的操作。 2. 能发生粉尘爆炸的操作。 3. 手工式危险操作。 4. 化学反应强度（$C/\min$）Q 值 > 400 的操作	1. 精制操作中伴有化学反应。 2. 机械式危险操作。 3. Q 值 4~400	1. 操作中无化学反应。 2. 反应器中含量 70% 以上。 3. Q 值<4

表 5-3-12　　　　　　安全评分的分级管理

级别	分值（B）	危险度
1	>16	高
2	11~15	中
3	1~10	低

表 5-3-11 中 Q 值表示随操作的化学反应强度，计算公式为：

$$Q=\frac{Q_r}{C_p \cdot \rho \cdot V}$$

式中　Q_r——反应发热速度，千卡/分；

　　　C_p——反应物质比热，千卡/公斤·度；

　　　ρ——反应物质密度，kg/m^3；

　　　V——装置体积，m^3。

安全系统工程学定量评价技术中还提供了单体设备安全评

价、隧道工程安全评价法、罗氏危险评价法、海思里希风险分析、蒙德法和解析评价技术等，这些定量分析方法都可以根据不同目的，用于不同系统的危险源定量评估中，在此不一一列举。

第四节　危险源分析控制管理

一、危险源分级的目的、依据和方法

（一）危险源分级的目的

对企业危险源进行等级划分，可以达到以下目的：

（1）为宏观管理提供依据，使主管部门掌握行业及系统中各企业拥有危险量的多少和危险程度的大小，做到重点监督管理。

（2）为微观管理提供信息，使企业领导干部、安技人员和广大职工对企业危险程度的大小有明确认识，做到心中有数，有的放矢，以便确定企业安全工作的基点，采取适当对策强化管理，控制危险源。

（3）为操作者提供防范对象，使操作者提高对危险源的警惕性，掌握危险源的防范措施，降低事故发生频率。

（4）使各级领导增强安全责任感，促进事故隐患的整改和各种控制、管理措施的落实。

（二）危险源分级的理论依据

对危险源进行辨识、评估后，运用 ABC 法进行分级。ABC 法又称重点管理法，是用"关键的少数和次要的多数"的基本原理，对管理对象进行定量分析的方法。A 级是关键、少数问题，要高度重视，重点控制；B 级是次关键，较少数问题，要比较重视；C 级是一般性问题，要兼顾管理。

对于同一系统，ABC 三级之间的数量比例应该是 A 级点少于 B 级点，B 级点少于 C 级点。若用图形来显示它们的数量结合，属于正常状态的则为金字塔形布阵，如图 5-4-1 所示。

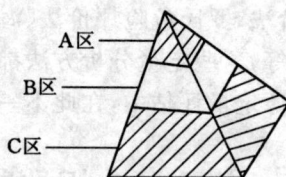

图 5-4-1

危险源点 ABC 分级法的基本特点是把系统内的危险源按
ABC 三级进行归类并建卡，使危险源由定性进入定量管理，变纵
向单科为横向综合管理，科学地建立起本系统的危险源管理网络。
从而使管理者明确重点，分清轻重缓急，克服"眉毛胡子一把抓"，
也体现了"安全生产，人人有责"的思想。它是从传统的安全管理
迈向现代安全管理过程的方法之一。

（三）危险源分级的方法

1. 按危险源所取事故后果的严重度分级

（1）把蕴藏的伤害性能量较大，发生严重火灾、爆炸、灼烫、中
毒事故的几率较高，一旦发生事故能造成系统破坏，财产重大损
失，人员严重伤亡或急性中毒，以至影响全厂生产进行的危险源定
为 A 级；

（2）把事故发生频率高，一旦发生事故能使人员重伤，设备受
损或财产受到一定损失的危险源定为 B 级；

（3）把虽有可能发生事故，但其伤害程度较轻的危险源定为
C 级。

2. 按 LEC 定量评分法分级

（1）S 值在 160 分以上的危险源定为 A 级；

（2）S 值在 70～160 分之间的危险源定为 B 级；

（3）S 值在 70 分以下的危险源定为 C 级。

3. 按日本劳动省定量评价危险指数分级

(1) B 值>16 的危险源定为 A 级；

(2) B 值为 11~15 的危险源定为 B 级；

(3) B 值为 1~10 的危险源定为 C 级。

4. 按火灾爆炸危险指数分级

(1) B 值>90 的危险源定为 A 级；

(2) B 值为 60~90 的危险源定为 B 级；

(3) B 值为 20~60 的危险源定为 C 级。

二、危险源控制技术

安全系统工程学提供了六种固有危险源控制技术，现简述如下：

（一）消除危险

即根据危险源或危险因素，可以从以下四个方面着手来消除危险的存在：

(1) 布置安全：厂房、工艺流程、设备、运输系统、动力系统和交通道路等的布置做到安全化；

(2) 机械安全：指设备在制造时尽量做到结构安全、位置安全；

(3) 电能安全：指采用安全电源或安全电压；

(4) 物质安全：指采用无毒、无腐蚀、无火灾爆炸危险的物质。

（二）控制危险

当危险源不可能消除时，就要采取措施予以控制，以达到减少危险的目的，其方法有：

(1) 直接控制；

(2) 间接控制。

（三）防护危险

防护危险可分为设备防护和人体防护两类：

(1) 设备防护：又称机械防护，主要包括固定防护、自动防护、联锁防护、快速制动防护、遥控防护等。

（2）人体防护：包括使用安全带、安全鞋、护目镜、安全帽和头盔、呼吸护具、面罩等个体防护用品。

（四）隔离危险

对于危险性较大，而又无法消除或控制的场合，可以采用长期或暂时隔离的方法，它包括：

（1）禁止入内：采用设置警卫、悬挂标牌、装设栏杆等方式实施；

（2）固定隔离：设置防火墙、防油堤、防爆堤、防水堤等；

（3）安全距离：合理地运用安全距离，可以防止火灾爆炸危险、爆炸冲击波的危害。

（五）保留危险

保留危险，仅在预计到可能会发生危险，而又没有很好的防护方法的场合下采用。这时必须做到使其损失最小。

（六）转移危险

对于难以消除和控制的危险，在进行各种比较、分析之后，选择转移危险的方法。这种方法有可能牺牲小的局部利益，但可以保证全局的安全。

三、危险源分级控制措施

危险源分级控制采取定点、定标志、定控制内容、定责任、定责任人和定检查周期的"六定"控制措施。

（一）定点

危险源经辨识、评估并确定其级别和地点后，必须对其进行建档和编号，便于掌握危险源的分布及其规律，分析触发事故的因素和制定防范措施。对整个系统的危险源应实行统一编号，以便进行定点管理。编号的方式可以根据本系统的特点制定，例如，可采取以下方式编号：

×—××—×××

危险源排列序号

危险源所在车间（分厂）序号

危险源级别（A、B、C）

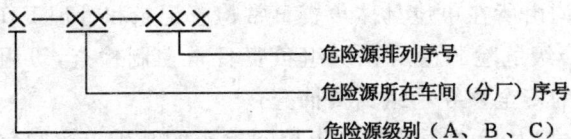

可以人为地将全厂各车间、分厂、部门统一排列序号,危险源排列序号是指危险源在所在车间(分厂)或部门的排列序号。

（二）定标志

所有危险源都必须设置危险源控制标志牌,一般可在危险源所在生产现场的醒目之处固定悬挂《危险源警示牌》或《危险源控制卡》,其内容见图 5-4-2。

危险源名称		危险源编号		
危险源级别		管辖部门		
易发伤害事故种类				
控制要求				
责任人	厂（矿）级：	车间级：		班组级：
检查级别	厂（矿）级：	车间级：		班组级：
检查周期	厂（矿）级：　次/月	车间级：　次/周		班组级：　次/班

图 5-4-2　危险源控制卡

（三）定控制内容

为使各级危险源点所在生产现场的操作人员提高安全意识和自我防护能力,熟悉和了解本岗位的专业安全技术知识和安全操作规程,应依据该危险源易发伤害事故的种类和所具有的不安全状态,制定出对危险源的控制要求和防范措施,并填入危险源控制卡。

（四）定责任

（1）根据"谁的危险源点谁负责控制管理"的原则,A、B、C 三项危险源均由所在单位具体负责日常检查记录和管理工作；

（2）C级危险源由所在班组负责日常控制检查，班组所在车间（分厂）的安全领导小组负责抽查；

（3）B级危险源由所在班组控制检查的基础上车间（分厂）的安全领导小组负责日常检查，厂安委会进行不定期抽查；

（4）A级危险源在所在班组车间（分厂）检查、管理基础上由厂安委会负责定期检查和管理；

（5）A、B二级危险源在各级各类检查中均应列为重点目标，层层把关，共同负责管理和控制。

（五）定责任人

（1）A级危险源责任人有三级：

一级责任人：由危险源所在班级的班长或岗长担任；

二级责任人：由所在车间（分厂）的车间主任或分厂厂长担任；

三级责任人：由厂（矿）长或分管安全的厂（矿）长担任。

（2）B级危险源责任人有二级：

一级责任人：由所在班组的班组长担任。

二级责任人：由所在车间（分厂）的车间主任或厂长担任。

（3）C级危险源责任人只有一级，即由所在班级的班组长担任。各级危险源的一级责任人均应对照控制要求，进行日常例检或定期检查，并做好检查记录，采取有效措施保证安全生产。

（六）定检查周期

各企业可以根据各级危险源的性质和危险性相应地建立监督检查制度，明确检查人员和检查周期，并根据检查结果，填写各项原始记录。一般可以规定：

厂级对A级危险源的检查每月一次；

车间级对A级、B级危险源的检查每周一次；

班组级对C级危险源的检查每班一次。

但A、B级危险源所在班组均应负责A、B级危险源的日常控制检查管理。

检查人员在检查中如发现事故隐患应立即告知危险源的一级责任人,一级责任人应立即解决存在问题;若解决不了,则在采取临时保护措施的前提下迅速向二级责任人报告,同时作好详细记录。二级责任人要认真研究落实措施,及时清除事故隐患;若仍解决不了,则应立即向三级责任人汇报,并做好详细记录,厂(矿)长或分管安全的厂(矿)长接到报告后要立即组织人员解决。

各级责任人如不按规定时间实施检查或事故隐患所在单位不按要求及时采取整改措施的一律视为失职。若酿成事故,将严肃追查各级责任人的责任。

四、危险源的管理

(一)建立组织机构,开展技术培训

危险源分级控制管理涉及面广,技术性强,工作量大,责任也大。故在不同阶段应开展不同目的和内容的技术培训。

(1)在开展危险源分级工作的初始阶段,首先应建立定点分级机构,企业由分管厂长负责,生产、设备、技术、安全和工会劳动保护组织等职能部门代表组成定点分级小组,负责危险源分级的领导组织工作。

(2)随后,逐级分别对干部、职工进行危险源分级控制管理培训,使其明确分级目的,掌握危险源辨识、评估和分级方法。在进行危险源辨识过程中,应充分发动群众提供和排查现存危险源的线索,避免单纯依靠安全部门单打独闯的做法,促使形成全员参加,全方位查找的局面。

(3)对危险源分级后,应对在危险源周围作业人员和危险源责任者进行严格的专业安全技术培训,培训主要内容有:危险源性质的确定、危险源防护原则的选择、危险源触发事故因素的预测分析及防范措施等。以提高作业人员的安全意识和操作技能,增强责任人的责任感,提高操作人员的自我防范能力和自救互救应变能力。被培训者经考试合格后方可上岗作业。

（二）建立管理网络，制定管理措施

（1）危险源点分级完毕，应绘制出全厂危险源（点）平面布置图，建立以危险源（点）为结网点的安全管理网络，以确定安全检查的巡回路线，对重点控制的危险源采取多层次分级控制管理，增加其安全可靠性。

（2）制定《危险源（点）分级和控制管理规定》，明确提出危险源（点）分级控制办法、管理程序和责任。

（3）将危险源分级控制管理纳入企业的经济责任制考核，制定考核细则，实施奖罚措施并纳入年终评比活动。

（三）加强危险源监督检查

企业安全部门和工会劳动保护组织要对 A、B 级危险源进行经常性的监督检查，以便及时了解和掌握危险源的动态变化情况，及时调整和完善防范措施和对策，使危险源点随时处于受控状态和安全状态。监督检查的内容包括：

（1）各级责任人到位情况；

（2）危险源点预防措施的落实和控制要求的实施情况；

（3）危险源点的动态变化情况；

（4）危险源点各级责任人的检查情况；

（5）危险源点的控制检查记录。

（四）加强危险源的动态信息管理

建立危险源动态信息反馈网络，及时掌握外界信息和危险源的动态信息，是危险源管理的重要环节，以便根据所掌握的信息及时调整和制定新的措施和对策。

（1）当危险源点通过技改或工艺改进后能消除或降低潜在危险程度时，应及时撤离或降低危险源级别；

（2）由于生产工艺改变而新增作业岗位或因设备腐蚀、磨损、环境变化等出现新的危险源时，应及时申报组织评估并确定危险等级；

(3) 危险源(点)的级别变更或撤销、增补,均需报厂(矿)安委会,经组织人员认真审查,测定后办理批准手续。

危险源(点)分级控制管理的整个过程在图 5-4-3 中用流程图显示如下：

```
                    ┌──────────┐
                    │  生产系统  │
                    └──────────┘
                          │
                    ┌──────────┐
          ┌─────────│ 危险源辨识 │─ ─ ─ ─ ─ ─ ─ ─ ─ ─ ─ ─ ┐
          │         └──────────┘                         ┆
          ▼               │                              ┆
┌─────────────────────┐   │   ┌──────────────────────┐   ┆
│信息经验法或技术鉴定法性评价│──┼──▶│ 火灾爆炸危险指数法定量评价 │   ┆
└─────────────────────┘   │   └──────────────────────┘   ┆
          │               ▼                              ┆
     ┌──────────────────────────────┐                    ┆
     │ 一般作业条件的危险性 LEC 法定量评价 │                    ┆
     └──────────────────────────────┘                    ┆
                    │                                     ┆
            ┌──────────────┐                              ┆
            │ 危险源 ABC 分级 │◀ ─ ─ ─ ─ ─ ─ ─ ─ ─ ─ ─ ─ ─┤
            └──────────────┘                              ┆
                    │                                     ┆
         ┌─────────────────────┐                          ┆
         │ 危险源触发伤害种类确定   │                          ┆
         └─────────────────────┘                          ┆
                    │                                     ┆
         ┌─────────────────────┐                          ┆
         │ 对危险源控制要求的制定   │◀ ─ ─ ─ ─ ─ ─ ─ ─ ─ ─ ─┤
         └─────────────────────┘                          ┆
```

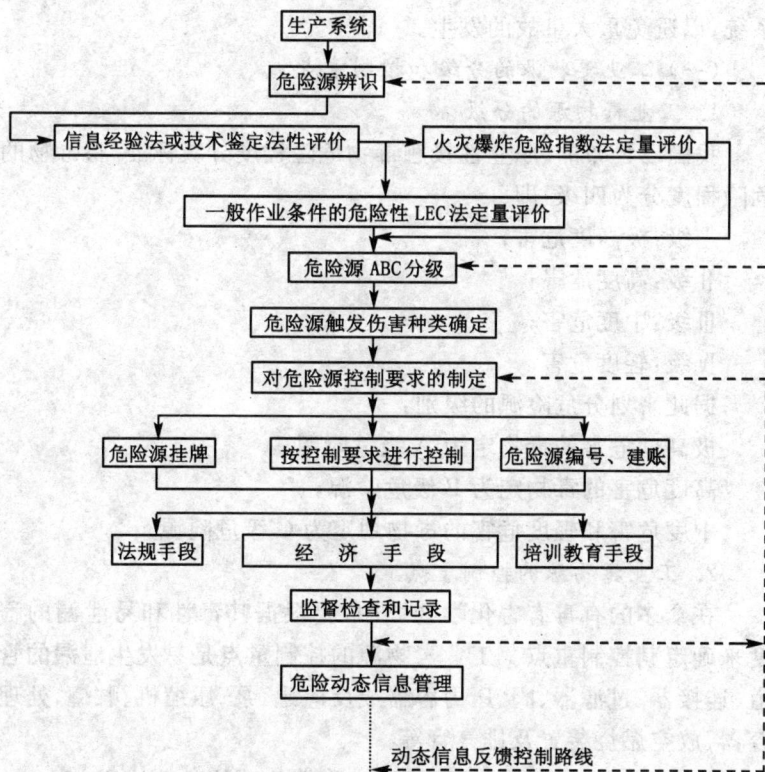

图 5-4-3　危险源点分级控制管理流程图

五、危险源点分级控制在有毒有害化学物质信息卡中的应用

生产、加工、使用、贮存和运输有毒有害化学物质的工艺和设

备,即为有毒有害化学物质工业毒物源,它属于固有危险源范畴。化学毒物是工业毒物源的主体,泄漏是决定危险程度的重要因素。可以利用危险源(点)分级控制管理的原理和方法来预测突发性泄漏事故的潜在危险,并预测事故发生后可能造成损害的程度和范围,据此来制定突发性泄漏危险的预防和监控措施,布置预警监控系统,以避免重大事故的发生。

（一）工业毒物源的分级和控制重点

1. 工业毒物源的分级

我国已公布的《职业性接触毒物危险程度分级标准》将毒物的危险程度分为四级,即:

Ⅰ级:极高度危害;

Ⅱ级:高度危害;

Ⅲ级:中度危害;

Ⅳ级:轻度危害。

据此来划分危险源的级别:

极高度危害的毒物定为 A 级危险源;

高度危害的毒物定为 B 级危险源;

中度危害和轻度危害的毒物划定为 C 级危险源。

2. 工业毒物源的控制重点

在众多的有毒有害化学物质中,要根据其毒性和易泄漏的程度来确定其控制重点。工业毒物源的控制重点是易发生泄漏的管道、连接器、过滤器、阀、压力容器或反应罐、泵、压缩机、贮罐、处理容器、放空燃烧装置及排气管等。

（二）危险源控制卡与有毒有害化学物质信息卡的结合

有毒有害化学物质信息卡是提供工业毒物的名称、毒性分级、理化性质、危害和泄漏处理等技术信息的资料卡,可以将危险源控制卡中的内容与有毒有害化学物质信息卡的内容合在一起,使信息卡的内容更加完善,更便于工业毒物源的控制管理。改进后的

《工业有毒有害化学物质信息卡》的内容如图 5-4-4 所示。

有毒有害化学物质信息卡

编号：

化学名称		最高允许浓度		毒性分级		危险度分级	
岗位名称		监测周期		监护周期		易发伤害事故种类	
理化性质	外观与性状：		熔点(℃)		燃烧性：		
	溶解性：		沸点(℃)：		自燃温度(℃)：		
	相对密度：(水＝1)(空气＝1)		闪点(℃)：		爆炸极限(V％)：		
毒性							

	危害	现场急救	预防措施
火灾与爆炸			
急性中毒	吸入：		
	皮肤接触：		
	眼睛接触：		
	食入：		
慢性中毒			
泄漏处理			

安全责任划分	厂(矿)级	车间(分厂)级	班组级
检查级别	厂(矿)级	车间(分厂)级	班组级
检查周期	厂(矿)级：　次/月	车间(分厂)级：　次/周	班组级：　次/班

填卡单位＿＿＿＿＿＿　　　填卡时间＿＿＿＿＿＿　　　应急电话＿＿＿＿＿＿

图 5-4-4　工业有毒有害化学物质信息卡

（三）工业毒物源的预控措施

1. 加强技术预防

（1）选用无毒或低毒物代替高毒物质。

（2）减少毒物贮存量并避免在超温超压下贮存毒物。

（3）减少强氧化性、强腐蚀性化学毒物的使用。

（4）加强对微量泄漏的监测。

注意气象条件及其他外界因素对毒物的影响。

2. 制定应急预案和现场应急措施

应急预案的内容包括：

（1）地区或企业概况。

（2）泄漏危险源与危险区概况。

（3）应急设备及设施的名称及操作程序。

（4）通讯系统与报警程序。

（5）避灾路线。

现场应急措施包括：

（1）立即按预定程度报警。

（2）清理现场人员，把不必要的人员从安全通道撤离。

（3）必要时停止整个生产线的运行。

（4）切断火源，切断或隔离泄漏源。

（5）抢救中毒者。

（6）使用应急设备与材料迅速堵漏。

（7）利用围堰收容泄漏物质，并将其导入预备容器。

（8）用惰性材料吸附、覆盖或混合已泄漏物质。

通过采取以上措施将事故造成的生命、财产损失降到最低程度，并尽快恢复正常生产。

3. 制定工业毒性源管理措施

（1）围绕消灭急性中毒和慢性职业中毒、改善职工劳动条件、保护职工的安全与健康开展工作。

（2）修改完善企业工业卫生管理制度和有毒有害化学物质排放浓度企业内控标准，并对工业毒物源进行定期监测分析。

（3）对在工业毒物危险源作业的接毒职工按监护周期和接毒物毒性进行定期体检，并制定应急职业病诊断处理方法和职业病诊断标准。

（4）建立接毒职工健康档案，对经诊断确认慢性中毒的职工按规定及时调换工作，并对已有症状的职工积极治疗、排毒或疗养、休养。

第六章 有毒有害化学物质信息卡
第一节 刺激性气体
有毒有害化学物质信息卡

编号：6-1-1

化学名称	氨(氨气)NH_3	最高允许浓度	30 mg/m³	毒性分级	IV	危险度分级	A
岗位名称		监测周期	1次/年	监护周期	1次/年	易发伤害事故种类	火灾、爆炸、中毒、灼烫

理化性质	外观与性状:无色有刺激性恶臭的气体 溶 解 性:易溶于水、乙醇、乙醚 相对密度:(水=1)0.82/−79 ℃ (空气=1)0.6	熔点(℃):−77.7 沸点(℃):−33.5 闪点(℃):	燃烧性:易燃 自燃温度(℃): 爆炸极限(V%):15.7~27.4

毒 性	属低毒类,对皮肤、粘膜有刺激和腐蚀毒性

		危 害	现 场 急 救	预 防 措 施
火灾与爆炸		易燃,与空气混合能形成爆炸混合物,遇明火、高热能引起燃烧爆炸,能造成人员伤亡和经济损失	1. 立即按预定程序报警,清理现场人员,按避灾线路撤离现场,切断火源。 2. 应急处理人员戴正压自给式呼吸器,切断气源,喷水冷却容器,用泡沫、二氧化碳及雾状水灭火,若不能切断气源则不能熄灭正燃烧的气体	1. 生产过程严加密闭,加强通风。 2. 岗位设备设施应采用防爆型。 3. 工作场内禁止吸烟、进食和饮水,班后淋浴。 4. 穿工作服,戴化学防护器,必要时戴防护手套,浓度不明或超标时须戴防毒口罩
急性中毒	吸 入:	咳嗽、胸闷、流涕、鼻炎、咽炎,重者喉头水肿,痉挛而窒息,严重者引起化学性肺炎和肺气肿	迅速脱离现场至空气新鲜处。保持呼吸道通畅,吸氧。呼吸停止时立即进行人工呼吸,就医	
	皮肤接触:	引起灼伤	立即脱去污染的衣着,用大量流动清水彻底冲洗皮肤或用3%硼酸溶液冲洗	
	眼睛接触:	可致结膜、角膜、巩膜及眼组织的严重腐蚀性损害,轻者角膜浑浊,重者失明	立即翻开上下眼睑,用流动清水或生理盐水冲洗至少20 min	
	食 入:			

慢性中毒	未有慢性中毒报道

泄漏处理	如发生泄漏,立即切断火源和气源。迅速转移人员至安全区,喷含盐的雾状水后强力通风,急救人员做好自身防护,确保安全

安全责任划分	厂(矿)级:分管厂(矿)长	车间(分厂)级:车间主任(分厂厂长)	班组级:班(岗)长
检 查 级 别	厂(矿)级:✓	车间(分厂)级:✓	班组级:✓
检 查 周 期	厂(矿)级:1次/月	车间(分厂)级:1次/周	班组级:2次/班

填卡单位＿＿＿＿＿＿　　填卡时间＿＿＿＿＿＿　　应急电话＿＿＿＿＿＿

有毒有害化学物质信息卡

化学名称	氯(氯气)Cl_2	最高允许浓度	1 mg/m³	毒性分级	Ⅱ	危险度分级	B
岗位名称		监测周期	1～2 次/年	监护周期	1 次/1～2 年	易发伤害事故种类	中毒

理化性质	外观与性状:黄绿色有刺激性气味的气体	熔点(℃):−101	燃烧性:本品不燃,可助燃
	溶　解　性:易溶于水、碱液	沸点(℃):−34.5	自燃温度(℃):
	相对密度:(水=1)1.47(空气=1)2.48	闪点(℃):	爆炸极限(V%):

毒　性	属高毒类,对皮肤、粘膜有强烈的刺激毒性

	危　害	现　场　急　救	预　防　措　施
火灾与爆炸			1. 严加密闭,加强通风。 2. 工作现场禁止吸烟、进食和饮水,班后淋浴。 3. 戴化学安全防护眼镜,穿相应的防护服,戴防化学手套。 4. 进入不明或高浓度区,须佩戴防毒面具,同时有人监护,紧急事态抢救或逃生时,须佩戴正压自给式呼吸器
急性中毒	吸　入:轻者出现呛咳,胸闷,气短,流涕等;较重者出现紫绀,咳嗽气短加重;重者发生中毒性肺水肿,出现呼吸困难,咯血、昏迷、休克等	迅速脱离现场至新鲜空气处,保持呼吸道畅通,吸氧,给予 2%～5%的碳酸氢钠溶液雾化吸入	
	皮肤接触:液氯可引起急性皮炎或灼伤	脱去污染的衣着,立即用清水冲洗至少 20 min	
	眼睛接触:眼红、流泪、眼刺痛	眼污染者,立即翻开眼睑,用流动的清水或生理盐水冲洗至少 20 min	
	食　入:		

慢性中毒	长期低浓度接触可引起慢性支气管炎、支气管哮喘、职业性痤疮及牙齿酸蚀症

泄漏处理	迅切断气源、火源,立即撤离污染区人员至安全区,喷雾状水稀释溶解后强力抽排,救护人员须加强自身防护

安全责任划分	厂(矿)级:	车间(分厂)级:主任(分厂厂长)	班组级:班(岗)长
检查级别	厂(矿)级:	车间(分厂)级:√	班组级:√
检查周期	厂(矿)级:1 次/月	车间(分厂)级:1 次/周	班组级:2 次/班

填卡单位_____　　填卡时间_____　　应急电话_____

有毒有害化学物质信息卡

编号：6-1-3

化学名称	溴 Br₂	最高允许浓度	0.66 mg/m³ 美国 TWA	毒性分级		危险度分级		C
岗位名称		监测周期	1 次/年	监护周期	1 次/4 年	易发伤害事故种类		中毒

理化性质	外观与性状:暗红色、褐色发烟液体,有刺鼻气味	熔点(℃):-7.2	燃烧性:助燃
	溶 解 性:微溶于水,可溶于盐、乙醇、乙醚、苯等	沸点(℃):59.5	自燃温度(℃):
	相对密度:(水=1)3.1 (空气=1)7.14	闪点(℃):	爆炸极限(V%):

毒 性	对皮肤、粘膜有强烈的刺激和腐蚀毒性

	危 害	现 场 急 救	预 防 措 施
火灾与爆炸	助燃	用二氧化碳、砂土灭火	1. 生产密闭操作,注意通风,岗位周围要杜绝火种、热源。 2. 加强个体防护,戴化学安全防护眼镜,穿防腐工作服,戴橡胶手磁。浓度超标时必须佩戴防毒面具或供气式头盔。班后淋浴,污染的衣物要单独存放。洗后再用。工作场所严禁吸烟
急性中毒	吸 入:轻者干咳,乏力、恶心、呕吐、胸闷;重者头痛、呼吸困难、剧烈咳嗽痉挛,可出现支气管哮喘、支气管炎或肺炎的表现	迅速脱离现场至空气新鲜处,呼吸困难时吸氧。呼吸停止时立即进行人工呼吸,就医	
	皮肤接触:出现过敏性皮炎,重者引起皮肤灼伤,甚至溃疡	脱去污染的衣着,用流动清水冲洗 20 min 或用 2%碳酸氢钠溶液冲洗,就医	
	眼睛接触:可至流泪、眼睑水肿、结膜充血	翻开上下眼睑,用流动清水或生理盐水冲洗 20 min,就医	
	食 入:引起口腔、咽喉及腹痛、吞咽困难、恶心、呕吐。重者呕血、便血,食管穿孔或胃穿孔甚至休克	立即漱口,给饮牛奶或蛋清,就医	

慢性中毒	可引起头痛、头晕、记忆力减退、乏力等神经衰弱综合征的症状

泄漏处理	流散泄漏污染区人员至安全区,隔离、安全堵漏,用砂土、干燥石灰或苏打灰混合,收集后处理或用大量水冲洗,洗水放入废水系统。处理人员穿戴相应的防护用品,不要直接接触泄漏物

安全责任划分	厂(矿)级:	车间(分厂)级:	班组级:班(岗)长
检 查 级 别	厂(矿)级:	车间(分厂)级:	班组级:✓
检 查 周 期	厂(矿)级: 次/月	车间(分厂)级: 次/周	班组级:2 次/班

填卡单位_____ 填卡时间_____ 应急电话_____

有毒有害化学物质信息卡

编号：6-1-4

化学名称	碳酰氯(光气)COCl₂	最高允许浓度	0.5 mg/m³美国TWA	毒性分级	Ⅱ	危险度分级	A
岗位名称		监测周期	1～2次/年	监护周期	1次/1～2年	易发伤害事故种类	中毒、爆炸

理化性质	外观与性状：无色有霉干草样气味的气体	熔点(℃)：-118	燃烧性：不燃
	溶解性：微溶于水，易溶于苯、氯仿等多种有机溶剂	沸点(℃)：8.3	自燃温度(℃)：
	相对密度：(水=1)1.37　(空气=1)3.5	闪点(℃)：	爆炸极限(V%)：

毒　性	属高毒类，对呼吸道和眼睛具有刺激性和腐蚀毒性

	危　害	现　场　急　救	预　防　措　施
火灾与爆炸	遇高温使内压增大而易发生爆炸，能造成人员伤亡和中毒事故	1. 迅速撤离爆炸区内人员至安全处。2. 切断气源，喷氨水或其他稀碱液中和通风抽排。3. 急救处理人员须戴正压自给式呼吸器安全隔离的化学防护服	1. 生产过程严加密闭，提供充分的局部排出和全面排出。采用隔离式操作。2. 空气中浓度超标时，必须佩戴防毒面具，紧急事态抢救或逃生时宜佩戴正压自给式呼吸器。3. 佩戴化学防护眼镜，穿相应的防护服，必要时戴防护手套。4. 防护用具用后立即清洗。5. 进行就业前和定期的体检
急性中毒	吸　入：轻者咳嗽、胸闷等，重者紫绀、呼吸困难，严重者出现肺水肿，甚至昏迷	迅速脱离现场至空气新鲜处，保持呼吸道通畅，必要时吸氧，呼吸停止时立即进行人工呼吸，速送医院救治	
	皮肤接触：液体引起皮肤冻伤	脱去污染的衣着，用大量流动清水彻底冲洗至少20 min	
	眼睛接触：出现畏光、流泪、视力模糊等	立即翻开上下眼睑，用流动清水冲洗至少20 min，或用2%碳酸氢钠溶剂冲洗	
	食　入：		

慢性中毒	长期反复吸入可致神经衰弱症候群：乏力、头痛、眩晕、记忆力减退等，可引起心肌损害

泄漏处理	迅速撤离泄漏污染区人员至上风处，并隔离直至气体散尽，只有受过专业训练的人才能从事清理工作。使用良好的防护服装和呼吸器，漏容器不能再用，且要经过技术处理清理可能剩下的气体，清理时遵守防护法规

安全责任划分	厂(矿)级：分管厂(矿)长	车间(分厂)级：车间主任(分厂厂长)	班组级：班(岗)长
检查级别	厂(矿)级：√	车间(分厂)级：√	班组级：√
检查周期	厂(矿)级：1次/月	车间(分厂)级：1次/周	班组级：2次/班

填卡单位＿＿＿＿＿＿　　　填卡时间＿＿＿＿＿＿　　　应急电话＿＿＿＿＿＿

有毒有害化学物质信息卡

编号:6-1-5

化学名称	乙胺 $C_2H_5NH_2$	最高允许浓度	1 880 mg/m³ 美国 TWA	毒性分级		危险度分级	A
岗位名称		监测周期	1次/年	监护周期	1次/4年	易发伤害事故种类	灼烫、火灾、爆炸

理化性质	外观与性状:无色有强烈氨味的液体或气体		熔点(℃):−80.9	燃烧性:易燃
	溶 解 性:溶于水、乙醇、乙醚等		沸点(℃):16.6	自燃温度(℃):385
	相对密度:(水=1)0.70(空气=1)1.56		闪点(℃):<−17.8	爆炸极限(V%):3.5~14.0

毒 性	对皮肤、粘膜有刺激性

	危 害	现 场 急 救	预 防 措 施
火灾与爆炸	易燃。与氨气混合能形成混合物,遇明火、高热能引起燃烧爆炸,能造成人员伤亡和财产损失	1. 按预定程序报警,清理现场人员按避灾路线撤离,切断火源。2. 应急处理人员戴自给式呼吸器穿防护服,切断气源,用泡沫、二氧化碳、干粉灭火器及雾状水灭火	1. 岗位周围应杜绝一切火种、热源。2. 操作现场设备、设施采用防爆型。配备相应品种和数量的消防器材。3. 生产过程密闭,加强通风。并戴安全防护眼镜;穿相应的防护服,戴防化学品手套。4. 空气中浓度超标时,佩戴防毒面具,紧急事态抢救时,佩戴自给式呼吸器。5. 工作现场禁止吸烟、进食和饮水。工作后,淋浴更衣
急性中毒	吸 入:	迅速脱离现场至空气新鲜处。保持呼吸道通畅。必要时进行人工呼吸。就医	
	皮肤接触:其液体污染皮肤可致水疱	立即用流动清水冲洗被污染的皮肤 20 min。若有灼伤,就医治疗	
	眼睛接触:其蒸汽可损伤角膜。液体溅入眼内可致角膜水肿	立即翻开上下眼睑,用流动清水或生理盐水冲洗20 min,就医	
	食 入:	误服者立即漱口,给饮足量牛奶或温水,催吐。就医	

慢性中毒	
泄漏处理	迅速撤离泄漏污染区人员至上风处,切断火源。应急处理人员,在确保安全情况下切断气源,加强通风,妥善清除可能剩下的气体

安全责任划分	厂(矿)级:分管厂(矿)长	车间(分厂)级:主任(分厂厂长)	班组级:班(岗)长
检 查 级 别	厂(矿)级:√	车间(分厂)级:√	班组级:√
检 查 周 期	厂(矿)级:1次/月	车间(分厂)级:1次/周	班组级:2次/班

填卡单位_____   填卡时间_____   应急电话_____

有毒有害化学物质信息卡

编号:6-1-6

化学名称	一氧化二氮 (笑气)N_2O	最高允许浓度	5 mg/m³	毒性分级		危险度分级		C
岗位名称		监测周期	1 次/年	监护周期	1 次/4 年	易发伤害事故种类		中毒

<table>
<tr><td rowspan="3">理化性质</td><td colspan="2">外观与性状:无色气体,有甜味</td><td>熔点(℃):-90.8</td><td>燃烧性:助燃</td></tr>
<tr><td colspan="2">溶 解 性:溶于水、乙醇、乙醚、浓硫酸</td><td>沸点(℃):-88.5</td><td>自燃温度(℃):</td></tr>
<tr><td colspan="2">相对密度:(水=1)1.23　(空气=1)1.52</td><td>闪点(℃):</td><td>爆炸极限(V%):</td></tr>
<tr><td>毒　性</td><td colspan="4">对中枢神经的麻醉毒性。在低氧条件下窒息性</td></tr>
</table>

	危　害	现　场　急　救	预　防　措　施
火灾与爆炸			1. 本品助燃,应单独存放。 2. 密闭操作。提供良好的通风条件。 3. 穿相应的防护服。必要时戴防护手套。 4. 进入罐内或其他高浓度区作业时,须佩戴供气呼吸器,同时须有人监护
急性中毒	吸　　入:影响中枢神经系统并发生中毒症状,引起窒息	迅速脱离现场至空气新鲜处,保持呼吸道通畅。呼吸困难时给输氧。呼吸停止时,立即进行人工呼吸。就医	
	皮肤接触:		
	眼睛接触:		
	食　　入:		

慢性中毒	表现有贫血,自然流产		
泄漏处理	迅速撤离泄漏污染区人员至上风处,应急处理人员戴自给式呼吸器,穿相应的工作服,切断气源,加强通风,妥善清除可能剩下的气体		

安全责任划分	厂(矿)级:	车间(分厂)级:	班组级:班(岗)长
检 查 级 别	厂(矿)级:	车间(分厂)级:	班组级:✓
检 查 周 期	厂(矿)级:　次/月	车间(分厂)级:　次/周	班组级:2 次/班

填卡单位_____　　填卡时间_____　　应急电话_____

有毒有害化学物质信息卡

化学名称	氟化氢 HF	最高允许浓度	1 mg/m³	毒性分级	Ⅱ	危险度分级	B
岗位名称		监测周期	1~2 次/年	监护周期	1 次/1~2 年	易发伤害事故种类	中毒

理化性质	外观与性状:无色液体或气体		熔点(℃):−83.7	燃烧性:
	溶 解 性:易溶于水		沸点(℃):19.5	自燃温度(℃):
	相对密度:(水=1)1.15　(空气=1)1.27		闪点(℃):	爆炸极限(V%):

毒　性	属高毒类,对皮肤、粘膜有强烈的刺激和腐蚀毒性

		危　害	现 场 急 救	预 防 措 施
火灾与爆炸				1. 班后淋浴,保持良好的卫生习惯。 2. 被毒物污染的衣服单独存放,洗后再用。 3. 注意个人防护、佩戴化学眼镜,穿防腐工作服,戴橡胶手套。 4. 浓度不明或超标时,必须佩戴防毒面具或供气式头盔
急性中毒	吸　入	出现上呼吸道刺激症状,有流涕、喷嚏、鼻塞、咽喉部烧灼感、呛咳、胸闷,严重时可发生支气管炎、肺炎,甚至产生反射性窒息	迅速脱离现场至空气新鲜处。保持呼吸道通畅。给予 2%~5%碳酸氢钠溶剂雾化吸入。呼吸停止时立即进行人工呼吸。就医	
	皮肤接触	引起疼痛、灼伤	立即脱去污染的衣着,用水冲洗至少 15 min,和 2%的碳酸氢钠溶液冲洗。就医	
	眼睛接触	出现剧烈疼痛、结膜水肿	立即翻开上下眼睑用流动清水冲洗 20 min 以上或用 2%碳酸氢钠溶液冲洗。就医	
	食　入			

慢性中毒	引起鼻、咽、喉慢性炎症,严重者可有鼻中隔穿孔骨骼损害可引起氟骨症,皮肤可引起坏死和溃疡,且不易治愈

泄漏处理	迅速撤离污染区人员至上风处,隔离,切断气源,喷氨水或其他稀碱液中和,然后强力抽排通风,注意收集并处理废水

安全责任划分	厂(矿)级:	车间(分厂)级:车间主任(分厂厂长)	班组级:班(岗)长
检 查 级 别	厂(矿)级:	车间(分厂)级:√	班组级:√
检 查 周 期	厂(矿)级:　次/月	车间(分厂)级:1 次/周	班组级:2 次/班

填卡单位＿＿＿＿＿＿　　填卡时间＿＿＿＿＿＿　　应急电话＿＿＿＿＿＿

有毒有害化学物质信息卡

化学名称	氯化氢 HCl	最高允许浓度	15 mg/m³	毒性分级		危险度分级	B
岗位名称		监测周期	1 次/年	监护周期	1 次/4 年	易发伤害事故种类	中毒

理化性质	外观与性状:无色有刺激性气味的气体	熔点(℃):−11	燃烧性:不燃
	溶 解 性:易溶于水	沸点(℃):−85.0	自燃温度(℃):
	相对密度:(水=1)1.19 (空气=1)1.27	闪点(℃):	爆炸极限(V%):

毒 性	对眼和呼吸道粘膜有强烈的刺激毒性。

	危 害	现 场 急 救	预 防 措 施
火灾与爆炸			1. 生产过程密闭操作,局部排风。 2. 加强个体防护戴化学安全防护眼镜,穿相应的防护服戴防护手套,空气中浓度超标时,应佩戴防毒面具。 3. 班后淋浴,保持良好的卫生习惯
急性中毒	吸 入:出现头痛、头昏、恶心、呕吐、咳嗽、声音嘶哑、呼吸困难、胸闷、胸痛、咳血	迅速脱离现场至空气新鲜处,保持呼吸道通畅,呼吸困难时吸氧,给予 2%～5% 的碳酸氢钠溶液雾化吸入。就医	
	皮肤接触:气体会使皮肤发炎和灼伤	立即脱去污染的衣物,立即用水冲洗患处至少 20 min	
	眼睛接触:眼痛、流泪、畏光等刺激症状	立即翻开上下眼睑用流动清水冲洗 20 min 以上或用 2% 碳酸氢钠溶液冲洗	
	食 入:引起口腔及消化道灼伤	误服者给饮牛奶或蛋清,立即就医	

慢性中毒	引起慢性支气管炎和牙齿酸蚀症
泄漏处理	迅速撤离泄漏区人员至安全处,隔离切断气源,安全堵漏,喷氨水或其他稀碱液中和,强力抽排通风后收集并处理废水

安全责任划分	厂(矿)级:	车间(分厂)级:主任(分厂厂长)	班组级:班(岗)长
检 查 级 别	厂(矿)级:	车间(分厂)级:✓	班组级:✓
检 查 周 期	厂(矿)级: 次/月	车间(分厂)级:1 次/周	班组级:2 次/班

填卡单位＿＿＿＿＿ 填卡时间＿＿＿＿＿ 应急电话＿＿＿＿＿

有毒有害化学物质信息卡

编号:6-1-9

化学名称	二甲胺 $(CH_3)_2NH$	最高允许浓度	10 mg/m³	毒性分级		危险度分级	A
岗位名称		监测周期	1次/年	监护周期	1次/4年	易发伤害事故种类	灼烫、火灾 爆炸

理化性质	外观与性状:无色气体,浓时有氨味,稀时有烂鱼味	熔点(℃):-92.2 燃烧性:易燃
	溶 解 性:易溶于水,溶于乙醇、乙醚等	沸点(℃):6.9 自燃温度(℃):400
	相对密度:(水=1)0.68 (空气=1)1.55	闪点(℃):17.8 爆炸极限(V%):2.8

毒 性	属中等毒性,对皮肤、眼和上呼吸道有刺激性

	危 害	现 场 急 救	预 防 措 施
火灾与爆炸	二甲胺与空气混合能形成爆炸性混合物,遇明火、高热能引起燃烧、爆炸,能造成人员伤亡和财产损失	1. 按预定程序报警,迅速撤离现场人员,切断火源。 2. 应急处理人员戴自给式呼吸器穿消防服,切断气源,用泡沫、二氧化碳灭火及雾状水灭火	1. 隔离火种、热源,现场配备相应品种和数量的消防器材。 2. 生产设备、设施采用防爆型。 3. 生产过程密闭,加强通风,戴化学安全防护眼镜、防化学品手套,穿相应的工作服。 4. 空气中浓度超标时,佩戴防毒面具。紧急事态抢救时,佩戴自给式呼吸器。 5. 工作现场禁止吸烟、进食和饮水。工作后,淋浴更衣
急性中毒	吸 入:主要引起一系列的呼吸道刺激症状,如咳嗽、呼吸困难等	迅速脱离现场至空气新鲜处,保持呼吸道通畅。必要时进行人工呼吸。就医	
	皮肤接触:引起灼伤	脱去污染的衣着,立即用流动清水彻底冲洗。若有灼伤,就医治疗	
	眼睛接触:眼内溅入40%的溶液,可引起畏光、流泪、眼睑红肿,结膜充血等	立即翻开上下眼睑,用流动清水或生理盐水冲洗20 min	
	食 入:	误服者立即漱口,给饮足量牛奶或温水,催吐。就医	
慢性中毒	表现有眼、鼻、咽喉干燥不适		
泄漏处理	迅速撤离泄漏污染区人员至上风处,切断火源。应急处理人员在确保安全情况下,切断气源,妥善清除可能剩下的气体		

安全责任划分	厂(矿)级:分管厂(矿)长	车间(分厂):车间主任(分厂厂长)	班组级:班(岗)长
检 查 级 别	厂(矿)级:✓	车间(分厂)级:✓	班组级:✓
检 查 周 期	厂(矿)级:1次/月	车间(分厂)级:1次/周	班组级:2次/班

填卡单位_____ 填卡时间_____ 应急电话_____

有毒有害化学物质信息卡

编号:6-1-10

化学名称	二氧化硫 SO₂	最高允许浓度	15 mg/m³	毒性分级		危险度分级		C
岗位名称		监测周期	1次/年	监护周期	1次/4 年	易发伤害事故种类		中毒

<table>
<tr><td rowspan="3">理化性质</td><td colspan="2">外观与性状:无色气体,有刺激性臭味</td><td>熔点(℃):-75.5</td><td>燃烧性:自燃</td></tr>
<tr><td colspan="2">溶　解　性:溶于水、乙醇</td><td>沸点(℃):-10</td><td>自燃温度(℃):</td></tr>
<tr><td colspan="2">相对密度:(水=1)1.43　(空气=1)2.26</td><td>闪点(℃):</td><td>爆炸极限(V%):</td></tr>
</table>

毒　性	属中等毒性。对眼及呼吸道粘膜有强烈的刺激性

	危　害	现 场 急 救	预 防 措 施
火灾与爆炸			1. 严加密闭,提供充分的局部排风和全面排风。 2. 工作中戴化学安全防护眼镜和防化学品手套。 3. 空气中浓度超标时,须佩戴防毒面具。紧急事态抢救时,佩戴正压自给式呼吸器。 4. 工作现场禁止吸烟、进食和饮水。工作后,淋浴更衣
急性中毒	吸　　入:轻者有咳嗽、咽、喉灼痛;重者可引起肺水肿;极高浓度吸入可引起反射性声门痉挛而窒息	迅速脱离现场至空气新鲜处。保持呼吸道通畅。呼吸困难时给与输氧。呼吸停止时,立即进行人工呼吸。就医	
	皮肤接触:可造成皮肤灼伤、肿胀、坏死	迅速脱离现场至空气新鲜处。保持呼吸道通畅。呼吸困难时给与输氧。呼吸停止时,立即进行人工呼吸。就医	
	眼睛接触:轻者有流泪、畏光;液体溅入眼内,可立即引起角膜浑浊,造成斑翳	立即翻开上下眼睑,用流动清水或生理盐水冲洗 20 min,就医	
	食　　入:		

慢性中毒	表现有头痛、头昏、乏力以及慢性鼻炎、嗅觉及味觉减退、肺气肿等
泄漏处理	迅速撤离泄漏污染区人员至上风处。应急处理人员戴正压自给式呼吸器,穿相应的防护服,切断气源,加强通风,妥善清除可能剩下的气体

安全责任划分	厂(矿)级:	车间(分厂)级:	班组级:班(岗)长
检 查 级 别	厂(矿)级:	车间(分厂)级:	班组级:✓
检 查 周 期	厂(矿)级:　　次/月	车间(分厂)级:　　次/周	班组级:2 次/班

填卡单位_____　　　填卡时间_____　　　应急电话_____

有毒有害化学物质信息卡

化学名称	二氧化氮 NO_2	最高允许浓度	5 mg/m³	毒性分级	Ⅱ	危险度分级		C
岗位名称		监测周期	1次/年	监护周期	1次/4年	易发伤害事故种类		中毒

理化性质	外观与性状:黄褐色液体或气体,有刺激性气味 溶 解 性:溶于水 相对密度:(水=1)1.45 (空气=1)3.2	熔点(℃):−9.3 沸点(℃):22.4 闪点(℃):17.8	燃烧性:助燃 自燃温度(℃): 爆炸极限(V%):2.8~14.4

毒 性	属中等毒类。有很强的氧化性

	危 害	现 场 急 救	预 防 措 施
火灾与爆炸			1.严加密闭,提供充分的局部排风和全面排风。 2.工作中穿化学防护服,戴化学安全防护眼镜,必要时戴防护手套。 3.进入罐内或其他高浓度区作业,以及紧急事态抢救时,必须佩戴防毒面具和正压自给式呼吸器,须有人监护。 4.工作现场禁止吸烟、进食和饮水。工作后,淋浴更衣
急性中毒	吸 入:初期仅有轻微的上呼吸道刺激症状,经4~6小时或更长时间潜伏期,便出现肺水肿,抢救不及时可引起死亡	迅速脱离现场至空气新鲜处。保持呼吸道通畅。呼吸困难时给输氧。呼吸停止时,立即进行人工呼吸。就医	
	皮肤接触:	脱去污染的服装,用流动清水冲洗	
	眼睛接触:可有轻微的刺激症状	立即翻开上下眼睑,用流动清水彻底冲洗	
	食 入:	误服者给饮大量温水,催吐。就医	

慢性中毒	表现有神经衰弱、慢性呼吸道炎症以及牙齿酸蚀症

泄漏处理	迅速撤离泄漏污染区人员至上风处。应急处理人员戴正压自给式呼吸器,穿相应的化学防护服,切断气源,加强通风,妥善清除可能剩下的气体

安全责任划分	厂(矿)级:	车间(分厂)级:	班组级:班(岗)长
检 查 级 别	厂(矿)级:	车间(分厂)级:	班组级:✓
检 查 周 期	厂(矿)级: 次/月	车间(分厂)级: 次/周	班组级:2次/班

填卡单位＿＿＿＿＿＿ 填卡时间＿＿＿＿＿＿ 应急电话＿＿＿＿＿＿

第二节　窒息性气体

有毒有害化学物质信息卡

编号:6-2-1

化学名称	氧 O_2	最高允许浓度		毒性分级		危险度分级		C
岗位名称		监测周期	1次/年	监护周期	1次/4年	易发伤害事故种类		火灾

理化性质	外观与性状:无色、无臭气体		熔点(℃):−218.4	燃烧性:
	溶　解　性:微溶于水		沸点(℃):−183	自燃温度(℃):
	相对密度:(水＝1)1.43　(空气＝1)		闪点(℃):	爆炸极限(V%):

毒　性			

	危　害	现　场　急　救	预　防　措　施
火灾与爆炸			1. 岗位杜绝一切火种,热源生产过程密闭生产,提供良好的自然通风条件。 2. 穿工作服,避免高浓度吸入
急性中毒	吸　入:高氧分压情况下至咳嗽呼吸困难、肺充血、水肿、出血等。纯氧吸入可致肺不张。缺氧可致死亡	缺氧时吸氧。急性氧中毒时就医。脱离现场,保持呼吸道通畅,呼吸停止进行人工呼吸	
	皮肤接触:		
	眼睛接触:		
	食　入:		

慢性中毒	

泄漏处理	应急处理人员戴自给式呼吸器,切断火源,避免与可燃物接触,切断气源,然后抽排风和强力通风,漏气容器不能再用,且要经过技术处理以清除可能剩下的气体

安全责任划分	厂(矿)级:	车间(分厂)级:	班组级:班(岗)长
检查级别	厂(矿)级:	车间(分厂)级:	班组级:√
检查周期	厂(矿)级:　次/月	车间(分厂)级:　次/周	班组级:2次/班

填卡单位＿＿＿＿＿　　填卡时间＿＿＿＿＿　　应急电话＿＿＿＿＿

有毒有害化学物质信息卡

编号:6-2-2

化学名称	氮(氮气) N_2	最高允许浓度		毒性分级		危险度分级		C
岗位名称		监测周期	1次/年	监护周期	1次/4年	易发伤害事故种类		中毒、窒息

理化性质	外观与性状:无色、无臭气体	熔点(℃):−209.8	燃烧性:
	溶 解 性:微溶于水、乙醇	沸点(℃):−195.6	自燃温度(℃):
	相对密度:(水=1)0.81 (空气=1)0.97	闪点(℃):	爆炸极限(V%):

毒 性	窒息毒性

		危 害	现 场 急 救	预 防 措 施
火灾与爆炸				1. 避免高浓度吸入,进入罐区或其他高浓度作业场所,须有人监护。 2. 穿防护服,高浓度环境中佩戴供氧式呼吸器。 3. 密闭操作,提供良好的自然通风条件
急性中毒	吸 入	大气压 392 kPa 时表现爱笑与多言,视、听和嗅觉迟钝,智力活动减弱,980 kPa 时,肌肉运动严重失调		
	皮肤接触:			
	眼睛接触:			
	食 入:			

慢性中毒	

泄漏处理	发生泄漏,切断气源,迅速撤离人员至上风处,隔离加强通风

安全责任划分	厂(矿)级:	车间(分厂)级:	班组级:班(岗)长
检 查 级 别	厂(矿)级:	车间(分厂)级:	班组级:✓
检 查 周 期	厂(矿)级: 次/月	车间(分厂)级: 次/周	班组级:2次/班

填卡单位_____ 填卡时间_____ 应急电话_____

有毒有害化学物质信息卡

化学名称	氢气 H₂	最高允许浓度		毒性分级		危险度分级		A
岗位名称		监测周期	1次/年	监护周期	1次/4年	易发伤害事故种类		窒息、火灾、爆炸

理化性质	外观与性状:无色、无臭气体　　　　　熔点(℃):−259.2　　燃烧性: 溶　解　性:不溶于水、乙醇、乙醚　　沸点(℃):−252.8　　自燃温度(℃):400 相对密度:(水＝1)0.09(空气＝1)0.07　闪点(℃):＜−50　　爆炸极限(V%):4.1～14.1

毒　　性	浓度很高时造成缺氧窒息

	危　　害	现　场　急　救	预　防　措　施
火灾与爆炸	易燃、遇明火、高热能引起燃烧爆炸,造成人员伤亡和财产损失	1.按预定程序报警、清理现场、按避灾路线撤离现场。 2.应急处理人员戴自给式呼吸器、穿消防服,切断火源,喷水冷却容器、二氧化碳灭火	1.现场杜绝一切火源,密闭操作,设施采用防爆型,现场自然通风条件好。 2.操作人员入罐或其他高浓度区作业,须佩戴供气式呼吸器,同时须有人监护
急 性 中 毒	吸　　入:浓度很高时造成窒息,分压很高时可出现麻醉作用	迅速脱离现场至空气新鲜处,保持呼吸道通畅。呼吸困难时吸氧,呼吸停止时立即进行人工呼吸。就医	
	皮肤接触:		
	眼睛接触:		
	食　　入:		

慢性中毒	

泄漏处理	迅速撤离人员至上风处,隔离。切断火源和气源,强力抽排风

安全责任划分	厂(矿)级:分管厂(矿)长	车间(分厂)级:车间主任(分厂厂长)	班组级:班(岗)长
检　查　级　别	厂(矿)级:√	车间(分厂)级:√	班组级:√
检　查　周　期	厂(矿)级:1次/月	车间(分厂)级:1次/周	班组级:2次/班

填卡单位＿＿＿＿＿＿　　填卡时间＿＿＿＿＿＿　　应急电话＿＿＿＿＿＿

有毒有害化学物质信息卡

化学名称	氰化氢 HCN	最高允许浓度	0.3 mg/m³	毒性分级		危险度分级		A
岗位名称		监测周期	1～2次/年	监护周期	1次/ 1～2年	易发伤害事故种类		火灾、爆炸、中毒

理化性质	外观与性状:无色气体或液体,有苦杏仁味	熔点(℃):13.2 沸点(℃):25.7 闪点(℃):-17.8	燃烧性:易燃 自燃温度(℃):538 爆炸极限(V%):下限 5.6, 上限 40.0
	溶 解 性:溶于水、醇、醚等		
	相对密度:(水=1)0.69(空气=1)0.93		

毒 性	属剧毒类,使机体组织不能利用氧而产生"细胞窒息"

	危 害	现 场 急 救	预 防 措 施
火灾与爆炸	易燃,其蒸气极易燃烧,能扩散火源并回火,在温度-18℃时能与空气形成易燃、易爆混合物,能造成人员伤亡事故	1. 立即按预定程序报警,清理现场人员并按避灾路线撤离现场,施用"结伴监护"制度。 2. 受过专业培训人员可在现场应急,使用良好的防护服和呼吸器,切断火源,用干粉、二氧化碳泡沫灭火器材和喷水灭火	1. 从事本岗位作业人员应经过严格培训考核,有较强的安全意识和自我保护能力,能掌握抢救知识,正确使用防护器材。 2. 严禁一人独立操作,岗位应按规定配齐灭火器材、防毒用具及冲洗设施。 3. 产毒点严加密闭,加强通风。 4. 采用隔离式操作。 5. 戴化学安全防护镜,戴防护手套穿相应的防护服,毒物浓度超标时须佩戴供气式防毒面具。 6. 工作场所禁止吸烟、禁止食和饮,车间应配备急救设备及药品
急性中毒	吸 入:轻者出现头昏、头痛、胸闷、恶心,呼吸加快,重者呼吸困难、意识丧失、惊厥,最后因呼吸中枢麻痹而死亡,严重者骤死	迅速脱离现场至空气新鲜处,吸入亚硝酸异戊酯,同时进行人工呼吸,立即注射亚硝酸钠和硫代硫酸钠,就地治疗后送医院	
	皮肤接触:引起皮肤灼伤	迅速脱去污染的衣着,用大量流动清水彻底冲洗	
	眼睛接触:液体对眼产生轻度刺激蒸气伤害视网膜和神经,引起视力下降	眼污染者用流动清水冲洗 20 min 后,送医院	
	食 入:经口接触,症状同吸入	立即用 0.2%的高锰酸钾溶液或 3%的过氧化氢溶液彻底洗胃,其余急救措施同吸入	

慢性中毒	长期吸入引起神经衰弱综合征和运动肌肉酸痛以及皮疹等

泄漏处理	迅速撤离泄漏区人员至上风处,隔离切断泄源和气源,喷水雾稀释溶解(不要对泄漏点直接喷),强力抽排通风后,收集、回收或无害化处理

安全责任划分	厂(矿)级:分管厂(矿)长	车间(分厂)级:车间主任(分厂厂长)	班组级:班(岗)长
检 查 级 别	厂(矿)级:√	车间(分厂)级:√	班组级:√
检 查 周 期	厂(矿)级:1次/月	车间(分厂)级:1次/周	班组级:2次/班

填卡单位＿＿＿＿＿＿＿＿ 填卡时间＿＿＿＿＿＿＿＿ 应急电话＿＿＿＿＿＿＿＿

有毒有害化学物质信息卡

编号:6-2-5

化学名称	硫化氢 H_2S	最高允许浓度	10 mg/m³	毒性分级	Ⅲ	危险度分级	A
岗位名称		监测周期	1次/年	监护周期	1次/4年	易发伤害事故种类	火灾、爆炸、中毒

理化性质	外观与性状:无色有臭鸡蛋味的气体　　熔点(℃):-85.5　　燃烧性:极易燃 溶　解　性:溶于水,乙醇　　　　　　　沸点(℃):-60.4　　自燃温度(℃):260 相对密度:(水=1)1.54(空气=1)1.19　闪点(℃):<-50　　爆炸极限(V%):4.0~46.0

毒　性	高毒类,具有强烈的神经毒性,对粘膜有强烈的刺激毒性。

	危　　害	现　场　急　救	预　防　措　施
火灾与爆炸	极易燃,其蒸气与空气混合物具有爆炸性。可能性造成人员伤亡及财产损失	1. 按照定程序报警,清理现场人员按避灾路线撤离现场。 2. 先切断火源,并与其他物品分离,大量喷水灭火。 3. 应急人员须戴隔离式防毒面具,隔热手套,防化学服	1. 加强通风,设备密闭,周围杜绝各类火种。应有防爆设施,无火花工具。 2. 戴化学防护眼镜,穿相应的防护服,戴防化学品手套。浓度不明或超标时,须佩戴防毒面具
急性中毒	吸　　入:轻者有头痛,流涕、咳嗽、胸闷、恶心等。重者有急性支气管炎,支气管肺炎的表现,有运动失调,意识障碍甚至昏迷,心肌损害明显,极重者发生电击样死亡	迅速脱离现场至空气新鲜处,保持呼吸道通畅,呼吸困难时吸氧。呼吸停止时,立即做人工呼吸(勿口对口),迅速就医	
	皮肤接触:	皮肤污染立即脱去污染的衣着,用大量流动清水彻底冲洗	
	眼睛接触:轻者有流泪、畏光、眼刺痛,重者出现球结膜水肿,视物模糊	立即用流动清水冲洗 20 min 或用 20%碳酸氢钠溶液冲洗,就医	
	食　　入:		

慢性中毒	可引起神经衰弱综合征和植物神经功能紊乱

泄漏处理	如发生泄漏,切断火源和气源。迅速撤离人员至安全区,强力通风,救护人员必须佩戴防护用具,确保安全

安全责任划分	厂(矿)级:分管厂(矿)长	车间(分厂)级:车间主任(分厂厂长)	班组级:班(岗)长
检　查　级　别	厂(矿)级:√	车间(分厂)级:√	班组级:√
检　查　周　期	厂(矿)级:1次/月	车间(分厂)级:1次/周	班组级:2次/班

填卡单位_____　　　填卡时间_____　　　应急电话_____

有毒有害化学物质信息卡

编号:6-2-6

化学名称	磷化氢 PH₃	最高允许浓度	0.3 mg/m³	毒性分级		危险度分级	A
岗位名称		监测周期	1～2次/年	监护周期	1次/4年	易发伤害事故种类	火灾、爆炸。中毒、窒息

理化性质	外观与性状:无色有芥子气味的气体		熔点(℃):-132.5 燃烧性:易燃
	溶 解 性:不溶于热水,微溶于冷水,溶于乙醇、乙醚		沸点(℃):-87.5 自燃温度(℃):100
	相对密度:(水=1)1.15 (空气=1)		闪点(℃):<-50 爆炸极限(V%):

毒 性	极毒!造成神经系统和心、肝肾的病变

	危　害	现　场　急　救	预 防 措 施
火灾与爆炸	易燃、暴露在空气中能自燃、遇明火、高热、极易燃烧爆炸,能造成人员伤亡及财产损失	1. 按预定程度报警,清理现场人员按避灾路线撤离现场,切断火源。2. 应急处理人员戴正压自给式呼吸器,穿化学防护服,切断气源,用泡沫、二氧化碳及雾状水灭火,若不能立即切断气源,则不允许熄灭正在燃烧的气体	1. 严格执行国家消防条例,岗位杜绝一切火种和热源。2. 按规定配备相应品种和数量的消防器材。3. 生产过程严加密闭,提供充分的局部排风和全面排风。4. 工作现场禁止吸烟、进食和饮水,班后应淋浴更衣。5. 戴安全防护眼镜,穿相应的防护服,戴防护化学手套,浓度不明或超标时,须佩戴防毒面具,入罐或其他高浓度区作业须有人监护
急性中毒	吸 入:轻者有头痛、乏力、恶心、失眠、口渴、鼻咽发干、胸闷、咳嗽,重者呼吸困难、意识障碍、肺水肿、肝、肾和心肌损害	迅速脱离现场至空气新鲜处,保持呼吸道通畅,吸氧,呼吸和心跳停止者进行人工呼吸和心脏按压术,就医	
	皮肤接触:		
	眼睛接触:		
	食 入:引起症状同吸入。另有明显的恶心、呕吐等胃肠道症状	立即用0.1%高锰酸钾或清水洗胃。口服硫酸钠或硫酸镁导泻	
慢性中毒	头晕失眠、鼻咽部干燥、恶心、乏力等症状		
泄漏处理	如发生泄漏,迅速切断气源和火源。撤离人员,喷雾状水稀释溶解,强力通风后,收集并处理废水,救护人员加强防护		

安全责任划分	厂(矿)级:分管厂(矿)长	车间(分厂)级:车间主任(分厂厂长)	班组级:班(岗)长
检 查 级 别	厂(矿)级:✓	车间(分厂)级:✓	班组级:✓
检 查 周 期	厂(矿)级:1次/月	车间(分厂)级:1次/周	班组级:2次/班

填卡单位＿＿＿＿＿　　填卡时间＿＿＿＿＿　　应急电话＿＿＿＿＿

有毒有害化学物质信息卡

编号:6-2-7

化学名称	一氧化碳 CO	最高允许浓度	30 mg/m³	毒性分级	Ⅱ	危险度分级	A
岗位名称		监测周期	1～2次/年	监护周期	1次/1～2年	易发伤害事故种类	中毒、火灾爆炸。

理化性质	外观与性状:无色、无臭气体 溶　解　性:微溶于水,溶于乙醇、苯等有机溶剂 相对密度:(水=1)0.79(空气=1)0.97	熔点(℃):-199.1 沸点(℃):-191.4 闪点(℃):<-50	燃烧性:易燃 自燃温度(℃):610 爆炸极限(V%):12.5～74.2

毒　性	造成组织缺氧,窒息

	危　害	现场急救	预防措施
火灾与爆炸	本品与空气混合遇明火发生爆炸,能造成人员伤亡和重大财产损失	1. 按预定程序报警,清理现场人员按避灾路线撤离现场。 2. 应急人员在做好自身安全防护情况下,切断火源,并抢救中毒者。 3. 用粉末二氧化碳灭火器材灭火	1. 按规定配备隔爆设施,控制火源。 2. 按岗位规定配备灭火器材,防毒用具。 3. 严加密闭充分排风。生产、生活用气必须分路。 4. 空气中浓度超标时,必须佩戴防毒面具。皮急事态抢救时,须佩戴正压自给式呼吸器。 5. 生产操作过程中,穿相应的防护服,必要时戴安全防护眼镜。 6. 工作现场严禁吸烟。进入罐内或其他高浓度区作业须有人监护。就业前体检和工作后定期体检
急性中毒	吸　　入:轻者头痛、眩晕、恶心;重者,面色潮红;口唇樱红,意识模糊;严重者昏迷不醒,瞳孔微小,大小便失禁,甚至死亡	迅速脱离现场至空气新鲜处。呼吸困难时给输氧。呼吸心跳停止者,立即进行人工呼吸和心脏近压术。就医	
	皮肤接触:		
	眼睛接触:		
	食　　入:		

慢性中毒	表现有神经和心血管系统损害

泄漏处理	迅速撤离泄漏污染区人员至上风处,切断火源。应急处理人员在确保安全情况下,切断气源,加强通风,妥善清除可能剩下的气体

安全责任划分	厂(矿)级:分管厂(矿)长	车间(分厂)级:分管主任(分厂厂长)	班组级:班(岗)长
检　查　级　别	厂(矿)级:✓	车间(分厂)级:✓	班组级:✓
检　查　周　期	厂(矿)级:1次/月	车间(分厂)级:1次/周	班组级:2次/班

填卡单位＿＿＿＿　　填卡时间＿＿＿＿　　应急电话＿＿＿＿

有毒有害化学物质信息卡

编号:6-2-8

化学名称	二氧化碳 CO_2	最高允许浓度	9 000 mg/m³	毒性分级		危险度分级	C
岗位名称		监测周期	1次/年	监护周期	1次/4年	易发伤害事故种类	中毒、窒息

理化性质	外观与性状:无色、无臭气体 溶　解　性:溶于水、烃类等多种有机溶剂 相对密度:(水=1)1.56/-79 ℃ 　　　　　(空气=1)1.53	熔点(℃):-56.6/527 kPa 沸点(℃):-78.5(升华) 闪点(℃):	燃烧性:不燃 自燃温度(℃): 爆炸极限(V%):

毒　性	低浓度时对于呼吸中枢兴奋,高浓度时抑制,更高浓度时有麻醉性。

	危　　害	现　场　急　救	预　防　措　施
火灾与爆炸			1. 密闭操作,提供良好的自然通风条件。 2. 工作中穿化学防护服,必要时戴防护手套。 3. 进入罐内或其他高浓度区作业,须佩戴供气式呼吸器,须有人监护
急性中毒	吸　　入:开始引起谵妄,以后进入麻醉,严重时意识丧失,大小便失禁,更严重者出现呼吸停止及休克,甚至死亡	迅速脱离现场至空气新鲜处,呼吸困难时给输氧。呼吸停止时,立即进行人工呼吸,如有条件给高压氧治疗	
	皮肤接触:可引起皮肤严重的低温灼伤	若有皮肤冻伤,先用温水洗浴,再涂抹冻伤软膏,用消毒纱布包扎。就医	
	眼睛接触:可引起眼睛严重的低温灼伤	立即翻开上下眼睑,用大量流动清水或生理盐水冲洗。就医	
	食　　入:		

慢性中毒	表现有全身性血管粥样硬化改变

泄漏处理	迅速撤离泄漏污染区人员至上风处,应急处理人员戴自给式呼吸器,穿相应的防护服,切断气源,加强通风,妥善清除可能剩下的气体

安全责任划分	厂(矿)级:	车间(分厂)级:	班组:班(岗)长
检查级别	厂(矿)级:	车间(分厂)级:	班组:✓
检查周期	厂(矿)级:　次/月	车间(分厂)级:　次/周	班组级:2次/班

填卡单位_____　　　　填卡时间_____　　　　应急电话_____

第三节 金属、类金属及其化合物

有毒有害化学物质信息卡

编号:6-3-1

化学名称	铅 Pb	最高允许浓度	铅烟 0.03 mg/m³ 铅尘 0.05 mg/m³	毒性分级	Ⅱ	危险度分级	B
岗位名称		监测周期	1～2 次/年	监护周期	1 次/ 1～2 年	易发伤害事故种类	中毒、火灾 爆炸

理化性质	外观与性状:灰白色柔软的金属		熔点(℃):327		燃烧性:可燃
	溶 解 性:不溶于水,溶于硝酸和热的浓硫酸		沸点(℃):1 620(升华)		自燃温度(℃):
	相对密度:(水=1)11.34/20 ℃ (空气=1)		闪点(℃):		爆炸极限(V%):

毒 性	属高毒物,系细胞源浆毒,损害神经、造血和消化系统

	危 害	现 场 急 救	预 防 措 施
火灾与爆炸	可燃,粉体在受热,遇明火或接触氧化剂时会引起燃烧爆炸	1. 应急处理人员穿消防护服,戴防毒面具,切断火源。 2. 用干粉灭火器和砂土灭火。	1. 岗位要杜绝一切火种和火源。 2. 密闭铅烟、尘发生源,加强通风排毒。 3. 提供个人防护用品,班后洗澡。 4. 不准在工作场所进食、饮水和吸烟。 5. 作业工人定期进行职业体检
急性中毒	吸 入:刺激呼吸道粘膜引起咳嗽	脱离现场至空气新鲜处	
	皮肤接触:		
	眼睛接触:刺激眼睛引起流泪、畏光等	翻开上下眼睑,用大量流动清水彻底冲洗。就医	
	食 入:药源性铅中毒,饮酒性铅中毒,主要经消化道吸收,可感口中金属味,流涎。恶心、呕吐、便秘或腹泻,腹胀痛、头痛乏力等	给饮足量水,催吐,反复多次后送医院驱铅治疗	

慢性中毒	早期常感乏力,口内金属味,肌肉关节酸痛等,继续出现腰痛,神经衰弱的综合征等,化验尿铅量升高,如接触浓度高,持续时间长,还可出现腰绞痛、贫血、手腕伸肌无力等

泄漏处理	泄漏时隔离污漏污染区,周围设警告标志,小心扫起回收

安全责任划分	厂(矿)级:	车间(分厂)级:主任(分厂厂长)	班组级:班(岗)长
检 查 级 别	厂(矿)级:	车间(分厂)级:✓	班组级:✓
检 查 周 期	厂(矿)级: 次/月	车间(分厂)级:1 次/周	班组级:2 次/班

填卡单位＿＿＿＿＿ 填卡时间＿＿＿＿＿ 应急电话＿＿＿＿＿

有毒有害化学物质信息卡

编号:6-3-2

化学名称	锰 Mn	最高允许浓度	0.2 mg/m³ (以 MnO₂ 计)	毒性分级	I	危险度分级	A
岗位名称		监测周期	1~2 次/年	监护周期	1次/ 1~2年	易发伤害事故种类	中毒、火灾 爆炸

理化性质	外观与性状:银灰色粉末 溶 解 性:易溶于酸 相对密度:(水=1)7.2 (空气=1)	熔点(℃):1 260 沸点(℃):1 900 闪点(℃):	燃烧性:可燃 自燃温度(℃): 爆炸极限(V%):

毒 性	主要损害中枢神经系统

	危 害	现 场 急 救	预 防 措 施
火灾与爆炸	可燃,遇明火或接触氧化剂时会引起燃烧、爆炸	1. 用干粉灭火器材和砂土灭火。 2. 切断火源,应急处理人员戴好防毒面具	1. 岗位周围要杜绝一切火种、热源,应与氧化剂、酸类隔开存放。密闭生产、局部排风。 2. 应佩戴防尘口罩,穿防护服,工作场所禁止吸烟、进食和饮水。班后淋浴更衣
急性中毒	吸 入:机械刺激引起咳嗽	脱离现场至空气新鲜处	
	皮肤接触:机械刺激症状	用流动清水冲洗皮肤	
	眼睛接触:机械刺激症状	翻开上下眼睑,用流动清水冲洗彻底	
	食 入:		

慢性中毒	表现为头痛、头晕、记忆减退、嗜睡、心动过速、多汗、两腿沉重、口吃、易激动,重者出现"锰性帕金森氏综合征",特点为面部呆板、无力、情绪淡漠、语言不清、肌颤、书写困难、走路前冲、后退易摔倒
泄漏处理	隔离泄漏污染区,切断火源,避免扬尘,速用无火花工具收集于干燥、洁净盖的容器中,转移回收

安全责任划分	厂(矿)级:	车间(分厂)级:主任(分厂厂长)	班组级:班(岗)长
检 查 级 别	厂(矿)级:	车间(分厂)级:✓	班组级:✓
检 查 周 期	厂(矿)级: 次/月	车间(分厂)级:1 次/周	班组级:2 次/班

填卡单位＿＿＿＿＿＿ 填卡时间＿＿＿＿＿＿ 应急电话＿＿＿＿＿＿

有毒有害化学物质信息卡

编号:6-3-3

化学名称	硫 S	最高允许浓度		毒性分级		危险度分级	B
岗位名称		监测周期	1次/年	监护周期	1次/4年	易发伤害事故种类	火灾、中毒爆炸

理化性质	外观与性状:淡黄色脆性结晶或粉末,有特殊臭味		熔点(℃):119	燃烧性:
	溶解性:		沸点(℃):444.6	自燃温度(℃):232
	相对密度:(水=1)2.0 (空气=1)		闪点(℃):207	爆炸极限(V%)2.3(下):

毒 性	属低毒类,对神经系统、眼、皮等有刺激

	危 害	现 场 急 救	预 防 措 施
火灾与爆炸	遇明火、高热易燃。与氧化剂混合能形成有爆炸性的混合物,粉体与空气可形成爆炸混合物,当达到一定浓度时,遇火会发生爆炸	应急处理人员戴好面罩,穿消防服,切断火源,用雾状水、泡沫、二氧化碳灭火器材及砂土灭火	1.岗位周围应杜绝一切火种、火源,要密闭操作,局部排风。 2.佩戴防尘口罩,戴安全防护眼镜,穿相应的防护服,戴手套。工作现场严禁吸烟,班后淋浴、更衣。 3.应与磷和氧化剂隔离
急性中毒	吸 入:头痛、头晕、乏力、呕吐、共济失调、昏迷等	脱离现场,必要时进行人工呼吸。就医	
	皮肤接触:致敏	脱去污染的衣着,用流动清水冲洗	
	眼睛接触:结膜炎症	翻开上下眼睑,用流动清水冲洗	
	食 入:症状同吸入症状	给饮大量温水,催吐。就医	
慢性中毒			
泄漏处理	隔离泄漏污染区,周围设警告标志,切断火源,应急处理人员戴好防尘面罩,穿消防服,使用无火花工具,收集置于袋中转移至安全场所。大量泄漏,收集加收或无害处理后废弃		

安全责任划分	厂(矿)级:	车间(分厂)级:主任(分厂厂长)	班组级:班(岗)长
检 查 级 别	厂(矿)级:	车间(分厂)级:√	班组级:√
检 查 周 期	厂(矿)级: 次/月	车间(分厂)级:1次/周	班组级:2次/班

填卡单位_____ 填卡时间_____ 应急电话_____

有毒有害化学物质信息卡

编号：6-3-4

化学名称	汞(水银)Hg	最高允许浓度	0.01 mg/m³	毒性分级	Ⅰ	危险度分级	A
岗位名称		监测周期		监护周期	1次/ 1～2年	易发伤害事故种类	中毒

理化性质	外观与性状：银白色液态金属 熔点(℃)： 燃烧性： 溶　解　性：溶于浓硝酸、王水及浓硫酸 沸点(℃)： 自燃温度(℃)： 相对密度：(水＝1) (空气＝1) 闪点(℃)： 爆炸极限(V%)： 常温下易挥发，高温下迅速挥发，与氯酸盐、硝酸盐、浓硫酸等混合可发生爆炸

毒　　性	剧毒类，引起心、肝、肾、肺及神经系统的严重损害。

	危　　害	现　场　急　救	预　防　措　施
火灾与爆炸			1. 生产严加密闭，提供充分的局部排风，采取降温措施。 2. 须佩戴防毒口罩，安全防护眼镜防化品手套。穿相应的防护服。 3. 工作场所严禁进食、饮水。班后淋浴更衣。被污染的衣物单独存放洗后再用
急性中毒	吸　入：起病急剧，头痛、头晕、失眠、多梦、发烧、口腔炎和胃肠炎症状、咳嗽、咯痰、胸闷、胸痛、气短，甚至呼吸困难及紫绀	迅速脱离现场至空气新鲜处，注意保暖，必要时进行人工呼吸。就医	
	皮肤接触：可出现中毒性皮炎，表现为出血性斑丘疹以躯干和四肢严重，有融合倾向	脱去污染的衣着，立即用流动清水彻底冲洗，就医	
	眼睛接触：眼炎	立即翻开上下眼睑，用大量的流动清水或生理盐水冲洗	
	食　　入：引起剧烈呕吐、恶心、上腹痛、咽喉灼痛、水肿。重者胃肠穿孔面致弥漫性腹膜炎或急性腐蚀性胃肠炎症状和腰痛、少尿、无尿、尿血等坏死肾病	立即用水漱口，饮牛奶、蛋清、豆浆等，也可用温水或0.2%～0.5%活性炭悬浮洗胃	
慢性中毒	出现头痛、头晕、乏力、记忆减退等神经衰弱综合征，汞毒性震颤，口腔炎，易兴奋症，少数有肝、肾损害		
泄漏处理	立即疏散污染区人员至安全区，急救处理人员应戴自给式呼吸器，穿化学防护服，安全堵漏，收集、转移回收，不能收集的可用多量硫化钙或过量的硫黄粉处理		

安全责任划分	厂(矿)级：分管厂(矿)长	车间(分厂)级：车间主任(分厂厂长)	班组级：班(岗)长
检　查　级　别	厂(矿)级：✓	车间(分厂)级：✓	班组级：✓
检　查　周　期	厂(矿)级：1次/月	车间(分厂)级：1次/周	班组级：2次/班

填卡单位＿＿＿＿＿＿　　填卡时间＿＿＿＿＿＿　　应急电话＿＿＿＿＿＿

有毒有害化学物质信息卡

编号:6-3-5

化学名称	黄磷P	最高允许浓度	0.03 mg/m³	毒性分级	Ⅰ	危险度分级	A
岗位名称		监测周期	2次/年	监护周期	1次/1～2年	易发伤害事故种类	火灾、中毒灼烫

理化性质	外观与性状:无色或淡黄色蜡状固体,有蒜臭味 溶　解　性:不溶于水,易溶于二硫化碳、乙醚、苯等 相对密度:(水=1)1.82　(空气=1)4.42	熔点(℃):44.1　　燃烧性:易燃 沸点(℃):280.5　自燃温度(℃):60 闪点(℃):　　　爆炸极限(V%):

毒　　性	属高毒类。对牙齿有溶解作用,对下颌、骨和其他骨骼有影响。肝、肾损害

	危　害	现　场　急　救	预　防　措　施
火灾与爆炸	接触空气,会冒烟自燃,能造成火灾和人员伤害事故	切断火源,应急人员戴好防毒面具,穿化学防护服,用雾化水灭火	1. 严格密闭,保证充分的局部通风,岗位要杜绝一切火种和热源。 2. 工作时穿相应的防护服,戴化学安全眼镜和防化学品手套。 3. 空气中浓度超标时,应戴防毒面具。 4. 工作现场禁止吸烟、饮食和饮水。工作后彻底清洗,进行就业前体检和工作后定期体检
急性中毒	吸　入:表现有头痛,头晕,全身无力,心动过缓,上腹痛,重症出现急性肝坏死	脱离现场至空气新鲜处。必要时进行人工呼吸,就医	
	皮肤接触:可致皮肤灼伤	脱去污染的衣着,立即用清水或3%碳酸氢钠溶液冲洗,就医	
	眼睛接触:灼伤	立即翻开眼睑,用流动清水或生理盐水站洗 20 min,就医	
	食　入:口服出现口腔糜烂,急性胃肠炎	立即用 1%硫酸铜洗胃或 1:5 000锰酸钾溶液洗胃,但要防止胃穿孔或出血。就医	

慢性中毒	有神经衰弱综合征,消化功能紊乱及骨骼损害,尤以下颌骨显著,肝、肾损害

泄漏处理	隔离泄漏污染区,周围设警告标志,切断火源,应急处理人员戴好防毒面具,穿化学防护服。用水、潮湿的沙泥土覆盖,并吸入金属容器保存于水中,如果大量泄漏,要在技术人员指导下清除

安全责任划分	厂(矿)级:分管厂(矿)长	车间(分厂)级:主任(分厂厂长)	班组级:班(岗)长
检 查 级 别	厂(矿)级:√	车间(分厂)级:√	班组级:√
检 查 周 期	厂(矿)级:1次/月	车间(分厂)级:1次/周	班组级:2次/班

填卡单位＿＿＿＿＿　　填卡时间＿＿＿＿＿　　应急电话＿＿＿＿＿

有毒有害化学物质信息卡

编号:6-3-6

化学名称	氧化镉CdO	最高允许浓度	0.05 mg/m³	毒性分级		危险度分级	C
岗位名称		监测周期	1次/年	监护周期	1次/4年	易发伤害事故种类	中毒

理化性质	外观与性状:深棕色粉末	熔点(℃):1 400	燃烧性:
	溶 解 性:不溶于水和碱	沸点(℃):	自燃温度(℃):
	相对密度:(水=1) (空气=1)	闪点(℃):	爆炸极限(V%):

毒 性	中等毒,其烟尘刺激呼吸道

	危 害	现 场 急 救	预 防 措 施
火灾与爆炸			浓度超标时戴防毒面具,使用防护服等,作业场所严禁吸烟、进食、饮水,班后淋浴更衣
急性中毒	吸 入:吸入可乏力、头晕、寒战发热、四肢酸痛、咳嗽、胸闷、胸痛、呼吸困难。可致化学性肺炎、肺水肿		
	皮肤接触:有刺激症状	脱去污染衣着,大量水洗淋	
	眼睛接触:污染眼,有刺激症状	用大量清水冲洗	
	食 入:刺激症状,出现恶心、呕吐、腹泻、腹痛、全身疲乏、肌肉疼痛虚脱等	冲洗口腔,就医洗胃	

慢性中毒	可使嗅觉减退、肺气肿、肾功能损害、贫血等

泄漏处理	

安全责任划分	厂(矿)级:	车间(分厂)级:	班组级:班(岗)长
检 查 级 别	厂(矿)级:	车间(分厂)级:	班组级:√
检 查 周 期	厂(矿)级: 次/月	车间(分厂)级: 次/周	班组级:2次/班

填卡单位＿＿＿＿＿＿ 填卡时间＿＿＿＿＿＿ 应急电话＿＿＿＿＿＿

有毒有害化学物质信息卡

编号:6-3-7

化学名称	氧化钙 CaO	最高允许浓度	2 mg/m³	毒性分级		危险度分级		C
岗位名称		监测周期	1 次/年	监护周期	1 次/4 年	易发伤害事故种类		中毒、灼伤

理化性质	外观与性状:白色无定形粉末,含有杂质时呈灰白色或淡黄色	熔点(℃):2 580	燃烧性:
	溶 解 性:易溶于酸,不溶于水,但能与水化合成氢氧化钙	沸点(℃):2 850	自燃温度(℃):
		闪点(℃):	爆炸极限(V%):
	相对密度:(水=1)3.35 （空气=1）		

毒 性	具有刺激性和强烈的腐蚀性

	危　害	现　场　急　救	预　防　措　施
火灾与爆炸			接触其粉尘时戴防毒口罩,必要时戴防护眼镜,穿防酸碱工作服,戴橡胶手套,班后淋浴更衣
急性中毒	吸　入:受刺激而喷嚏和咳嗽,可致化学性肺炎	脱离现场至空气新鲜处,保持呼吸道通畅,呼吸困难时吸氧,呼吸停止时,进行人工呼吸,就医	
	皮肤接触:刺激皮肤,灼伤造成皮肤损害	脱去污染衣着,用流动清水冲洗	
	眼睛接触:可灼伤眼睛角膜,严重时可失明	眼污染,立即翻开上下眼睑,用流动清水或生理盐水冲洗 30 min 以上,就医	
	食　入:灼伤、产生呕吐、腹泻、虚脱等	给牛奶蛋清饮用,就医	
慢性中毒	皮肤可发痒、变红、肿胀。严重时可至手掌角化、皲裂、指甲变形		
泄漏处理	戴好防毒面具,穿化学防护服,用铲子收集至干燥有盖容器内,运至废物处理场所。如大量泄漏,收集回收或无害化处理后废弃		

安全责任划分	厂(矿)级:	车间(分厂)级:	班组级:班(岗)长
检 查 级 别	厂(矿)级:	车间(分厂)级:	班组级:√
检 查 周 期	厂(矿)级: 次/月	车间(分厂)级: 次/周	班组级:2 次/班

填卡单位_____　　填卡时间_____　　应急电话_____

有毒有害化学物质信息卡

化学名称	羰基镍 Ni(CO)₄	最高允许浓度	0.001 mg/m³	毒性分级	I	危险度分级	A
岗位名称		监测周期	1～2次/年	监护周期	1次/ 1～2年	易发伤害事故种类	中毒、火灾 爆炸

理化性质	外观与性状:无色液体,在45℃沸腾或具有特殊煤烟气味 溶 解 性:不溶于水 相对密度:(水=1) (空气=1)1.32	熔点(℃): 沸点(℃):43 闪点(℃):<-20	燃烧性: 自燃温度(℃):60 爆炸极限(V%):2～34

毒 性	高毒类,刺激呼吸道并有全身中毒,导致肺、肝、脑的损害

	危 害	现 场 急 救	预 防 措 施
火灾与爆炸	暴露在空气中能自燃,遇明火、高热强烈分解燃烧。能与氧化剂、空气、氧、溴强烈反应,引起燃烧爆炸,能造成较大财产损失	立即按预定程序报警,清理现场人员按避灾路线撤离现场,应急处理人员戴正压自给式呼吸器,用泡沫、二氧化碳灭火器材及雾状水、砂土灭火	1.岗位周围杜绝一切火种、热源。应与氧化剂,食用化工原料、碱类、酸类隔开。生产过程严加密闭,保证充分的局部排风。 2.作业场所空气浓度超标时应佩戴防毒面具,使用工作服、工作鞋、手套,戴防化学防护眼镜。应备有安全淋浴和眼睛冲洗器具。工作场所严禁吸烟,进食饮水。班后淋浴更衣
急性中毒	吸 入:可出现头痛、恶心、胸闷发紧、乏力、发热、全身不适。大量吸入可头痛、头晕、头沉、步态不稳、恶心、呕吐、咳嗽、胸闷,严重可致肺水肿	迅速脱离现场至空气新鲜处,很快缓解,保暖并给吸氧,保暖并给吸氧。密切观察,警惕发生肺水肿,及时就医	
	皮肤接触:可经皮肤吸收	脱去污染衣着,用清水和肥皂彻底清洗皮肤,减少吸收	
	眼睛接触:眼刺激,视力模糊	溅入眼内,立即翻开眼睑,流动清水彻底冲洗	
	食 入:		

慢性中毒	为确认致癌物

泄漏处理	撤离污染区至安全区,穿戴好防护用品清理现场。切断火源,安全堵漏,喷水雾减少蒸发,用砂土或其他不燃性吸附剂,混合吸收,然后转移、收集。如大量泄漏,围堤收容、收集、转移回收或无害处理

安全责任划分	厂(矿)级:分管厂(矿)长	车间(分厂)级:主任(分厂厂长)	班组级:班(岗)长
检 查 级 别	厂(矿)级:√	车间(分厂)级:√	班组级:√
检 查 周 期	厂(矿)级:1次/月	车间(分厂)级:1次/周	班组级:2次/班

填卡单位_____ 填卡时间_____ 应急电话_____

有毒有害化学物质信息卡

编号:6-3-9

化学名称	砷化氢 AsH_3	最高允许浓度	0.3 mg/m³	毒性分级	Ⅰ	危险度分级	A
岗位名称		监测周期	1～2次/年	监护周期	1次/1～2年	易发伤害事故种类	中毒、火灾爆炸

理化性质	外观与性状:无色气体,有大蒜臭味	熔点(℃):-113.5	燃烧性:易燃。
	溶解性:溶于水,微溶于乙醇、碱液	沸点(℃):-55	自燃温度(℃):
	相对密度:(水=1)　(空气=1)2.66	闪点(℃):<-50	爆炸极限(V%):4.5～100

毒　性	属高毒类,具有强烈的溶性毒性

	危　害	现　场　急　救	预　防　措　施
火灾与爆炸	易燃,与空气混合形成爆炸性混合物,遇明火高热能形成燃烧爆炸,能造成人员伤亡和经济损失	1. 迅速撤离现场人员至安全处,切断火源。 2. 应急处理人员戴自给式呼吸器,穿化学防护服,切断气源,冷却容器,若不能切断气源,则不允许熄灭正在燃烧的气体	1. 严格执行国家消防条例。 2. 岗位杜绝一切火源和热源。 3. 生产过程严加密闭,保证充分的局部排风和全面排风。 4. 工作现场禁止吸烟、进食和饮水,班后淋浴。 5. 戴化学防护镜,穿相应的防护服戴防化学手套,浓度不明或超标时,须戴防毒面具,同时有人监护
急性中毒	吸　入:轻者乏力,头痛、恶心、呕吐、腹胀、畏寒、低烧、肾区痛等,重者寒战、高烧、血尿、尿少黄疸等,严重者出现肾衰、心衰和尿毒症	迅速脱离现场至空气新鲜处。吸氧。呼吸和心脏停止者立即进行人工呼吸和心脏按压术,并立即就医	
	皮肤接触:		
	眼睛接触:		
	食　入:		

慢性中毒	主要表现是:头痛、乏力、恶心、呕吐、多发性周围神经炎,常伴有贫血

泄漏处理	如发生泄漏,切断气源和火源迅速撤离污染区人员至安全区,喷雾状水稀释溶解,强力通风。救护人员做好防护,确保安全

安全责任划分	厂(矿)级:分管厂(矿)长	车间(分厂)级:车间主任(分厂厂长)	班组级:班(岗)长
检查级别	厂(矿)级:✓	车间(分厂)级:✓	班组级:✓
检查周期	厂(矿)级:1次/月	车间(分厂)级:1次/周	班组级:2次/班

填卡单位＿＿＿＿＿＿　　　填卡时间＿＿＿＿＿＿　　　应急电话＿＿＿＿＿＿

有毒有害化学物质信息卡

编号:6-3-10

化学名称	氟化硅 SiF₄	最高允许浓度	1 mg/m³	毒性分级		危险度分级		C
岗位名称		监测周期	1次/年	监护周期	1次/4年	易发伤害事故种类		中毒

理化性质	外观与性状:无色刺激性气体,易潮解,在潮湿空气中生成浓烟雾	熔点(℃):-90.2	燃烧性:不燃
	溶 解 性:溶于硝酸、乙醇、乙醚、氢氟酸	沸点(℃):-65	自燃温度(℃):
	相对密度:(水=1)4.67 (空气=1)3.6	闪点(℃):	爆炸极限(V%):

毒 性	中等毒类。本品对眼、皮肤、粘膜和呼吸系统有严重损害

		危 害	现 场 急 救	预 防 措 施
火灾与爆炸				密闭生产,充分局部和全面排风,远离火种、热源。 空气中浓度超标时,戴防毒面具,急救或撤离时戴自给式呼吸器,戴化学安全防护眼镜,穿胶布防毒服,戴化学品手套
急性中毒	吸 入:有刺激症状,严重时会造成呼吸困难,出现肺水肿及化学性肺炎	脱离现场至空气新鲜处,呼吸困难时给氧,呼吸停止时立即进行人工呼吸,就医	
	皮肤接触:局部腐蚀	脱去污染的衣着,用流动水冲洗,若有灼伤,就医	
	眼睛接触:粘膜刺激症状	立即翻开上下眼睑,用流动清水冲洗20 min,就医	
	食 入:		

慢性中毒	可见牙齿酸蚀症,骨硬化症

泄漏处理	泄漏人员迅速撤至上风处,应用上述劳动保护用品,紧急情况下安全堵漏,喷水雾减慢挥发(扩散),但忌直喷泄漏物或泄漏点。强力通排风,泄漏容器不再使用,其中剩气进行技术处理

安全责任划分	厂(矿)级:	车间(分厂)级:	班组级:班(岗)长
检 查 级 别	厂(矿)级:	车间(分厂)级:	班组级:✓
检 查 周 期	厂(矿)级:1次/月	车间(分厂)级:1次/周	班组级:2次/班

填卡单位_____ 填卡时间_____ 应急电话_____

有毒有害化学物质信息卡

化学名称	氟化钙 CaF$_2$	最高允许浓度	1 mg(F)/m³	毒性分级		危险度分级		C
岗位名称		监测周期	1 次/年	监护周期	1 次/年	易发伤害事故种类		中毒

理化性质	外观与性状:白色粉末或晶体 溶 解 性:不溶于水,溶于浓酸,有铵离子时 溶解度增加,溶于铝盐、铁盐溶液	熔点(℃):1 360 沸点(℃): 闪点(℃):	燃烧性:不燃 自燃温度(℃): 爆炸极限(V%):
	相对密度:(水=1)3.18 (空气=1)		

毒　性	对眼和皮肤有刺激性、对粘膜和上呼吸道有刺激作用

	危　　害	现　场　急　救	预　防　措　施
火灾与爆炸			1. 生产过程密闭,加强通风远离火种、热源。 2. 作业人员应戴口罩,用安全面罩、穿工作服,必要时戴防护手套。 3. 工作后淋浴,保持良好的卫生习惯
急性中毒	吸　　入:有刺激作用	迅速撤离现场至空气新鲜处,保持呼吸道通畅,呼吸困难时给输氧,呼吸停止时,立即进行人工呼吸,就医	
	皮肤接触:有刺激性	脱去污染的衣着,用肥皂水及清水彻底冲洗	
	眼睛接触:有刺激性	立即翻开上下眼睑,用流动清水或生理盐水冲洗,就医	
	食　　入:摄入后引起腹痛,可能引起死亡	立即漱口饮牛奶或蛋清。就医	
慢性中毒			
泄漏处理	泄漏时戴好防毒面具,着化学防护服避免扬尘,小心扫起在专用废弃场所深埋、如大量泄漏,收集回收或处理后废弃		

安全责任划分	厂(矿)级:	车间(分厂)级:	班组级:班(岗)长
检 查 级 别	厂(矿)级:	车间(分厂)级:	班组级:√
检 查 周 期	厂(矿)级:　次/月	车间(分厂)级:　次/周	班组级:2次/班

填卡单位＿＿＿＿＿＿　　填卡时间＿＿＿＿＿＿　　应急电话＿＿＿＿＿＿

有毒有害化学物质信息卡

化学名称	氯化汞(升汞)$HgCl_2$	最高允许浓度	0.1 mg/m³	毒性分级	Ⅰ	危险度分级		A
岗位名称		监测周期	2次/年	监护周期	1次/1~2年	易发伤害事故种类		中毒

理化性质	外观与性状:无色或白色结晶性粉末常温下微量挥发		熔点(℃):276	燃烧性:
	溶 解 性:溶于水、乙醇、乙醚,不溶于二硫化碳		沸点(℃):302	自燃温度(℃):
	相对密度:(水=1)5.44 (空气=1)		闪点(℃):	爆炸极限(V%):

毒 性	属高毒类,肾脏毒性。可经皮肤吸收

		危 害	现 场 急 救	预 防 措 施
火灾与爆炸				1. 作业人要做好个人防护,佩戴防尘口罩,必要时佩戴防毒面具,穿戴化学眼镜、防护服和手套。2. 工作现场禁止吸烟、进食和饮水,班后淋浴。3. 被污染衣着要单独存放,洗后再用
急性中毒	吸 入	头痛、乏力、咳嗽、胸闷、胸痛、咯炭、呼吸困难,紫绀,易激动,震颤,甚至昏迷、惊厥	迅速脱离现场至空气新鲜处,注意保暖。必要时进行人工呼吸,就医	
	皮肤接触	发生中毒性皮炎,出现充血性、斑丘疹多见于躯干四肢有融合倾向	立即脱去污染的衣着,立即用流动清水彻底冲洗	
	眼睛接触	可引起结膜炎、眼睑水肿等症状	立翻开上下眼睑,用大量流动清水或生理盐水冲洗	
	食 入	出现恶心、呕吐、腹泻、流涎、齿龈红肿出血、口腔肿痛、糜烂舌溃疡等,重者出现惊厥、昏迷、腰痛、少尿等肾病表现	误服者立即漱口,给饮牛奶、蛋清、豆浆催吐,就医	
慢性中毒	表现有神经衰弱综合征,易兴奋,精神情绪障碍,如胆怯、害羞、易急、爱笑等,毒性震颤、口腔炎、少数有肝、肾损害等			
泄漏处理	隔离泄漏污染区,并设警告标志,用清洁的铲子收集于干燥净洁的容器内转移,或用水泥、沥青等适当的材料固化处理再废弃			

安全责任划分	厂(矿)级:分管厂(矿)长		车间(分厂)级:车间主任(分厂厂长)		班组级:班(岗)长
检 查 级 别	厂(矿)级:✓		车间(分厂)级:✓		班组级:✓
检 查 周 期	厂(矿)级:1次/月		车间(分厂)级:1次/周		班组级:1次/班

填卡单位＿＿＿＿＿＿　　　填卡时间＿＿＿＿＿＿　　　应急电话＿＿＿＿＿＿

有毒有害化学物质信息卡

编号:6-3-13

化学名称	碳化钙(电石)CaC	最高允许浓度		毒性分级		危险度分级		C
岗位名称		监测周期	1次/年	监护周期	1次/4年	易发伤害事故种类		中毒、灼伤

理化性质	外观与性状:纯品无色晶体,工业品的炭黑块状物		熔点(℃):2 300	燃烧性:
	溶　解　性:		沸点(℃):	自燃温度(℃):
	相对密度:(水=1)2.22　(空气=1)		闪点(℃):	爆炸极限(V%):

毒　性	属高毒类,肾脏毒性。可经皮肤吸收

		危　害	现　场　急　救	预　防　措　施
火灾与爆炸		本品遇水生成乙炔,乙炔在室温下与空气形成爆炸性混合物,能造成人员伤亡和财产损失	1. 按预定程序报警,清理现场人员按避灾路线撤离现场。2. 应急处理人员穿戴适当防护服、呼吸器,用干粉、二氧化碳泡沫灭火器材灭火。同时要隔断热源和火源	1. 密闭操作,加强局部通风。2. 作业人员须佩戴防毒口罩和穿工作服,戴防护手套和防护眼镜,班后淋浴
急性中毒		吸　入:引起咳嗽、灼痛、气管炎等	立即脱离现场至空气新鲜处	
		皮肤接触:可致皮肤灼伤	立即脱去污染的衣着,用肥皂水和清水彻底冲洗	
		眼睛接触:可畏光流泪、灼痛	翻开上下眼睑,用流动清水或生理盐水冲洗 20 min,必要时就医	
		食　入:		

慢性中毒	损害皮肤,引起皮肤瘙痒、炎症"鸟眼"样溃疡,黑皮病,汗少,牙质损害,龋齿发病率增高
泄漏处理	疏散污染区人员至安全处,切断火源,应急处理人员戴自给式呼吸器,穿相应的防护服,在确保安全的情况下收集处理

安全责任划分	厂(矿)级:	车间(分厂)级:	班组级:班(岗)长
检 查 级 别	厂(矿)级:	车间(分厂)级:	班组级:✓
检 查 周 期	厂(矿)级:　次/月	车间(分厂)级:　次/周	班组级:1次/班

填卡单位＿＿＿＿＿＿　　填卡时间＿＿＿＿＿＿　　应急电话＿＿＿＿＿＿

有毒有害化学物质信息卡

化学名称	四乙基铅 Pb(C₂H₅)₄	最高允许浓度	0.005 mg/m³	毒性分级	Ⅱ	危险度分级	A
岗位名称		监测周期	1~2次/年	监护周期	1次/ 1~2年	易发伤害事故种类	中毒、火灾

理化性质	外观与性状:无色油状液体,略有水果香味		熔点(℃):1~136		燃烧性:可燃
	溶 解 性:不溶于水、稀酸、稀碱液		沸点(℃):198~202(分解)		自燃温度(℃):
	相对密度:(水=1)1.66 (空气=1)		闪点(℃):93.3		爆炸极限(V%):

毒 性	属高毒类。为剧烈的神经毒物,易侵犯中枢神经系统

	危 害	现 场 急 救	预 防 措 施
火灾与爆炸	遇高热、明火或与氧化剂接触有引起燃烧的危险,能造成人员中毒和火灾事故	疏散现场人员,应急处理人员戴好防毒面具,穿一般消防防护服,用泡沫、二氧化碳及雾状水、砂土灭火	1. 岗位周围要杜绝一切火种和热源。 2. 严加密闭,应与氧化剂、食用化工原料隔开。 3. 工作时穿相应的防护服,戴安全防护眼镜和防化学品手套。 4. 可能接触其蒸气时,佩戴防毒面具。紧急事态抢救时,佩戴自给式呼吸器。 5. 工作现场禁止吸烟、进食和饮水。工作后,淋浴更衣。单独存放被毒物污染的衣服,洗后再用。进行就业前体检和工作后定期体检
急性中毒	吸 入:大量吸入,可引起失眠并有头痛、头昏、幻听、恶心、言语不清、步态失常	迅速脱离现场至空气新鲜处,必要时进行人工呼吸。就医	
	皮肤接触:经皮肤大量吸收,能产生与吸入中毒相同的症状	脱去污染的衣着,用肥皂水及清水彻底冲洗	
	眼睛接触:引起流泪等症状	立即翻开上下眼睑,用流动清水彻底冲洗	
	食 入:	误服者给饮大量温水,催吐,用清水或硫代硫酸钠溶液洗胃。给饮足够的牛奶或蛋清	

慢性中毒	表现有神经衰弱综合征和植物神经功能紊乱,以及体温低、脉搏低、血压偏低等

泄漏处理	疏散泄漏区人员至安全区,应急处理人员在确保安全情况下堵漏。用沙土或不燃性材料吸收,然后收集运至废物处理场所,作无害处理

安全责任划分	厂(矿)级:分管厂(矿)长	车间(分厂)级:主任(分厂厂长)	班组级:班(岗)长
检 查 级 别	厂(矿)级:✓	车间(分厂)级:✓	班组级:✓
检 查 周 期	厂(矿)级:1次/月	车间(分厂)级:1次/周	班组级:2次/班

填卡单位＿＿＿＿＿＿＿ 填卡时间＿＿＿＿＿＿＿ 应急电话＿＿＿＿＿＿＿

有毒有害化学物质信息卡

编号:6-3-15

化学名称	三氯化磷 PCl₃	最高允许浓度	0.5 mg/m³	毒性分级		危险度分级		C
岗位名称		监测周期	1次/年	监护周期	1次/4年	易发伤害事故种类		中毒、爆炸

理化性质	外观与性状:无色澄清液体		
	溶　解　性:可混溶于二硫化碳、醚、四氯化碳、苯	熔点(℃):-111.8　燃烧性: 沸点(℃):74.2(分解)　自燃温度(℃):	
	相对密度:(水=1)1.57　(空气=1)4.75	闪点(℃):　　　　爆炸极限(V%):	

毒　性	属中等毒类,对眼睛、呼吸道粘膜有强烈的刺激作用

	危　害	现　场　急　救	预　防　措　施
火灾与爆炸	遇水猛烈分解产生大量的热和浓烟,甚至爆炸	应急处理人员戴自给式呼吸器,穿化学防护服,用干粉、二氧化碳灭火器材灭火禁止用水灭火	1.密闭操作,保证充分通风。岗位周围应杜绝一切火种、热源,应与易燃、可燃物、碱类氧化剂金属粉末等隔开。 2.工作时穿相应的防护服戴化学防护眼镜和橡皮手套。 3.可能接触其蒸气或烟雾时,须佩戴防毒面具或供气头盔,紧急事态抢救时,佩戴自给式呼吸器。 4.工作后淋浴更衣,单独存放被毒物污染的衣服,洗后再用
急性中毒	吸　入:可引起支气管炎,肺炎和肺水肿,发现咳嗽、胸闷、气急等症状	迅速脱离现场至空气新鲜处,保持呼吸道通畅。必要时进行人工呼吸。就医	
	皮肤接触:液体或较浓的气体可引起皮肤灼伤	尽快用软纸或棉花等按去毒物,用3%碳酸氢钠液浸泡。然后用水彻底冲洗。就医	
	眼睛接触:引起结膜炎,甚至失明出现流泪等眼的刺激症状	尽快用软纸或棉花等按去毒物,然后用水冲洗 20 min 以上。就医	
	食　入:	患者清醒时立即漱口,给饮牛奶或蛋清。就医	

慢性中毒	牙齿脱落等

泄漏处理	疏散泄漏污染区人员至安全处,合理通风,在确保安全情况下堵漏,用沙土、蛭石或其他惰性材料吸收、收集并加入大量水中、稀释液放入废水系统

安全责任划分	厂(矿)级:	车间(分厂)级:	班组级:班(岗)长
检查级别	厂(矿)级:	车间(分厂)级:	班组级:✓
检查周期	厂(矿)级:　次/月	车间(分厂)级:　次/周	班组级:2次/班

填卡单位_____　　填卡时间_____　　应急电话_____

有毒有害化学物质信息卡

编号：6-3-16

化学名称	三氯化氮 NCl₃	最高允许浓度		毒性分级		危险度分级		C
岗位名称		监测周期	1次/年	监护周期	1次/4年	易发伤害事故种类		中毒、窒息

理化性质	外观与性状：黄色油状液体，有特异的气味 溶　解　性：不溶于冷水，溶于氯仿、四氯化碳、苯 相对密度：(水=1)1.65　(空气=1)4.2	熔点(℃)：<-40 沸点(℃)：<71 闪点(℃)：	燃烧性：助燃 自燃温度(℃)： 爆炸极限(V%)：

毒　性	本品对呼吸道、眼和皮肤有强烈刺激性，食入有高度毒性

	危　害	现　场　急　救	预　防　措　施
火灾与爆炸			1. 生产过程严加密闭，提供充分的局部和全面排风。 2. 空气中浓度超标时，须戴防毒面具，急救时戴正压自给式呼吸器，戴化学安全防护眼镜，穿胶布防毒服，戴防化学手套。工作现场禁止吸烟、进食和饮水，保持良好的卫生习惯
急性中毒	吸　入：有强烈刺激性，可发生粘膜充血、声嘶、呼吸道刺激甚至窒息	迅速脱离现场至空气新鲜处，保持呼吸道通畅，呼吸停止时立即进行人工呼吸，就医	
	皮肤接触：有强烈的刺激性	脱去污染的衣着，立即用大量流动清水彻底冲洗20 min，就医	
	眼睛接触：有强烈刺激性	立即翻开上下眼睑，用流动清水或生理盐水冲洗20 min，就医	
	食　入：有高度毒性	给饮牛奶或蛋清，就医	
慢性中毒			

泄漏处理	疏散泄漏污染区人员至安全区，急救人员戴正压自给式呼吸器。忌接触泄漏物，安全堵漏，喷雾状水，用砂土、蛭石或惰性材料吸收。收集运至废物处理场所。大量泄漏利用围堤收集、转移、回收或无害化处理后废弃

安全责任划分	厂(矿)级：	车间(分厂)级：	班组级：班(岗)长
检　查　级　别	厂(矿)级：	车间(分厂)级：	班组级：✓
检　查　周　期	厂(矿)级：　次/月	车间(分厂)级：　次/周	班组级：2次/班

填卡单位＿＿＿＿＿＿　　填卡时间＿＿＿＿＿＿　　应急电话＿＿＿＿＿＿

有毒有害化学物质信息卡

编号:6-3-17

化学名称	三氧化二砷 (砒霜)As₂O₃	最高允许浓度	0.3 mg/m³	毒性分级	I	危险度分级	A
岗位名称		监测周期	1~2次/年	监护周期	1次/ 1~2年	易发伤害事故种类	中毒

理化性质	外观与性状:白色粉末 熔点(℃):315 燃烧性:不燃 溶 解 性:微溶于水,溶于酸、碱 沸点(℃):457.2 自燃温度(℃): 相对密度:(水=1)3.86 (空气=1) 闪点(℃): 爆炸极限(V%):

毒 性	属高毒类,对粘膜、皮肤有刺激性

	危 害	现 场 急 救	预 防 措 施
火灾与爆炸			1. 工作时穿相应的工作服,戴安全面罩和防化品手套。 2. 可能接触其粉尘时,必须戴防毒面具,紧急事态抢救时,佩戴自给式呼吸器。 3. 工作现场禁止吸烟、进食和饮水。工作彻底清洗。单独存放被毒污染的衣服,洗后再用。 4. 进行就业前体检和工作后定期体检
急性中毒	吸 入:大量吸入与食入中毒症状相同	脱离现场至空气新鲜处,必要时进行人工呼吸。就医	
	皮肤接触:经皮肤吸收也可产生与食入相同的中毒症状	脱去污染的衣着,立即用流动清水冲洗 20 min	
	眼睛接触:	立即翻开上下眼睑,用流动清水冲洗	
	食 入:胃肠炎、休克、中毒性心肌炎、肝炎以及抽搐、昏迷甚至致死	误服者立即漱口,给牛奶或蛋清。催吐,尽快洗胃。就医	

慢性中毒	表现有肝肾损害,皮肤色素沉着,角化过度或增生以及多发性周围神经炎

泄漏处理	疏散人员,隔离泄漏污染区,周围设警告标志。应急处理人员做好个人防护,小心扫起泄漏物,用水泥、沥青等材料固化处理后再废弃,或收集回收或无害处理

安全责任划分	厂(矿)级:分管厂(矿)长	车间(分厂)级:主任(分厂厂长)	班组级:班(岗)长
检 查 级 别	厂(矿)级:√	车间(分厂)级:√	班组级:√
检 查 周 期	厂(矿)级:1次/月	车间(分厂)级:1次/周	班组级:2次/班

填卡单位＿＿＿＿   填卡时间＿＿＿＿   应急电话＿＿＿＿

有毒有害化学物质信息卡

编号:6-3-18

化学名称	结晶型二氧化硅 SiO₂	最高允许浓度	1.0 mg/m³	毒性分级		危险度分级	C
岗位名称		监测周期	2次/年	监护周期	1次/ 1~2年	易发伤害事故种类	尘肺

理化性质	外观与性状:无色无臭结晶或白色粉末	熔点(℃):	燃烧性:
	溶解性:	沸点(℃):	自燃温度(℃):
	相对密度:(水=1) (空气=1)	闪点(℃):	爆炸极限(V%):

毒性	可至矽肺

	危 害	现 场 急 救	预 防 措 施
火灾与爆炸			用有良好的通风设备。穿防护服和戴口罩,作业点不可打扫,喷水减尘,遵守环境保护法规
急性中毒	吸 入:鼻、咽喉、呼吸道刺激	脱离现场至空气新鲜处	
	皮肤接触:机械刺激	用流动清水冲洗	
	眼睛接触:对眼睛可造成刺激	翻开眼睑用生理盐水或微温清水流动冲洗 20 min 以上	
	食 入:		

慢性中毒	可引起咳嗽、呼吸短促,严重可致矽肺,往往与粉尘浓度和暴露时间长短有关,通常不是直接死因,而由心力衰竭造成。暴露于浓度极高情况下,仅几个月即可形成至1~2年内死亡

泄漏处理	

安全责任划分	厂(矿)级:	车间(分厂)级:	班组级:班(岗)长
检 查 级 别	厂(矿)级:	车间(分厂)级:✓	班组级:
检 查 周 期	厂(矿)级: 次/月	车间(分厂)级: 次/周	班组级:1次/班

填卡单位＿＿＿＿＿ 填卡时间＿＿＿＿＿ 应急电话＿＿＿＿＿

有毒有害化学物质信息卡

编号:6-3-19

化学名称	非结晶型二氧化硅 SiO_2	最高允许浓度	10 mg/m³	毒性分级		危险度分级	C
岗位名称		监测周期	2次/年	监护周期	1次/4年	易发伤害事故种类	尘肺

理化性质	外观与性状:通常称无定型二氧化硅,正常情况下不活泼		熔点(℃): 燃烧性:
	溶解性:		沸点(℃): 自燃温度(℃):
	相对密度:(水=1) (空气=1)		闪点(℃): 爆炸极限(V%):

毒 性	其粉尘吸入后刺激呼吸道损害肺部

		危 害	现 场 急 救	预 防 措 施
火灾与爆炸				使用良好的防护服装、口罩和防尘眼镜。不可干扫,喷雾状水降低其空气中的含尘量,可用深埋法处理废料,遵守保护法规
急性中毒	吸 入:可引起烟部、鼻充血		脱离其发生源至空气新鲜处	
	皮肤接触:机械刺激		用流动清水冲洗即可	
	眼睛接触:可引起流泪,结膜充血		翻开眼睑用生理盐水或微温流动清水冲洗 10 min	
	食 入:			

慢性中毒	其影响决定于非结晶二氧化硅的来源、纯度和加过程,积蓄于肺部对肺功能影响较小

泄漏处理	

安全责任划分	厂(矿)级:	车间(分厂)级:	班组级:班(岗)长
检查级别	厂(矿)级:	车间(分厂)级:	班组级:✓
检查周期	厂(矿)级: 次/月	车间(分厂)级: 次/周	班组级:1次/班

填卡单位＿＿＿＿＿ 填卡时间＿＿＿＿＿ 应急电话＿＿＿＿＿

第四节　无机酸(盐)和无机碱

有毒有害化学物质信息卡

编号:6-4-1

化学名称	盐酸 HCl	最高允许浓度	15 mg/m³	毒性分级	Ⅲ	危险度分级	B
岗位名称		监测周期	1 次/年	监护周期	1 次/4 年	易发伤害事故种类	中毒、灼伤

理化性质	外观与性状:无色或微黄色发烟液体,有刺鼻的酸味　　熔点(℃):−114.8(纯)　燃烧性:
	溶 解 性:　　　　　　　　　　　　　　　　　沸点(℃):108.6(20%)　自燃温度(℃):
	相对密度:(水 =1)1.2　(空气 =1)1.26　　　　闪点(℃):　　　　　　爆炸极限(V%):
	与活性金属反应放出氢气,遇氰化物产生剧毒的氰化氢气体,与碱反应放出大量热

毒　性	中等毒类,对皮肤、粘膜有强刺激毒性和腐蚀性

	危　　害	现　场　急　救	预　防　措　施
火灾与爆炸			1. 生产过程密闭,加强通风。2. 戴化学防护眼镜,穿防腐工作服,戴橡胶手套,浓度不明或超标时,必须戴防毒面具或供气式头盔,班后淋浴更衣
急性中毒	吸　　入:迅速出现上呼吸道刺激症状,发生喉痉挛、水肿和化学性支气管炎、肺炎、肺水肿	迅速脱离现场至空气新鲜处,呼吸困难时吸氧,给预见 2%～5%碳酸氢钠溶液冲洗,就医	
	皮肤接触:发生灼伤,引起皮炎	立即用水冲洗,冲洗情况下脱去污染的衣着或用 2%碳酸氢钠溶液冲洗,就医	
	眼睛接触:可发生灼伤和结膜炎	翻开上下眼睑,用流动清水冲洗 20 min,或用 2%碳酸氢钠溶液冲洗	
	食　　入:引起消化道溃疡、灼伤,并可能有胃穿孔、腹膜炎	立即给饮牛奶、蛋清、植物油,不可催吐	
慢性中毒	可能造成慢性支气管炎、牙齿酸蚀症、皮炎甚至溃疡		
泄漏处理	立即疏散人员至安全区,用砂土、干燥石灰或苏打灰混合处理,急救人员应穿戴防护用品,不可向泄漏物喷水,更不可让水流入容器。大量泄漏围堤收容、收集、回收或无害化处理		

安全责任划分	厂(矿)级:	车间(分厂)级:车间主任(分厂厂长)	班组级:班(岗)长
检 查 级 别	厂(矿)级:	车间(分厂)级:✓	班组级:✓
检 查 周 期	厂(矿)级:　次/月	车间(分厂)级:1 次/周	班组级:2 次/班

填卡单位＿＿＿＿＿　　填卡时间＿＿＿＿＿　　应急电话＿＿＿＿＿

有毒有害化学物质信息卡

编号:6-4-2

化学名称	硫酸 H_2SO_4	最高允许浓度	$2\ mg/m^3$	毒性分级	Ⅲ	危险度分级	B
岗位名称		监测周期	1次/年	监护周期	1次/4年	易发伤害事故种类	火灾、爆炸灼烫

理化性质	外观与性状:纯品为无色无臭透明油状液体	熔点(℃):10.5	燃烧性:助燃
	溶解性:与水混溶	沸点(℃):330.0	自燃温度(℃):
	相对密度:(水=1)1.83　(空气=1)3.4	闪点(℃):	爆炸极限(V%):

毒　性	中等毒类,对皮肤、粘膜有强烈的刺激和腐蚀毒性

	危　害	现场急救	预防措施
火灾与爆炸	本品虽不燃,但与很多物质起反应而能起火或爆炸,能造成人身伤害事故	1. 起火时立即用干粉、泡沫灭火器材灭火。 2. 应急人员必须穿防酸服和胶靴,戴防酸性防毒口罩	1. 应与可燃性、还原性物质、强碱性物质隔开,注意对硫酸雾的控制,加强通风排气。 2. 作业现场要有方便的冲洗器具,在稀释酸时,不可将水注入酸中。 3. 密闭生产、戴化学安全防护镜,穿防腐工作服,戴橡胶手套。浓度不明时,超标时,佩戴防毒面具或供气式头盔。班后淋浴更衣
急性中毒	吸　入:引起呼吸道刺激症,出现咳嗽、胸闷、气急。重者引起肺炎、肺水肿,甚至窒息	迅速脱离现场至空气新鲜处,呼吸困难时吸氧。用2%~5%的碳酸氢钠溶液雾化吸入。就医	
	皮肤接触:可引起灼伤,剧痛、潮红、结痂后形成深溃疡	立即用水冲洗20 min,再用2%碳酸氢钠溶液冲洗。就医	
	眼睛接触:可引起结膜充血、水肿。角膜浑浊,溃疡形成穿孔,失明	翻开上下眼睑,用流动清水、生理盐水或2%碳酸氢钠溶液冲洗20 min。就医	
	食　入:可引起消化道烧伤以至溃疡形成。重者有胃穿孔、腹膜炎、喉痉挛和声门水肿引起窒息、休克	立即口服牛奶、豆浆、蛋清、花生油或氧化镁悬液,禁用碳酸氢钠。不可催吐、立即就医	

慢性中毒	长期接触硫酸烟雾,发生鼻粘膜萎缩伴嗅觉减退或消失。慢性支气管炎和牙齿酸蚀症

泄漏处理	如发生泄漏,安全堵漏,迅速将人员撤离至安全区,用砂土、干燥石灰或苏打灰混合后清理、转移、回收或无害处理,救护人员加强防护,确保安全

安全责任划分	厂(矿)级:	车间(分厂)级:车间主任(分厂厂长)	班组级:班(岗)长
检查级别	厂(矿)级:	车间(分厂)级:✓	班组级:✓
检查周期	厂(矿)级:　次/月	车间(分厂)级:1次/周	班组级:2次/班

填卡单位_____　　　填卡时间_____　　　应急电话_____

有毒有害化学物质信息卡

编号：6-4-3

化学名称	硝酸 HNO₃	最高允许浓度	5 mg/m³ (以 NO₂ 计)	毒性分级	Ⅲ	危险度分级	B
岗位名称		监测周期	1～2次/年	监护周期	1次/ 4年	易发伤害事故种类	中毒、灼烫

理化性质	外观与性状：纯品为无色透明发烟液体，有酸味		熔点(℃)：-42(无水)	燃烧性：助燃
	溶解性：与水混溶		沸点(℃)：86(无水)	自燃温度(℃)：
	相对密度：(水=1)1.50　(空气=1)2.17		闪点(℃)：	爆炸极限(V.%)：

毒　性	中等毒类，对皮肤、粘膜有强烈的刺激和腐蚀毒性

	危　害	现　场　急　救	预　防　措　施
火灾与爆炸			1. 密闭操作，注意通风。 2. 接触其蒸气或烟雾必须佩戴防毒面具或供气式头盔，紧急事态抢救或逃生时，建议佩戴自给式呼吸器。穿防腐工作服，戴化学防护眼镜和橡胶手套
急性中毒	吸　入：能引起粘膜和上呼吸道的刺激症状，如流泪、咽喉刺激感、呛咳并伴有头痛、头晕、胸闷，重者引起肺水肿	迅速脱离现场至空气新鲜处，呼吸困难时吸氧，给予 2%～5% 碳酸氢钠溶液雾化吸入。就医	
	皮肤接触：引起灼伤	立即用流动水或 2%碳酸氢钠溶液冲洗 20 min，就医	
	眼睛接触：引起灼伤	立即翻开上下眼睑，用流动清水或生理盐水冲洗 20 min，就医	
	食　入：引起上腹部剧痛，烧灼伤以至形成溃疡，重者有胃穿孔、腹膜炎、喉痉挛、休克以至窒息	立即给饮牛奶、蛋清、植物油，不可催吐，立即就医	
慢性中毒	可引起牙齿酸性及慢性阻塞肺病		
泄漏处理	疏散泄漏区人员至安全区，隔离、安全堵漏、喷水雾减少蒸发，将地面洒上苏打灰，然后收集进行无害处理，亦可大量水冲洗，冲洗水放入废水系统，如大量泄漏，围堤收容、收集、转移、回收或无害化处理		

安全责任划分	厂(矿)级：	车间(分厂)级：主任(分厂厂长)	班组级：班(岗)长
检查级别	厂(矿)级：	车间(分厂)级：✓	班组级：✓
检查周期	厂(矿)级：　次/月	车间(分厂)级：1次/周	班组级：2次/班

填卡单位_____　　填卡时间_____　　应急电话_____

有毒有害化学物质信息卡

编号:6-4-4

化学名称	磷酸 H_3PO_4	最高允许浓度	1 mg/m³	毒性分级		危险度分级	C
岗位名称		监测周期	1次/年	监护周期	1次/4年	易发伤害事故种类	火灾、中毒

理化性质	外观与性状:纯磷酸为无色结晶,无臭,具有酸味 溶　解　性:与水混溶,可混溶于乙醇 相对密度:(水=1)1.7　(空气=1)3.38	熔点(℃):42.4(纯品) 沸点(℃):260(无水) 闪点(℃):	燃烧性:助燃。 自燃温度(℃): 爆炸极限(V%):

毒　性	蒸汽和雾对眼、鼻、喉有刺激性和腐蚀作用

	危　害	现　场　急　救	预　防　措　施
火灾与爆炸		应急处理人员戴好防毒面具,穿化学防护服。用泡沫、二氧化碳、干粉、灭火器材和砂土灭火	1. 岗位杜绝一切火种、热源,应与碱类、H发泡剂等隔离开,要密闭操作,注意通风。 2. 穿防护服,使用呼吸器,工作场所禁止吸烟、进食、饮水。班后淋浴更衣
急性中毒	吸　　入:咽痛、咳嗽、胸闷等上呼吸症状,严重时可致支气管炎、肺水肿	脱离现场至空气新鲜处,呼吸困难时吸氧,呼吸停止时进行人工呼吸,就医	
	皮肤接触:灼伤和刺激症状,变红、发痒、肿胀等	脱去污染衣着,大量流动清水彻底冲洗全身。就医	
	眼睛接触:灼伤和刺激症状,流泪异物感、疼痛等	翻开上下眼睑,用流动清水或生理盐水冲洗 20 min,就医	
	食　　入:灼伤口腔,造成腹痛呼吸困难、恶心、呕吐、腹泻,严重者虚脱和死亡	水漱口、饮水 250 mL,就医	

慢性中毒	鼻粘膜萎缩,鼻中隔穿孔。皮肤症状,发痒、变红、肿胀

泄漏处理	撤离泄漏区人员至安全区,应急人员穿防护服,戴呼吸器,不可直接接触泄漏物。用石灰吸附后,运至废物处理场所,或用水冲洗地面,废水入废水系统。大量泄漏围堤收集、回收或无害处理后废弃。不可用水放入大量酸液内,防止溅出伤人

安全责任划分	厂(矿)级:	车间(分厂)级:	班组级:班(岗)长
检查级别	厂(矿)级:	车间(分厂)级:	班组级:√
检查周期	厂(矿)级:　次/月	车间(分厂)级:　次/周	班组级:2次/班

填卡单位＿＿＿＿＿　　填卡时间＿＿＿＿＿　　应急电话＿＿＿＿＿

有毒有害化学物质信息卡

编号:6-4-5

化学名称	硼酸 H_3BO_3	最高允许浓度	10 mg/m³	毒性分级		危险度分级	C
岗位名称		监测周期	1 次/年	监护周期	1 次/4 年	易发伤害事故种类	中毒

<table>
<tr><td rowspan="3">理化性质</td><td colspan="2">外观与性状:白色粉末或鳞状晶体,无臭味</td><td>熔点(℃):185</td><td>燃烧性:不燃</td></tr>
<tr><td colspan="2">溶 解 性:溶于水、酒精、乙醚、甘油</td><td>沸点(℃):300</td><td>自燃温度(℃):</td></tr>
<tr><td colspan="2">相对密度:(水=1)1.44 (空气=1)1.73</td><td>闪点(℃):</td><td>爆炸极限(V%):</td></tr>
</table>

毒 性	低毒类。引起皮肤刺激和结膜炎、支气管炎

危 害	现 场 急 救	预 防 措 施
火灾与爆炸		密闭生产,加强通风,远离火种、热源。作业工人应戴口罩,穿防护服,戴安全防护眼镜,戴防护手套。 工作后淋浴更衣
急性中毒	吸 入:可引起支气管炎	迅速脱离现场至空气新鲜处。保护呼吸道通畅。呼吸困难时吸氧。呼吸停止时,立即进行人工呼吸,就医	
	皮肤接触:可引起皮肤刺激,鲜红皮疹,重者至剥脱性皮炎	脱去污染的衣着,用大量流动清水彻底冲洗	
	眼睛接触:可至结膜炎	眼接触后,立即翻开上下眼睑,用流动清水或生理盐水冲洗	
	食 入:可至恶心、呕吐、腹痛、腹泻,进一步可至脱水、休克、昏迷、肾功能衰竭	用清水或 2%碳酸氢钠溶液反复洗胃,立即就医	

慢性中毒	可能发生轻度消化道症状,皮炎、秃发以及肝肾损害
泄漏处理	泄漏时,着劳动保护用品,用砂土、干燥石灰或苏打灰混合,至专用废弃场所深埋,大量泄漏时收集回收或无害处理后废弃

安全责任划分	厂(矿)级:	车间(分厂)级:	班组级:班(岗)长
检 查 级 别	厂(矿)级:	车间(分厂)级:	班组级:√
检 查 周 期	厂(矿)级: 次/月	车间(分厂)级: 次/周	班组级:2 次/班

填卡单位＿＿＿＿＿ 填卡时间＿＿＿＿＿ 应急电话＿＿＿＿＿

有毒有害化学物质信息卡

编号：6-4-6

化学名称	高氯酸 HClO₄	最高允许浓度		毒性分级		危险度分级	B
岗位名称		监测周期	1次/年	监护周期	1次/4年	易发伤害事故种类	中毒、灼伤 火灾、爆炸

理化性质	外观与性状:无色透明的发烟液体,有刺鼻臭味　　熔点(℃):−122　　燃烧性:助燃 溶 解 性:　　　　　　　　　　　　　　　　　沸点(℃):130(爆炸)　自燃温度(℃): 相对密度:(水=1)1.76(结晶)　(空气=1)　　　闪点(℃):　　　　　爆炸极限(V%):

毒 性	对眼睛和皮肤有腐蚀

	危　害	现 场 急 救	预 防 措 施
火灾与爆炸	具有强氧化性,与有机物、还原剂、易燃物等接触混合时有爆炸的危险,能造成财产损失	处理人员戴自给式呼吸器,穿化学防护服,用雾状水、泡沫、二氧化碳、砂土灭火	1. 岗位杜绝火种、热源。应与易燃、可燃物、还原剂、硫、磷等隔离并远离,生产过程密闭,局部排风。 2. 可能接触其蒸气或烟雾时,须佩戴防毒面具或供气式头盔,抢救和逃生时,佩戴自给式呼吸器。 3. 穿相应的防护服、戴化学防护眼镜,用防化学品手套。班后淋浴更衣。单独存放被污染的衣物,洗后再用。
急性中毒	吸　　人:导致鼻、烟喉烧灼感,咳嗽,支气管炎,肺炎	迅速脱离现场至空气新鲜处,呼吸困难吸氧,呼吸停止立即进行人工呼吸,就医	
	皮肤接触:可造成严重灼伤	脱去污染的衣着,立即用微温流水冲洗 20 min,若有灼伤,就医	
	眼睛接触:刺激眼睛,致灼伤,严重可引起失明	立即翻开上下眼睑,用流动清水,冲洗或 2%碳酸氢钠溶液冲洗。就医	
	食　　人:可严重灼伤口腔和消化道,引起腹痛、呼吸困难、恶心、呕吐、口渴、腹泻、抽搐并可致命		
慢性中毒	皮肤反复接触可引起干燥、皲裂和皮炎
泄漏处理	人员撤离至安全区,急救人员戴自给式呼吸器,穿化学防护服,勿使与可燃物接触,避免接触泄漏物,安全堵漏。喷雾状水,减少蒸发。用砂土、干燥石灰或苏打灰混合,收集后以加入大量水,调节至中性,放入废水系统。也可大量水冲洗,放入废系统。大量泄漏,围堤收容、收集、转移、回收或无害处理后废弃

安全责任划分	厂(矿)级:	车间(分厂)级:车间主任(分厂厂长)	班组级:班(岗)长
检 查 级 别	厂(矿)级:	车间(分厂)级:✓	班组级:✓
检 查 周 期	厂(矿)级:　次/月	车间(分厂)级:1次/周	班组级:2次/班

填卡单位＿＿＿＿＿　　　填卡时间＿＿＿＿＿　　　应急电话＿＿＿＿＿

有毒有害化学物质信息卡

编号:6-4-7

化学名称	硫酸铵 $(NH_4)_2SO_4$	最高允许浓度		毒性分级		危险度分级	C
岗位名称		监测周期	1次/年	监护周期	1次/4年	易发伤害事故种类	中毒

理化性质	外观与性状:白色结晶	熔点(℃):235(分解)	燃烧性:
	溶 解 性:易溶于水,不溶于乙醇、丙酮	沸点(℃):	自燃温度(℃):
	相对密度:(水=1)1.8 (空气=1)	闪点(℃):	爆炸极限(V%):

毒 性	对眼睛、呼吸道、皮肤有刺激作用

		危 害	现 场 急 救	预 防 措 施
火灾与爆炸			应急人员应穿戴相应的防护用品,戴过滤式防护面具,用雾状水、砂土及相适用的灭火器材灭火	1. 岗位周围应杜绝一切火源、热源,保持作业场所干燥,岗位生产严加密闭,保证良好的通风。 2. 穿防护服,戴防毒面具、手套、防化学眼镜。工作场所禁吸烟、进食和饮水,班后淋浴更衣
急性中毒	吸 入	其蒸气或烟引起咽喉痛、咳嗽、呼吸困难、腹痛、恶心、呕吐等,严重时可致肺水肿	迅速脱离至空气新鲜处,呼吸困难时吸氧,呼吸停止时进行人工呼吸,就医	
	皮肤接触	发红、疼痛等	脱去污染的衣着,大量流动清水彻底冲洗全身,就医	
	眼睛接触	结膜充血、疼痛、流泪、异物感	翻开上下眼睑,用流动清水或生理盐水冲洗 20 min,就医	
	食 入	症状和吸入相同	用温水漱口,饮大量水,洗胃,就医	
慢性中毒				
泄漏处理		撤离污染区至安全区,应急时穿戴相应的防护服、防毒面具,大量水冲洗泄漏物,稀释后放入废水系统。大量泄漏时,收集回收或无害化处理后废弃		

安全责任划分	厂(矿)级:	车间(分厂)级:	班组级:班(岗)长
检查级别	厂(矿)级:	车间(分厂)级:	班组级:√
检查周期	厂(矿)级: 次/月	车间(分厂)级: 次/周	班组级:2次/班

填卡单位_____ 填卡时间_____ 应急电话_____

有毒有害化学物质信息卡

编号:6-4-8

化学名称	氯酸钠 NaClO₃	最高允许浓度		毒性分级		危险度分级	B
岗位名称		监测周期	1次/年	监护周期	1次/4年	易发伤害事故种类	中毒、火灾爆炸

理化性质	外观与性状:无色无臭结晶,味咸而凉		熔点(℃):248~261	燃烧性:
	溶　解　性:易溶于水,微溶于乙醇		沸点(℃):	自燃温度(℃):
	相对密度:(水=1)2.49　(空气=1)		闪点(℃):	爆炸极限(V%):

毒　　性	对皮肤、粘膜有刺激毒性,口服具有窒息毒性

	危　　害	现 场 急 救	预 防 措 施
火灾与爆炸	本品与有机物、还原剂、易燃物接触或混合时有引起燃烧爆炸的危险,急剧加热时可发生爆炸,能造成一定经济损失	按预定程序报警,应急处理人员戴好防毒面具,穿化学防护服,用雾状水、砂土灭火	1. 岗位周围要杜绝一切火种、热源。要与易燃、可燃物、还原剂、硫铵化合物、金属粉末、硫酸等隔开。 2. 生产过程密闭,加强通风。 3. 班后淋浴,保持良好的卫生习惯。 4. 加强个体防护,配备安全防护用品,如安全面罩、防护服、防护手套、防毒口罩
急性中毒	吸　　入:引起呼吸道刺激症状、咳嗽、喷嚏、流涕、胸闷等	脱离现场至空气新鲜处,就医,必要时进行人工呼吸	
	皮肤接触:引起皮炎	脱去污染的衣着,立即用流动清水彻底冲洗	
	眼睛接触:引起眼痛,流泪等	立即翻开上下眼睑,用流动清水或生理盐水冲洗 20 min	
	食　　入:引起恶心、呕吐、腹痛、腹泻继而腰痛、少尿以及呼吸困难、窒息等高铁血红蛋白血症	给饮大量温水、催吐。呼吸困难时给输氧,必要时做人工呼吸,就医	

慢性中毒	

泄漏处理	隔离泄漏污染区,并设立警告标志。小心扫起,并用水稀释 3%的浓度,再用硫酸调至 pH 值至 2,再逐渐加入适量的亚硫酸氢钠,待反应安全后废弃,大量泄漏时要回收或作无害处理

安全责任划分	厂(矿)级:	车间(分厂)级:主任(分厂厂长)	班组级:班(岗)长
检 查 级 别	厂(矿)级:	车间(分厂)级:√	班组级:√
检 查 周 期	厂(矿)级:　次/月	车间(分厂)级:1次/周	班组级:2次/班

填卡单位_____　　填卡时间_____　　应急电话_____

有毒有害化学物质信息卡

编号:6-4-9

化学名称	次氯酸钠 NaClO	最高允许浓度		毒性分级		危险度分级	B
岗位名称		监测周期	1次/年	监护周期	1次/4年	易发伤害事故种类	中毒、火灾爆炸

理化性质	外观与性状:微黄色溶液,有似氯气的刺激性气味		熔点(℃):-6	燃烧性:
	溶 解 性:溶于水		沸点(℃):102.2	自燃温度(℃):
	相对密度:(水=1)1.10 (空气=1)		闪点(℃):	爆炸极限(V%):

毒 性	具有刺激性和腐蚀毒性

	危 害	现 场 急 救	预 防 措 施
火灾与爆炸	接触有机物有引起燃烧危险,急剧加热时可发生爆炸	应急处理人员戴好防毒面具,穿化学防护服,用雾状水、砂土灭火	1. 生产过程密闭,加强通风,岗位周围杜绝一切火种、火源,应与易燃、可燃物、酸类等分开,禁止震动、撞击和摩擦。班后淋浴,注意个人清洁卫生,加强个体防护,戴化学安全防护眼镜,穿防腐工作服,戴橡皮手套,高浓度环境中作业应佩戴防毒口罩
急性中毒	吸 入:刺激鼻和喉	脱离现场至空气新鲜处	
	皮肤接触:对皮肤有刺激作用和致敏作用	脱去污染的衣着,用大量流动的清水冲洗皮肤	
	眼睛接触:对眼有刺激作用和致敏作用。重者导致化学灼伤	立即翻开眼睑,用大量流动清水彻底冲洗20 min	
	食 入:引起口腔及消化道灼伤,产生胃病,呕吐	服饮大量温水,催吐,就医	

慢性中毒	引起手掌大量出汗,指甲变薄、毛发脱落,还可引起皮肤病
泄漏处理	疏散泄漏区人员至安全处,隔离、安全堵漏,沙土、蛭石或其他惰性材料吸收,然后转移到安全场所,如大量泄漏,围堤收容,然后收集转移、回收或无害处理

安全责任划分	厂(矿)级:	车间(分厂)级:主任(分厂厂长)	班组级:班(岗)长
检 查 级 别	厂(矿)级:	车间(分厂)级:√	班组级:√
检 查 周 期	厂(矿)级: 次/月	车间(分厂)级:1次/周	班组级:2次/班

填卡单位_____ 填卡时间_____ 应急电话_____

有毒有害化学物质信息卡

编号:6-4-10

化学名称	次氯酸钙(漂白粉)Ca(ClO)₂	最高允许浓度		毒性分级		危险度分级		C
岗位名称		监测周期	1次/年	监护周期	1次/4年	易发伤害事故种类		中毒、火灾爆炸

理化性质	外观与性状:白色粉末		熔点(℃):100(分解)	燃烧性:助燃
	溶解性:溶于水		沸点(℃):	自燃温度(℃):
	相对密度:(水=1)2.35　(空气=1)		闪点(℃):	爆炸极限(V%):

毒　性	对粘膜、皮肤有刺激性、腐蚀性

		危　　害	现　场　急　救	预　防　措　施
火灾与爆炸		接触有机物有引起燃烧危险,急剧加热可发生爆炸。能与浓硫酸、发烟硝酸猛烈反应,甚至发生爆炸	应急处理人员戴好防毒面具,穿化学防护服,用雾状水、砂土灭火	1. 岗位要禁止火种,杜绝热源,应与易燃、可燃物、酸类隔离开。 2. 生产过程密闭,加强通风,禁止震动、撞击和摩擦。 3. 工作时穿相应的工作服戴防护手套、安全面罩或口罩。工作后,淋浴更衣
急性中毒	吸　　入	尘雾刺激鼻和喉	脱离现场至空气新鲜处,必要时进行人工呼吸,就医	
	皮肤接触	对皮肤有刺激和致敏作用,严重者导致化学灼伤	脱去污染的衣着,立即用流动清水彻底冲洗	
	眼睛接触	尘雾刺激眼睛,造成结膜损害	立即翻开上下眼睑,用流动清水或生理盐水冲洗20 min,就医	
	食　　入	灼伤口腔、消化道出现胃痛、呕吐	误服者立即漱口,给饮大量温水催吐,就医	

慢性中毒	表现有呼吸道炎症

泄漏处理	隔离泄漏污染区,周围设警告标志,应急处理人员做好自身防护,然后用大量水冲洗或小心扫起泄漏物,收集回收或无害处理废弃

安全责任划分	厂(矿)级:	车间(分厂)级:	班组级:班(岗)长
检 查 级 别	厂(矿)级:	车间(分厂)级:	班组级:✓
检 查 周 期	厂(矿)级:　次/月	车间(分厂)级:　次/周	班组级:2次/班

填卡单位＿＿＿＿＿＿　　　填卡时间＿＿＿＿＿＿　　　应急电话＿＿＿＿＿＿

有毒有害化学物质信息卡

编号:6-4-11

化学名称	重铬酸钾 K_2CrO_7	最高允许浓度	0.05 mg/m³	毒性分级	I	危险度分级	A
岗位名称		监测周期	2次/年	监护周期	1次/1~2年	易发伤害事故种类	中毒、火灾爆炸

理化性质	外观与性状:橘红色结晶	熔点(℃):398(分解)	燃烧性:助燃
	溶解性:溶于水,不溶于乙醇	沸点(℃):	自燃温度(℃):
	相对密度:(水=1)2.68 (空气=1)	闪点(℃):	爆炸极限(V%):

毒 性	剧毒类,对皮肤、粘膜具有强烈的刺激毒性和腐蚀毒性

	危 害	现场急救	预防措施
火灾与爆炸	助燃,具有强氧化性,与还原剂、有机物、易燃物或金属粉末等混合可形成爆燃性混合物,经摩擦、撞击、震动可引起燃烧爆炸,能造成人员伤亡和财产损失	应急处理人员戴好防毒面具,穿化学防护服,用雾状水、砂土灭火。迅速隔离泄漏污染区,设警告标志	1. 岗位杜绝一切火种、热源,要与易燃、还原剂、硫酸、磷类等隔开。 2. 生产密闭,加强通风,作业工人戴口罩、安全面罩,穿相应的防护服,必要时戴防护手套。班后淋浴,班上禁止饮食
急性中毒	吸 入:可引起急性呼吸道刺激症状及过敏性哮喘	迅速脱离现场至空气新鲜处,保持呼吸道通畅,呼吸困难时给氧,呼吸停止时进行人工呼吸,就医	
	皮肤接触:因刺激引起皮肤炎症及溃疡	脱去污染的衣着,立即用流动清水冲洗20 min,就医	
	眼睛接触:流泪等	翻开上下眼睑,用流动清水冲洗20 min或生理盐水冲洗,就医	
	食 入:引起恶心、频繁呕吐、腹痛、腹泻、血便,同时有头痛、头晕、烦躁不安、呼吸急促、紫绀、脉速、尿少或无尿等急性肾衰表现,昏迷、休克	立即漱口,用清水或硫代硫酸钠溶液洗胃,给饮牛奶或蛋清,就医	

慢性中毒	有接触性皮炎、铬溃疡、鼻炎、鼻中穿孔及呼吸道炎症,有致癌作用

泄漏处理	隔离泄漏污染区,设警告标志,应急人员穿化学防护服,戴好防毒面具,避免接触泄漏物,勿使泄漏物接触可燃物质。收集入水中(3%),用硫酸调节 pH 值至2,再逐渐加入过量的亚硫酸氢钠,待反应完后废弃,也可以大量水中洗,经稀释的洗水放入废水系统,大量泄漏收集回收或无害处理后废弃

安全责任划分	厂(矿)级:分管厂(矿)长	车间(分厂)级:主任(分厂厂长)	班组级:班(岗)长
检查级别	厂(矿)级:✓	车间(分厂)级:✓	班组级:✓
检查周期	厂(矿)级:1次/月	车间(分厂)级:1次/周	班组级:2次/班

填卡单位_____ 填卡时间_____ 应急电话_____

有毒有害化学物质信息卡

编号：6-4-12

化学名称	氢氧化钠(烧碱) NaOh	最高允许浓度	0.05 mg/m³	毒性分级	Ⅳ	危险度分级	C
岗位名称		监测周期	1次/年	监护周期	1次/4年	易发伤害事故种类	灼烫

理化性质	外观与性状：白色不透明晶体，易潮解　　　　　熔点(℃)：318.4　　　　燃烧性：不燃。 溶　解　性：易溶于水、乙醇、甘油　　　　　　沸点(℃)：1 390　　　　自燃温度(℃)： 相对密度：(水=1)2.12　(空气=1)　　　　　闪点(℃)：　　　　　　　爆炸极限(V%)： 本品不燃，遇水大量放热，形成溶液具有腐蚀性，与酸发生中和反应放热
毒　性	低毒类，对皮肤、粘膜有强烈刺激毒性和腐蚀毒性

		危　害	现　场　急　救	预　防　措　施
火灾与爆炸				1. 生产过程密闭，加强通风。 2. 戴化学防护镜，穿防腐工作服，戴橡胶手套，必要时戴防毒口罩，班后淋浴更衣
急性中毒	吸　入：刺激呼吸道引起咳嗽，腐蚀鼻中隔		脱离现场至空气新鲜处必要时进行人工呼吸，就医	
	皮肤接触：可引起灼伤		立即用水冲洗 20 min，有灼伤时就医	
	眼睛接触：可引起灼伤，造成结膜充血水肿、角膜上皮细胞片状脱落水肿，重者引起角膜溃疡穿孔		立即翻开上下眼睑，用流动清水、生理盐水冲洗 20 min，或用 3％硼酸溶液冲洗	
	食　入：可造成消化道灼伤，粘膜糜烂、出血和休克			
慢性中毒				
泄漏处理	隔离泄漏污染区，设置警告标志，应急人员戴好防毒面具，穿化学防护服，避免接触泄漏物，用洁净的铲子收集于干燥有盖容器内，以少量加入大量水中，调节至中性，也可以用大量水冲洗，洗水放入废水系统，如大量泄漏，收集回收或无害处理后废弃			

安全责任划分	厂(矿)级：	车间(分厂)级：	班组：班(岗)长
检　查　级　别	厂(矿)级：	车间(分厂)级：	班组级：√
检　查　周　期	厂(矿)级：　次/月	车间(分厂)级：　次/周	班组级：2次/班

填卡单位　　　　　　　填卡时间　　　　　　　应急电话

有毒有害化学物质信息卡

化学名称	氢氧化铵(氨水)NH_4OH	最高允许浓度	30 mg/m³	毒性分级	Ⅳ	危险度分级	C
岗位名称		监测周期	1次/年	监护周期	1次/4年	易发伤害事故种类	中毒

理化性质	外观与性状:无色透明液体,有强烈的刺激性臭味 熔点(℃): 燃烧性:
	溶 解 性:溶于水、醇 沸点(℃): 自燃温度(℃):
	相对密度:(水=1)0.91 (空气=1) 闪点(℃): 爆炸极限(V%):16～25

毒 性	对上呼吸道刺激腐蚀作用

	危 害	现 场 急 救	预 防 措 施
火灾与爆炸			1. 密闭生产,加强通风。 2. 佩戴化学安全防护眼镜和防化学品手套、穿工作服。工作场所禁止吸烟、进食和饮水。班后淋浴更衣
急性中毒	吸 入:对鼻、喉和肺有刺激性,引起咳嗽、气短和哮喘、喉头水肿、肺水肿,重者死亡	迅速脱离现场至空气新鲜处,保持呼吸道通畅。呼吸困难时吸氧,呼吸停止时立即进行人工呼吸,就医	
	皮肤接触:可致灼伤	立即脱去污染的衣着,冲洗皮肤20 min,就医	
	眼睛接触:发生眼结膜水肿、角膜溃疡、虹膜炎、晶体混浊甚至穿孔	翻开上下眼睑,用流动清水或生理盐水冲洗20 min 或3%硼酸溶液冲洗,就医	
	食 入:		

慢性中毒	反复接触低浓度,可引起支气管炎、皮炎。表现为皮肤干燥、痒、发红
泄漏处理	立即疏散污染区人员至安全区。安全堵漏,用大量水冲洗或用砂土及其他惰性材料吸收

安全责任划分	厂(矿)级:	车间(分厂)级:	班组级:班(岗)长
检 查 级 别	厂(矿)级:	车间(分厂)级:	班组级:✓
检 查 周 期	厂(矿)级: 次/月	车间(分厂)级: 次/周	班组级:2次/班

填卡单位＿＿＿＿＿   填卡时间＿＿＿＿＿   应急电话＿＿＿＿＿

第五节　有机溶剂

有毒有害化学物质信息卡

编号:6-5-1

化学名称	苯 C_6H_6	最高允许浓度	$40\ mg/m^3$ (皮)	毒性分级	I	危险度分级	A
岗位名称		监测周期	1~2次/年	监护周期	1次/ 1~2年	易发伤害事故种类	火灾、爆炸 中毒

理化性质	外观与性状:无色液体,有强烈的芳香味		熔点(℃):5.5	燃烧性:极易燃
	溶　解　性:不溶于水,溶于醇、醚等多种有 　　　　　　机溶剂		沸点(℃):80.1 闪点(℃):—11	自燃温度(℃):560 爆炸极限(V%):1.2~8.0
	相对密度:(水=1)0.88　(空气=1)2.77			

毒　性	中等毒类。对中枢神经系统的麻醉毒性,损害造血系统

	危　害	现　场　急　救	预　防　措　施
火灾与爆炸	极易燃,与空气混合具有爆炸性	1. 立即按预定方案报警,清理现场人员按避灾路线撤离现场。 2. 应急处理人员戴自给式呼吸器,穿消防服,用防化学品手套。 3. 切断火源,用干粉、泡沫、二氧化碳灭火	1. 加强作业现场管理和设备维护,消除跑冒滴漏。加强通风。配备防爆电器设备。应有良好接地。 2. 注意个体防护,穿相应的防护服,戴防化学品手套和使用皮肤保护膜,空气中浓度较高时,须佩戴防毒面具,戴防化学眼镜。 3. 工作现场禁吸烟、进食和饮水,班后淋浴更衣
急性中毒	吸　　入:轻者头痛、头晕、轻度兴奋,步态蹒跚,重者出现明显的头痛、恶心、呕吐、神志模糊、知觉丧失、昏迷抽搐等。可因呼吸中枢麻醉而死亡	迅速脱离现场至空气新鲜处,保持安静、保持呼吸道通畅,困难时吸氧,呼吸停止、心跳停止时,立即进行人工呼吸和心脏按压术,就医	
	皮肤接触:可发生过敏性皮炎	立即脱去污染的衣着,用肥皂水及清水彻底冲洗,就医	
	眼睛接触:产生刺激致流泪、眼痛等	立即翻开上下眼睑,用生理盐水或清水冲洗患眼20 min,就医	
	食　　入:产生类似吸入症状。液体流入肺部能造成严重伤害	水充分漱口、饮水,尽快洗胃,就医	

慢性中毒	可引起头痛、头晕、记忆力减退、失眠、乏力、神经衰弱综合征,出现植物神经功能紊乱,白细胞、血小板、红细胞减少,重者发生再生障碍性贫血,皮肤干燥、脱屑、皲裂,为确认致癌物,妇女出现月经紊乱

泄漏处理	疏散泄漏人员至安全区,隔离、切断火源、安全堵漏、喷雾状水减少蒸发,用活性炭或其他惰性材料吸收,然后收集、处理,也可用不燃性分散剂制成乳剂洗刷,洗水入废水系统。如大量泄漏,应围堤收容,然后收集、转移、回收或无害化处理

安全责任划分	厂(矿)级:分管厂(矿)长	车间(分厂)级:车间主任(分厂厂长)		班组级:班(岗)长
检 查 级 别	厂(矿)级:✓	车间(分厂)级:✓		班组级:✓
检 查 周 期	厂(矿)级:1次/月	车间(分厂)级:1次/周		班组级:2次/班

填卡单位＿＿＿＿＿　　填卡时间＿＿＿＿＿　　应急电话＿＿＿＿＿

有毒有害化学物质信息卡

编号：6-5-2

化学名称	汽油	最高允许浓度	30 mg/m³（皮）	毒性分级	Ⅳ	危险度分级	A
岗位名称		监测周期	1次/年	监护周期	1次/4年	易发伤害事故种类	火灾、爆炸中毒

理化性质	外观与性状：无色或淡黄色易挥发性液体，具有特殊臭味	熔点(℃)：<-60	燃烧性：极易燃
	溶解性：不溶于水，易溶于苯、二硫化碳、醇、脂肪	沸点(℃)：40～200	自燃温度(℃)：255～530
	相对密度：(水=1)0.70～0.79　(空气=1)3.5	闪点(℃)：-50	爆炸极限(V%)：1.3～6.0

毒　性	为麻醉性毒物，并对皮肤、粘膜有刺激性

	危　害	现场急救	预防措施
火灾与爆炸	极易燃，其蒸气与空气形成爆炸性混合物，遇明火高热极易燃烧爆炸，能造成人员伤亡和财产损失	1. 按预定程序报警，清理现场人员按避灾路线撤离现场。 2. 切断火源用泡沫、二氧化碳、干粉灭火器材灭火。 3. 泄漏物要用砂土或其他惰性材料吸收	1. 设备电器，必须有防爆装置。 2. 生产过程密闭，全面通风，岗位四周杜绝各类火种。 3. 浓度超标时，戴防毒面具、化学安全防护眼镜、穿防静电工作服，必要时戴防护手套，避免长期反复接触
急性中毒	吸　入：头痛、头晕、恶心、呕吐、步态不稳，高浓度吸入致中毒性脑病，极高浓度吸入引起意识突然丧失、反射性呼吸停止及化学性肺炎	脱离现场至空气新鲜处，半卧位吸氧，对吸入汽油者让其咳嗽，以便咳出，就医	
	皮肤接触：皮肤浸泡其中20～30 min，可致红斑、水疱等浅度灼伤样病变	脱去污染的衣着，用大量流动清水彻底冲洗	
	眼睛接触：高浓度可流泪，结膜充血	眼接触后翻开上下眼睑，用流动清水或生理盐水冲洗 20 min 以上，就医	
	食　入：引起口咽部烧灼感、恶心、呕吐等症状，重者有腹痛、腹泻、呕吐物或大便带血，严重者出现类似吸入中毒的症状	给牛奶、蛋清、植物油等口服，洗胃，就医	

慢性中毒	头晕、头痛、失眠、乏力、记忆力减退、易兴奋，有的出现癔病样发作。皮肤长期接触汽油，出现干燥皲裂，角化性皮炎，妇女出现月经异常

泄漏处理	切断火源，确保安全情况下堵漏，禁止泄漏物进入受限制的空间（如下水道等）以免发生爆炸，喷雾状水减少蒸发，用砂土、蛭石或其他惰性材料吸收、收集至废物处理场所或安全监护下焚烧。大量泄漏，围堵收容，收集转移、回收或无害处理后废弃

安全责任划分	厂(矿)级：分管厂(矿)长	车间(分厂)级：车间主任(分厂厂长)	班组级：班(岗)长
检查级别	厂(矿)级：✓	车间(分厂)级：✓	班组级：✓
检查周期	厂(矿)级：1次/月	车间(分厂)级：1次/周	班组级：2次/班

填卡单位＿＿＿＿＿　　　填卡时间＿＿＿＿＿　　　应急电话＿＿＿＿＿

有毒有害化学物质信息卡

编号:6-5-3

化学名称	甲苯 $C_6H_5CH_3$	最高允许浓度	100 mg/m³ (皮)	毒性分级	Ⅲ	危险度分级	A
岗位名称		监测周期	1次/年	监护周期	1次/4年	易发伤害事故种类	火灾、爆炸中毒

理化性质	外观与性状:无色透明液体,有芳香气体	熔点(℃):-94.9 燃烧性:易燃
	溶 解 性:不溶于水,可混溶于苯、醇、醚等有机溶剂	沸点(℃):110.6 自燃温度(℃):535
	相对密度:(水=1)0.87 (空气=1)3.14	闪点(℃):4 爆炸极限(V%):1.2~7.0

毒 性	属低毒类。具有对皮肤、粘膜刺激性,对中枢神经系统麻醉性

	危 害	现 场 急 救	预 防 措 施
火灾与爆炸	甲苯与空气混合物具有爆炸性,能造成人员中毒和财产损失	立即按预定程序报警,清理现场人员,按规定避灾路线撤离现场,应急处理人员戴自给式呼吸器,穿消防防护服,戴防化学品手套,用干粉、泡沫、二氧化碳、砂土灭火	1. 按国家规定配备隔炸设施,严格控制各类火源,加强现场管理,消除跑、冒、滴、漏。2. 工作时穿相应的防护服,戴防化学品手套,高浓度接触时戴化学安全防护眼镜。3. 空气中浓度超标时,佩戴防毒面具。紧急事态抢救时,佩戴自给式呼吸器。4. 工作现场禁止吸烟、进食和饮水。工作后,淋浴更衣
急性中毒	吸 入:高浓度甲苯蒸气可产生醉感、头痛、肌肉无力、恶心、头昏、疲倦	迅速脱离现场至空气新鲜处。保持呼吸道通畅。呼吸困难时给输氧。呼吸及心跳停止者立即进行人工呼吸和心脏按压术,就医	
	皮肤接触:使皮肤变得干燥	脱去污染的衣着,用肥皂水及清水彻底冲洗	
	眼睛接触:溅入眼内有暂时的刺激性疼痛	立即翻开上下眼睑,用大量流动清水彻底冲洗	
	食 入:导致恶心、呕吐、腹泻	误服者给充分漱口、饮水,尽快洗胃,就医	

慢性中毒	表现有神经衰弱综合征,女工有月经异常,皮肤干燥、皲裂、皮炎

泄漏处理	疏散泄漏污染区人员,切断火源。应急人员在确保安全情况下堵漏,然后用活性炭或其他惰性材料吸收,再使用无火花工具收集,送至废物处理现场作无害处理

安全责任划分	厂(矿)级:分管厂(矿)长	车间(分厂)级:车间主任(分厂厂长)	班组级:班(岗)长
检 查 级 别	厂(矿)级:√	车间(分厂)级:√	班组级:√
检 查 周 期	厂(矿)级:1次/月	车间(分厂)级:1次/周	班组级:2次/班

填卡单位_____ 填卡时间_____ 应急电话_____

有毒有害化学物质信息卡

编号：6-5-4

化学名称	乙醚	最高允许浓度	500 mg/m³	毒性分级		危险度分级	A
岗位名称		监测周期	1 次/年	监护周期	1 次/4 年	易发伤害事故种类	火灾、爆炸中毒

理化性质	外观与性状：无色透明液体，有芳香气味，极易挥发 溶　解　性：微溶于水，溶于乙醇、苯、氯仿等有机溶剂 相对密度：(水＝1)0.71　(空气＝1)2.56	熔点(℃)：−116.2　燃烧性：易燃 沸点(℃)：34.6　自燃温度(℃)：160 闪点(℃)：−45　爆炸极限(V%)：1.9～36.0
毒　性	对呼吸道有轻微的刺激性，能引起全身麻醉	

	危　害	现 场 急 救	预 防 措 施
火灾与爆炸	易燃。其蒸气与空气形成爆炸性混合物，遇明火、高热极易燃烧爆炸	1. 按预定程序报警，人员撤至安全区，切断火源。 2. 应急处理人员戴自给式呼吸器，穿一般消防服，用泡沫、干粉、二氧化碳灭火器及砂土灭火，用水灭火无效	1. 严格执行国家消防条例，岗位应隔绝一切火种和热源。 2. 配备相应品种和数量的消防器材。 3. 生产过程密闭，全面通风，穿相应的防护服。 4. 高浓度接触时，应佩戴防毒口罩，戴化学安全防护眼镜和防化品用手套。 5. 工作现场严禁吸烟，工作后，淋浴更衣
急性中毒	吸　　入：大量吸入，早期出现兴奋，继而嗜睡、呕吐、头痛以及呼吸不规则等	脱离现场至空气新鲜处，呼吸困难时给输氧。呼吸停止时，立即进行人工呼吸，就医	
	皮肤接触：长期接触，使皮肤干燥脱屑，发生皲裂	脱去污染的衣着，用流动清水冲洗	
	眼睛接触：液体和高浓度蒸气对眼有刺激性	立即翻开上下眼睑，用流动清水彻底冲洗	
	食　　入：	误服者给饮大量温水，催吐、就医	
慢性中毒	表现有头痛、头晕、疲倦、嗜睡、蛋白尿、红细胞增多症以及胃肠道功能紊乱等		
泄漏处理	疏散泄漏污染区人员，切断火源。应急处理人员戴自给式呼吸器，穿相应的防护服。在确保安全的情况下堵漏。用活性炭或其他惰性材料吸收，并收集运至废物处理场所，作无害处理		

安全责任划分	厂(矿)级：分管厂(矿)长	车间(分厂)级：车间主任(分厂厂长)	班组级：班(岗)长
检 查 级 别	厂(矿)级：√	车间(分厂)级：√	班组级：√
检 查 周 期	厂(矿)级：1 次/月	车间(分厂)级：1 次/周	班组级：2 次/班

填卡单位＿＿＿＿＿＿　　填卡时间＿＿＿＿＿＿　　应急电话＿＿＿＿＿＿

有毒有害化学物质信息卡

编号:6-5-5

化学名称	乙醇(酒精)C_2H_5OH	最高允许浓度		毒性分级		危险度分级	A
岗位名称		监测周期	1次/年　监护周期　1次/4年		易发伤害事故种类		火灾、爆炸中毒

理化性质	外观与性状:无色液体,有酒香 溶　解　性:与水混溶,可混溶于醚、氯仿等有机溶剂 相对密度:(水=1)0.79　(空气=1)1.59	熔点(℃):−114.1　燃烧性:易燃 沸点(℃):78.3　自燃温度(℃):363 闪点(℃):12　爆炸极限(V%):3.3~19.0

毒　性	属微毒类。轻微的粘膜刺激,兴奋、运动失调。抑制麻痹呼吸中枢

	危　害	现　场　急　救	预　防　措　施
火灾与爆炸	易燃,其蒸气与空气形成爆炸性混合物,遇到火、高热能引起燃烧爆炸,能造成人身伤亡和财产损失	1. 按预定程序报警,疏散现场人员至安全区。 2. 切断火源用泡沫、二氧化碳、干粉、砂土来火。用水灭火无效	1. 岗位周围杜绝一切火种。 2. 设备设施应采用防爆、防静电。并配备相应品种和数量的消防器材。 3. 生产过程密闭,全面通风,工作中穿相应的防护服。 4. 高浓度接触时,佩戴防毒口罩。工作现场严禁吸烟
急性中毒	吸　　入:出现酒醉感,有头昏、乏力、兴奋等症状	迅速脱离现场至空气新鲜处。必要时进行人工呼吸	
	皮肤接触:皮肤长期接触可引起干燥、皲裂、少数呈过敏反应	脱去污染的衣着,用流动清水冲洗	
	眼睛接触:对有轻度刺激作用	立即翻开上下眼睑,用流动清水彻底冲洗	
	食　　入:长期口服中毒剂量可先后出现兴奋、共济失调、昏睡;严重者深度昏迷,血中浓度过高可致死亡	误服者给饮大量温水,催吐,就医	

慢性中毒	表现有头痛、头晕、乏力、震颤和肾上腺萎缩、硬化等

泄漏处理	疏散泄漏污染区人员至安全区,切断火源。在确保安全情况下堵漏。收集泄漏物及其吸收材料运至废物处理场所,作无害处理

安全责任划分	厂(矿)级:分管厂(矿)长	车间(分厂)级:车间主任(分厂厂长)	班组级:班(岗)长
检　查　级　别	厂(矿)级:✓	车间(分厂)级:✓	班组级:✓
检　查　周　期	厂(矿)级:1次/月	车间(分厂)级:1次/周	班组级:2次/班

填卡单位＿＿＿＿＿＿　　填卡时间＿＿＿＿＿＿　　应急电话＿＿＿＿＿＿

有毒有害化学物质信息卡

编号:6-5-6

化学名称	丙酮	最高允许浓度	400 mg/m³	毒性分级	Ⅳ	危险度分级	A
岗位名称		监测周期	1次/年	监护周期	1次/4年	易发伤害事故种类	火灾、爆炸中毒、灼烫

理化性质	外观与性状:无色透明,易挥发辛辣气味的液体	熔点(℃):-94.6	燃烧性:易燃
	溶 解 性:与水混溶可混溶于乙醇、乙醚、氯仿、油类等	沸点(℃):56.5	自燃温度(℃):465
	相对密度:(水=1)0.80 (空气=1)2.00	闪点(℃):-20	爆炸极限(V%):2.5~13.0

毒 性	属微毒类。主要是对中枢神经系统的麻醉和其蒸汽对粘膜的刺激性

	危 害	现 场 急 救	预 防 措 施
火灾与爆炸	易燃。其蒸气与空气形成爆炸性混合物,遇明火、高热极易燃烧爆炸,能造成人员伤亡和财产损失	1. 疏散现场人员至安全区,切断火源。 2. 应急处理人员戴自给式呼吸器,穿消防防护服,用泡沫、二氧化碳、干粉及砂土灭火。用水灭火无效	1. 生产过程密闭操作,注意通风,设备设施采用防爆型。 2. 岗位配备相应品种和数量的消防器材。 3. 工作时穿防护用品,工作现场严禁吸烟、进食和饮水,工作后淋浴更衣。 4. 空气中浓度超标时,佩戴防毒口罩
急性中毒	吸 入:轻者有头痛、头晕、鼻喉部的刺激症,重者有醉感、倦睡、恶心,甚则会失去知觉,昏迷中毒死亡	迅速脱离现场至空气新鲜处。呼吸困难时给输氧。呼吸停止时,立即进行人工呼吸,就医	
	皮肤接触:液体有轻度刺激	脱去污染的衣着,立即用流动清水彻底冲洗	
	眼睛接触:溅入眼内有中毒刺激感	立即提起眼睑,用大量流动清水冲洗20 min以上	
	食 入:对喉和胃有刺激,服进量较大时,会产生和吸入相同的症状	误服者给饮大量温水,催吐,就医	

慢性中毒	出现眩晕、咽炎、支气管炎、乏力、易激动、皮炎等

泄漏处理	疏散泄漏污染区人员至安全区,切断火源。在确保安全的情况下堵漏,用砂土或其他不燃性吸附剂混合吸收。收集运至废物处理场所,作无害处理

安全责任划分	厂(矿)级:分管厂(矿)长	车间(分厂)级:车间主任(分厂厂长)	班组级:班(岗)长
检 查 级 别	厂(矿)级:√	车间(分厂)级:√	班组级:√
检 查 周 期	厂(矿)级:1次/月	车间(分厂)级:1次/周	班组级:2次/班

填卡单位_____ 填卡时间_____ 应急电话_____

有毒有害化学物质信息卡

编号：6-5-7

化学名称	三氯甲烷(氯仿)CHCl₃	最高允许浓度	49 mg/m³美国 TWA	毒性分级		危险度分级	C
岗位名称		监测周期	1次/年	监护周期	1次/4年	易发伤害事故种类	中毒

<table>
<tr><td rowspan="3">理化性质</td><td colspan="3">外观与性状:无色透明液体,极易挥发有特殊甜味</td><td>熔点(℃):-63.5</td><td>燃烧性:不燃</td></tr>
<tr><td colspan="3">溶　解　性:不溶于水,溶于醇、醚、苯</td><td>沸点(℃):61.5</td><td>自燃温度(℃):</td></tr>
<tr><td colspan="3">相对密度:(水=1)1.5　(空气=1)4.12</td><td>闪点(℃):</td><td>爆炸极限(V%):</td></tr>
</table>

毒　性	作用于中枢神经系统,具有麻醉作用

<table>
<tr><td colspan="2" align="center">危　害</td><td align="center">现　场　急　救</td><td align="center">预　防　措　施</td></tr>
<tr><td rowspan="2">火灾与爆炸</td><td></td><td></td><td rowspan="6">工作时穿相应的防护服,戴化学防护眼镜,必要时戴防化学品手套。空气中浓度超标时必须佩戴防毒面具。紧急事态抢救时佩戴自给式呼吸器。工作现场禁止吸烟、进食和饮水。工作后淋浴更衣。单独存放被毒物污染的衣服,洗后再用</td></tr>
<tr><td></td><td></td></tr>
<tr><td rowspan="4">急性中毒</td><td>吸　　入:初期有头痛、恶心,继而呼吸表浅、反射消失,重者发生呼吸麻痹、心室纤颤和肝肾损害</td><td>迅速脱离现场至空气新鲜处。呼吸困难时输氧。呼吸停止时,立即进行人工呼吸,就医</td></tr>
<tr><td>皮肤接触:经皮肤吸入症状同吸入</td><td>脱去污染的衣着,用肥皂水及清水彻底冲洗</td></tr>
<tr><td>眼睛接触:</td><td>立即翻开眼睑,用大量流动清水或生理盐水冲洗</td></tr>
<tr><td>食　　入:胃有烧灼感,伴恶心、腹痛、腹泻等</td><td>误服者给饮大量温水,催吐,就医</td></tr>
</table>

慢性中毒	引起肝脏损害,消化不良、乏力、头痛、失眠等症状
泄漏处理	疏散泄漏污染区人员至安全区,应急处理人员戴自给式呼吸器,穿化学防护服。用砂土、蛭石或其他惰性材料吸收、收集送至废物处理场所进行无害处理

安全责任划分	厂(矿)级:	车间(分厂)级:	班组级:班(岗)长
检　查　级　别	厂(矿)级:	车间(分厂)级:	班组级:✓
检　查　周　期	厂(矿)级:　次/月	车间(分厂)级:　次/周	班组级:2次/班

填卡单位＿＿＿＿＿　　填卡时间＿＿＿＿＿　　　应急电话＿＿＿＿＿

有毒有害化学物质信息卡

编号:6-5-8

化学名称	二甲苯(邻) $C_6H_4(CH_3)_2$	最高允许浓度	100 mg/m³	毒性分级	Ⅲ	危险度分级	A
岗位名称		监测周期	1次/年	监护周期	1次/4年	易发伤害事故种类	中毒、火灾爆炸

理化性质	外观与性状:无色透明液体,有类似甲苯的气味		熔点(℃):-25.5	燃烧性:易燃。
	溶 解 性:不溶于水,可混溶于乙醇、乙醚等有机溶剂		沸点(℃):144.4	自燃温度(℃):463
	相对密度:(水=1)0.88 (空气=1)3.66		闪点(℃):17.2	爆炸极限(V%):1.0～7.0

毒 性	属低毒类。对中枢神经和植物神经系统有刺激性、麻痹性

		危 害	现 场 急 救	预 防 措 施
火灾与爆炸		易燃。有爆炸危险,能造成人员伤亡、中毒和重大财产损失	1. 按预定程序报警,清理现场人员,按避灾路线撤离现场。 2. 切断火源。用干粉、泡沫、二氧化碳灭火器灭火	1. 按国家规定配备防爆电气设备,并有良好的接地。 2. 按防火要求配备足够的消防器材。 3. 生产过程密闭,加强通风。穿相应的防护服,戴防化学品手套。 4. 接触高浓度蒸气时,戴化学安全防护眼镜。 5. 空气中浓度超标时,佩戴防毒面具,紧急事态抢救时,佩戴自给式呼吸器。 6. 工作现场禁吸烟、进食和饮水。工作后,淋浴更衣
急性中毒	吸 入	吸 入:刺激鼻和喉,引起咳嗽	迅速脱离现场至空气新鲜处,保持呼吸道通畅。呼吸困难时给输氧。呼吸及心跳停止者,立即进行人工呼吸和心脏按压术,就医	
	皮肤接触	皮肤接触:刺激皮肤产生灼伤感	脱去污染的衣着,用肥皂水及清水彻底冲洗	
	眼睛接触	眼睛接触:引起流泪、结膜充血和灼伤	立即翻开眼睑,用大量流动清水彻底冲洗	
	食 入	食 入:	误服者给充分漱口、饮水,尽快洗胃,就医	

慢性中毒	表现有神经衰弱综合征,女工有月经异常。皮肤干燥、皲裂、皮炎

泄漏处理	疏散泄漏污染区人员至安全区,切断火源。应急处理人员在确保安全情况下堵漏。用活性炭或其他惰性材料吸收,使用无火花工具收集运至废物处理场所,作无害处理

安全责任划分	厂(矿)级:分管厂(矿)长	车间(分厂)级:车间主任(分厂厂长)	班组级:班(岗)长
检 查 级 别	厂(矿)级:✓	车间(分厂)级:✓	班组级:✓
检 查 周 期	厂(矿)级:1次/月	车间(分厂)级:1次/周	班组级:2次/班

填卡单位＿＿＿＿＿＿　　填卡时间＿＿＿＿＿＿　　应急电话＿＿＿＿＿＿

有毒有害化学物质信息卡

编号：6-5-9

化学名称	二硫化碳 CS₂	最高允许浓度	10 mg/m³	毒性分级	Ⅱ	危险度分级	A
岗位名称		监测周期	1～2 次/年	监护周期	1 次/ 1～2 年	易发伤害事故种类	中毒、火灾爆炸

理化性质	外观与性状：透明或黄色液体，有刺激性气味，易挥发		熔点(℃)：-110.8	燃烧性：易燃
	溶解性：不溶于水，溶于乙醚、醇等有机溶剂		沸点(℃)：46.5	自燃温度(℃)：90
	相对密度：(水=1)1.26　(空气=1)2.64		闪点(℃)：-30	爆炸极限(V%)：1.0

毒　性	是气体麻醉剂。损害神经系统和心血管系统

	危　害	现 场 急 救	预 防 措 施
火灾与爆炸	其蒸气与空气形成爆炸性混合物，遇明火、高热极易燃烧、爆炸，能造成财产损失	疏散现场人员，切断火源。应急处理人员用二氧化碳及雾状水、砂土灭火	1. 岗位周围要杜绝一切火种和热源，设备、设施要采用防爆型。要与氧化剂隔开。 2. 密闭操作，局部排风。穿相应的工作服，戴安全面罩、防护手套。 3. 空气中浓度超标时，应佩戴防毒面具。紧急事态抢救时，须戴自给式呼吸器。 4. 工作现场严禁吸烟。工作后，淋浴更衣
急性中毒	吸　入：轻者有酒醉样；重者有意识丧失，以及因呼吸中枢麻痹而死亡。严重中毒后可遗留神经衰弱综合征	迅速脱离现场至空气新鲜处。呼吸困难时给输氧。呼吸停止时，立即进行人工呼吸，就医	
	皮肤接触：可使皮肤起疱并过敏，经皮肤吸收能损害神经	立即脱去污染的衣着，用肥皂水及清水彻底冲洗	
	眼睛接触：其蒸气或液体溅入眼内可引起严重的刺激症状	立即翻开上下眼睑，用大量流动清水彻底冲洗	
	食　入：	误服者给充分漱口、饮水、洗胃，就医	

慢性中毒	表现有神经衰弱综合征，性功能障碍，男工精子减少，女工月经紊乱、流产等

泄漏处理	疏散泄漏区人员至安全区，切断火源。应急处理人员在确保安全情况下堵漏，用砂土及其他惰性材料吸收，然后收集运至废物处理场所，作无害处理

安全责任划分	厂(矿)级：分管厂(矿)长	车间(分厂)级：车间主任(分厂厂长)	班组级：班(岗)长
检 查 级 别	厂(矿)级：✓	车间(分厂)级：✓	班组级：✓
检 查 周 期	厂(矿)级：1 次/月	车间(分厂)级：1 次/周	班组级：2 次/班

填卡单位＿＿＿＿＿＿　　　填卡时间＿＿＿＿＿＿　　　应急电话＿＿＿＿＿＿

有毒有害化学物质信息卡

编号:6-5-10

化学名称	四氯化碳 CCl₄	最高允许浓度	25 mg/m³ (皮)	毒性分级	Ⅱ	危险度分级	B
岗位名称		监测周期	1~2 次/年	监护周期	1次/ 1~2 年	易发伤害事故种类	中毒

理化性质	外观与性状:无色液体,有微甜气味,易挥发		熔点(℃):−22.6	燃烧性:不燃
	溶 解 性:微溶于水,易溶于多数有机溶剂		沸点(℃):76.5	自燃温度(℃):
	相对密度:(水=1)1.60 (空气=1)5.30		闪点(℃):	爆炸极限(V%):

毒 性	对粘膜及中枢神经系统分别有轻度的刺激和麻醉性,对肝、肾有严重损害

	危 害	现 场 急 救	预 防 措 施
火灾与爆炸			1. 工作时穿相应防护服,戴安全防护眼镜,必要时戴防化学品手套。 2. 空气中浓度超标时,必须佩戴防毒面具,紧急事态抢救时,佩戴自给式呼吸器。 3. 工作现场禁止吸烟、进食和饮水。工作后,淋浴更衣。单独存放被毒物污染的衣服,洗后再用。 4. 进行就业前和定期的体检
急性中毒	吸 入:其高浓度蒸气后,可迅速出现昏迷、抽搐;严重者可突然死亡。较严重者在 2~4 天后,出现肝肾损伤,少数病人出现周围神经炎	迅速脱离现场至空气新鲜处。呼吸困难时给输氧。呼吸停止时,立即进行人工呼吸,就医	
	皮肤接触:吸收中毒时与吸入中毒症状相同	脱去污染的衣着,用流动清水冲洗 20 min 或用 2%碳酸氢钠溶液冲洗	
	眼睛接触:轻度刺激、流泪等	立即翻开上下眼睑,用大量流动清水或生理盐水冲洗 20 min	
	食 入:与吸入中毒症状相同	患者清醒时给饮大量温水,催吐,洗胃,就医	
慢性中毒	表现有神经衰弱综合征,胃肠功能紊乱,少数有球后视神经炎以及皮肤干燥、皲裂		
泄漏处理	疏散泄漏污染区人员至安全区,应急处理人员戴自给式呼吸器,穿化学防护服,在确保安全情况下堵漏。用活性炭或其他惰性材料吸收集运至废物处理场所,作无害处理		

安全责任划分	厂(矿)级:	车间(分厂)级:主任(分厂厂长)	班组级:班(岗)长
检查级别	厂(矿)级:	车间(分厂)级:✓	班组级:✓
检查周期	厂(矿)级: 次/月	车间(分厂)级:1 次/周	班组级:2 次/班

填卡单位_____ 填卡时间_____ 应急电话_____

第六节 有机酸及其衍生物

有毒有害化学物质信息卡

编号:6-6-1

化学名称	甲酸 HCOOH	最高允许浓度	9.4 mg/m³ 美国 TWA	毒性分级		危险度分级		B
岗位名称		监测周期	1 次/年	监护周期	1 次/4 年	易发伤害事故种类		

理化性质	外观与性状:无色透明发烟液体,有强烈的刺激性气味		熔点(℃):8.2	燃烧性:可燃
	溶解性:与水混溶,不溶于烃类,可溶混于醇		沸点(℃):100.8	自燃温度(℃):400
	相对密度:(水=1)1.23 (空气=1)1.59		闪点(℃):68.0	爆炸极限(V%):18.0~57.0

毒性	属低毒类,主要引起皮肤粘膜的刺激症状

		危 害	现 场 急 救	预 防 措 施
火灾与爆炸		可燃,其蒸气与空气形成爆炸性混合物,遇明火、高热能引起燃烧爆炸,能造成人员伤亡与财产损失	1. 按预定程序报警,清理现场人员,按避灾路线撤离现场。 2. 应急处理人员戴自给式呼吸器,穿化学防护服,切断火源,用泡沫、二氧化碳灭火器及雾状水、砂土灭火	1. 岗位周围杜绝各类火种和热源。 2. 生产过程密闭,加强通风。 3. 工作时穿相应的防护服,戴化学防护眼镜和橡皮手套。 4. 空气中浓度超标时,佩戴防毒面具,紧急事态抢救时,佩戴自给式呼吸器。 5. 工作后,淋浴更衣
急性中毒	吸 入:支气管炎、鼻炎		迅速脱离现场至空气新鲜处,保持呼吸畅通,呼吸困难时给输氧,给予 2%~4%碳酸氢钠溶剂雾化吸入,就医	
	皮肤接触:引起炎症和溃疡		脱去污染的衣着,立即用水冲洗20 min,若有灼伤,就医治疗	
	眼睛接触:引起结膜充血		立即翻开上下眼睑,用流动清水或生理盐水冲洗 20 min 以上,就医	
	食 入:误服,中毒除消化道症状外,可因急性肾功能衰竭或呼吸功能衰竭而死亡		立即漱口,给饮牛奶或蛋清,就医	

慢性中毒	有血尿和蛋白尿

泄漏处理	疏散泄漏污染区人员至安全区,切断火源,应急处理人员戴自给式呼吸器,穿化学防护服,用砂土或其他不燃性吸附剂混合吸收、收集运至废物处理现场进行无害处理

安全责任划分	厂(矿)级:	车间(分厂)级:主任(分厂厂长)	班组级:班(岗)长
检查级别	厂(矿)级:	车间(分厂)级:✓	班组级:✓
检查周期	厂(矿)级: 次/月	车间(分厂)级:1 次/周	班组级:2 次/班

填卡单位_____ 填卡时间_____ 应急电话_____

有毒有害化学物质信息卡

编号:6-6-2

化学名称	苯甲酸 C_6H_5COOH	最高允许浓度		毒性分级		危险度分级	C
岗位名称		监测周期	1次/年	监护周期	1次/4年	易发伤害事故种类	火灾、中毒

理化性质	外观与性状:鳞片状或针状结晶,具有苯或甲醛臭味		熔点(℃):121.7	燃烧性:
	溶 解 性:微溶于水,溶于乙醇、乙醚、氯仿、苯、四氯化碳		沸点(℃):249.2	自燃温度(℃):571
	相对密度:(水=1)1.27 (空气=1)4~4.21		闪点(℃):121	爆炸极限(V%):11%

毒 性	低毒类,对皮肤、粘膜有轻度刺激毒性

	危 害	现 场 急 救	预 防 措 施
火灾与爆炸	遇明火、高热可燃	切断电源,应急处理人员戴自给式呼吸器,穿化学防护服,用泡沫、二氧化碳及砂土灭火。严禁使用酸碱灭火剂灭火	1. 岗位周围杜绝一切火种、热源。 2. 应与氧化剂、酸类、食用化工原料隔开,严加密闭,保证充分的局部排风。 3. 作业场所浓度超标时,戴面具式呼吸器。急救时,撤离时戴自给式呼吸器,戴化学安全防护眼镜,穿防酸碱工作服,戴防化学品手套,班后淋浴更衣
急性中毒	吸 入:对鼻、喉、上呼吸道有刺激	脱离现场尽快至空气新鲜处,保持呼吸通畅,呼吸困难时吸氧,呼吸停止时,立即进行人工呼吸,就医	
	皮肤接触:发红、肿胀、发痒、烧灼感,接触水中的苯甲酸可能产生荨麻疹反应	脱去污染的衣物,用大量流动清水冲洗20 min以上	
	眼睛接触:对眼有严重刺激	尽快轻柔地抹去过量物质,翻开上下眼睑,用流动清水或生理盐水冲洗,就医	
	食 入:误食大量会产生胃痛、恶心、呕吐	冲洗口腔并饮水约250 mL,不可催吐或给饮牛奶、蛋清,就医	

慢性中毒	皮肤接触或口服会有过敏性反应。敏感的人会患荨麻疹或支气管哮喘。严重者会产生过敏休克并伴有剧烈咳嗽、胸闷、呼吸困难、抽搐、虚脱和死亡

泄漏处理	隔离泄漏污染区,设警示牌,应急人员戴防毒面具,穿一般消防服,用清洁的铲子收集于干燥、清洁、有盖的容器中,运至废物处理所,如大量泄漏,收集回收或无害处理后废弃

安全责任划分	厂(矿)级:	车间(分厂)级:	班组级:班(岗)长
检查级别	厂(矿)级:	车间(分厂)级:	班组级:✓
检查周期	厂(矿)级: 次/月	车间(分厂)级: 次/周	班组级:2次/班

填卡单位_____ 填卡时间_____ 应急电话_____

有毒有害化学物质信息卡

编号:6-6-3

化学名称	冰醋酸 (乙酸、醋酸) CH₃COOH	最高允许浓度	25 mg/m³ 美国 TWA	毒性分级		危险度分级	B
岗位名称		监测周期	1次/年	监护周期	1次/4年	易发伤害事故种类	火灾、爆炸、中毒

理化性质	外观与性状:无色透明液体,有刺激性酸臭		熔点(℃):16.7	燃烧性:易燃
	溶　解　性:溶于水、醚、甘油,不溶于二硫化碳		沸点(℃):118.1	自燃温度(℃):463
	相对密度:(水=1)1.05　(空气=1)2.07		闪点(℃):39	爆炸极限(V%):4.0~17.0

毒　性	属低毒类,对鼻、喉和呼吸道有刺激性,对眼有强烈刺激作用

	危　害	现　场　急　救	预　防　措　施
火灾与爆炸	易燃,其蒸气与空气形成爆炸性混合物,遇明火、高热能引起燃烧爆炸,与强氧化剂可发生反应	1. 按预定程序报警,清理现场人员按避灾路线撤离现场。 2. 应急处理人员在做好自身防护的情况下切断火源,用雾状水、泡沫、二氧化碳、砂土灭火	1. 生产过程密闭,加强通风。 2. 空气中浓度超标时,应该佩戴防毒面具,紧急事态抢救或逃生时,佩戴自给式呼吸器。 3. 工作现场戴化学安全防护眼镜,穿工作服(防腐材料制作),戴橡皮手套。 4. 工作后淋浴更衣,注意个人清洁卫生
急性中毒	吸　入:对鼻、喉和呼吸道有刺激作用	迅速脱离现场至空气新鲜处,保持呼吸道通畅。呼吸困难时给输氧,给予2%~4%碳酸氢钠溶液雾状吸入,就医	
	皮肤接触:轻者出现红斑,重者引起化学灼伤	脱去污染的衣着,立即用水冲洗至少 20 min,有灼伤,就医治疗	
	眼睛接触:有强烈的刺激性,重者引起眼灼伤	立即翻开上下眼睑,用流动清水或生理盐水冲洗至少 20 min,就医	
	食　入:误服后口腔、消化道可产生糜烂,重者因休克而至死	误服者给饮大量温水,催吐,就医	

慢性中毒	眼睑水肿,结膜充血、慢性咽炎和支气管炎,长期反复接触,可致皮肤干燥、脱脂和皮炎

泄漏处理	疏散污染泄漏区人员至安全区,切断火源,应急处理人员戴自给式呼吸器,穿化学防护服,不要直接接触泄漏物,在确保安全情况下堵漏。喷水雾能减少蒸发但不能使水进入储存容器内,用砂土蛭石或惰性材料吸收,然后收集运至废物处理场处理,也可以用大量水冲洗,经稀释的洗水放入废水系统

安全责任划分	厂(矿)级:	车间(分厂)级:主任(分厂厂长)	班组级:班(岗)长
检　查　级　别	厂(矿)级:	车间(分厂)级:√	班组级:√
检　查　周　期	厂(矿)级:　次/月	车间(分厂)级:1次/周	班组级:2次/班

填卡单位_____　　填卡时间_____　　应急电话_____

有毒有害化学物质信息卡

编号:6-6-4

化学名称	氯乙酸 ClCH₂COOH	最高允许浓度		毒性分级		危险度分级		B
岗位名称		监测周期	1～2 次/年	监护周期	1 次/4 年	易发伤害事故种类		火灾、灼烫、中毒

理化性质	外观与性状:无色结晶,有潮解性,剧臭	熔点(℃):63	燃烧性: 自燃温度(℃):7 500 爆炸极限(V%):下限8.0
	溶 解 性:溶于水、乙醇、乙醚、氯仿	沸点(℃):189	
	相对密度:(水=1)1.58 (空气=1)3.26	闪点(℃):126	

毒 性	对皮肤、粘膜刺激毒性

	危 害	现 场 急 救	预 防 措 施
火灾与爆炸	遇明火、高热可燃	用泡沫、二氧化碳灭火器材和雾状水、砂土灭火	1. 密闭操作,局部排风,岗位应避免火种和热源。 2. 加强个人防护,戴防化学眼镜,穿防腐工作服,戴橡胶手套。浓度不明或超标时须佩戴防毒面具
急性中毒	吸 入:引起咳嗽、流涕等上呼吸道刺激症状,重者发生支气管肺炎、肺水肿、抽搐、昏迷、休克、血尿以及肾衰等	迅速脱离现场至空气新鲜处,必要时进行人工呼吸,就医	
	皮肤接触:可出现水泡,伴有剧痛,其他症状同吸入。皮肤吸收可致迅速死亡	立即用水冲洗 20 min	
	眼睛接触:引起疼痛、流泪、羞明、结膜充血、水肿,并有角膜灼伤	翻开上下眼睑,用流动清水或生理盐水冲洗 20 min	
	食 入:		

慢性中毒	可出现头痛、头晕现象

泄漏处理	隔离泄漏区设警告标志,不要直接接触泄漏物,用清洁的铲子收集于干燥、洁净、有盖的容器中,运至废物处理场所,或用大量水冲洗。洗水放入废水系统,如大量泄漏,收集、回收或无害处理后废弃

安全责任划分	厂(矿)级:	车间(分厂)级:主任(分厂厂长)	班组级:班(岗)长
检查级别	厂(矿)级:	车间(分厂)级:✓	班组级:✓
检查周期	厂(矿)级: 次/月	车间(分厂)级:1 次/周	班组级:2 次/班

填卡单位＿＿＿＿＿　　　填卡时间＿＿＿＿＿　　　应急电话＿＿＿＿＿

有毒有害化学物质信息卡

编号:6-6-5

化学名称	丙稀酸	最高允许浓度	20 mg/m³ 美国 TWA	毒性分级		危险度分级	B
岗位名称		监测周期	1 次/年	监护周期	1 次/4 年	易发伤害事故种类	火灾、爆炸 中毒

理化性质	外观与性状:无色液体,有刺激性气味		熔点(℃):14	燃烧性:易燃
	溶　解　性:与水混溶,易混溶于乙醇、乙醚		沸点(℃):141	自燃温度(℃):438
	相对密度:(水=1)1.05　(空气=1)2.45		闪点(℃):50	爆炸极限(V%):2.4~8.0

毒　性	属低毒类,对皮肤、眼睛和呼吸道有强烈刺激性

	危　害	现　场　急　救	预　防　措　施
火灾与爆炸	易燃,其蒸气与空气形成爆炸性混合物,遇明火、高热能引起燃烧爆炸,能造成一定的经济损失	1. 疏散现场人员至安全区,切断火源。 2. 应急处理人员戴自给式呼吸器穿化学防护服,用泡沫、二氧化碳及砂土雾状水灭火	1. 生产过程密闭,加强通风,隔离火源和热源。 2. 现场配备相应品种和数量的消防器材,操作现场设备设施应采用防爆型。 3. 工作中穿相应的防护服,戴化学防护眼镜和橡皮手套。 4. 空气中浓度超标时,应佩戴防毒面具,紧急事态抢救时,佩戴自给式呼吸器。 5. 工作后淋浴更衣
急性中毒	吸　　入:呼吸道刺激症状,如咳嗽呼吸困难	迅速脱离现场至空气新鲜处,保持呼吸道通畅,必要时进行人工呼吸,就医	
	皮肤接触:皮肤刺激症状	脱去污染的衣着,立即用水冲洗20 min	
	眼睛接触:眼刺激症状	立即翻开上下眼睑,用流动清水或生理盐水冲洗 20 min 以上	
	食　　入:		

慢性中毒	
泄漏处理	疏散泄漏污染区人员至安全区,切断火源,应急处理人员戴自给式呼吸器,穿化学防护服,在确保安全情况下堵漏,用砂土或其他不燃吸附剂混合吸收、收集运至废物场所,作无害处理

安全责任划分	厂(矿)级:	车间(分厂)级:主任(分厂厂长)	班组级:班(岗)长
检查级别	厂(矿)级:	车间(分厂)级:√	班组级:√
检查周期	厂(矿)级:　次/月	车间(分厂)级:1 次/周	班组级:2 次/班

填卡单位＿＿＿＿＿＿　　　填卡时间＿＿＿＿＿＿　　　应急电话＿＿＿＿＿＿

有毒有害化学物质信息卡

编号:6-6-6

化学名称	乙酸肝 (CH₃CO)₂O	最高允许浓度	21 mg/m³ 美国 TWA	毒性分级		危险度分级	B
岗位名称		监测周期	1次/年	监护周期	1次/4年	易发伤害事故种类	火灾、爆炸、 中毒、灼烫

理化性质	外观与性状:无色透明液体,有刺激气味 熔点(℃):−73.1 燃烧性:易燃
	溶 解 性:溶于苯、乙醇、乙醚 沸点(℃):138.6 自燃温度(℃):
	相对密度:(水=1)1.08 (空气=1)3.52 闪点(℃):49 爆炸极限(V%):2.0~10.3

毒 性	属低毒类,对呼吸道有刺激性,对皮肤有烧灼性以及蒸气对眼的刺激性

	危 害	现 场 急 救	预 防 措 施
火灾与爆炸	易燃,其蒸气与空气形成爆炸性混合物,遇高热、明火能引起爆炸、燃烧,能造成人员伤亡和财产损失	1. 按预定程序报警,清理现场人员按避灾路线撤离现场。 2. 应急处理人员戴自给式呼吸器,穿化学防护服,切断火源,用泡沫二氧化碳灭火器材及雾状水、矾土灭火	1. 岗位周围严禁一切火种,生产过程密闭,全面通风。 2. 设备设施要采用防爆型。 3. 可能接触其蒸气时戴防毒面具式呼吸器。 4. 高浓度环境中,戴自给式呼吸器、化学防护眼镜,穿防酸碱工作服,戴橡胶手套。 5. 作业者严禁吸烟,班后淋浴更衣
急性中毒	吸 入:可引起咳嗽、胸痛、呼吸困难等	迅速脱离现场至空气新鲜处,保持呼吸道通畅,必要时进行人工呼吸,就医	
	皮肤接触:可引起灼伤	脱去污染的衣着,用肥皂水及清水彻底冲洗	
	眼睛接触:有强烈的腐蚀刺激作用	立即翻开上下眼睑,用流动清水冲洗 20 min 以上,就医	
	食 入:	误服者给饮牛奶或蛋清,立即就医	
慢性中毒			
泄漏处理	疏散泄漏污染区人员至安全区,禁止无关人员进入。切断火源,急救人员戴自给式呼吸器,穿化学防护服,避免接触泄漏物,在确保安全下堵漏,用惰性潮湿的不燃物料吸收,收集转移至安全地带,或用大量水冲洗稀释后放入废水系统,如大量泄漏,利用围堤收容、收集、转移或无害化处理后废弃		

安全责任划分	厂(矿)级:	车间(分厂)级:车间主任(分厂厂长)	班组级:班(岗)长
检 查 级 别	厂(矿)级:	车间(分厂)级:√	班组级:√
检 查 周 期	厂(矿)级: 次/月	车间(分厂)级:1次/周	班组级:2次/班

填卡单位＿＿＿＿＿   填卡时间＿＿＿＿＿   应急电话＿＿＿＿＿

有毒有害化学物质信息卡

编号:6-6-7

化学名称	过氧乙酸	最高允许浓度		毒性分级		危险度分级		B
岗位名称		监测周期	1次/年	监护周期	1次/4年	易发伤害事故种类		火灾、爆炸中毒

理化性质	外观与性状:无色液体,具有强烈刺激气味		熔点(℃):0.1	燃烧性:易燃。
	溶 解 性:溶于水、乙醇、乙醚、硫酸		沸点(℃):105	自燃温度(℃):
	相对密度:(水=1)1.15(20℃)　(空气=1)		闪点(℃):41	爆炸极限(V%):

毒　性	是皮肤和眼的腐蚀剂

	危　害	现 场 急 救	预 防 措 施
火灾与爆炸	易燃,与有机物、还原剂、易燃物接触或混合时,有引起燃烧爆炸的危险,能造成人员中毒和火灾事故	疏散现场人员,切断火源,应急处理人员戴自给式呼吸器,穿化学防护服,用二氧化碳泡沫或雾状水灭火	1. 岗位周围严禁一切,生产过程密闭,全面通风。 2. 设行设施要采用防爆型。 3. 可能接触其蒸气时戴防毒面具式呼吸器。 4. 高浓度环境中,戴自给式呼吸器、化学防护眼镜,穿防酸碱工作服,戴橡胶手套。 5. 作业者严禁吸烟,班后淋浴更衣
急性中毒	吸　入:咳嗽、喘息、气短、头痛、恶心、呕吐等刺激症状致化学性气管炎,化学性肺炎	迅速脱离现场至空气新鲜处,呼吸困难时给吸氧,呼吸停止时,立即进行人工呼吸,就医	
	皮肤接触:有强烈的腐蚀刺激作用	脱去污染的衣着,用肥皂水及清水彻底冲洗	
	眼睛接触:有强烈的腐蚀刺激作用	立即翻开上下眼睑,用流动清水冲洗20 min以上,就医	
	食　入:	误服者给饮牛奶或蛋清,立即就医	

慢性中毒	
泄漏处理	疏散泄漏污染区人员至安全区,禁止无关人员进入。切断火源,急救人员戴自给式呼吸器,穿化学防护服,避免接触泄漏物,在确保安全下堵漏,用惰性潮湿的不燃物料吸收、收集转移至安全地带,或用大量水冲洗稀释后放入废水系统,如大量泄漏,利用围堤收容、收集、转移、回收或无害化处理后废弃

安全责任划分	厂(矿)级:	车间(分厂)级:车间主任(分厂厂长)	班组级:班(岗)长
检 查 级 别	厂(矿)级:	车间(分厂)级:√	班组级:√
检 查 周 期	厂(矿)级:　次/月	车间(分厂)级:1次/周	班组级:2次/班

填卡单位_____　　　填卡时间_____　　　应急电话_____

有毒有害化学物质信息卡

编号：6-6-8

化学名称	乙酸乙酯 CH₃COOC₂H₆	最高允许浓度	300 mg/m³	毒性分级		危险度分级		A
岗位名称		监测周期	1次/年	监护周期	1次/4年	易发伤害事故种类		火灾、爆炸 中毒

理化性质	外观与性状:无色澄清液体,有芳香气味,易挥发	熔点(℃):-83.6	燃烧性:易燃
	溶解性:微溶于水,溶于氯仿、丙酮等有机溶剂	沸点(℃):77.2	自燃温度(℃):426
	相对密度:(水=1)0.90 (空气=1)3.04	闪点(℃):-4	爆炸极限(V%):2.0~11.5

毒　性	对粘膜有中等程度的刺激性、麻醉性

	危　害	现场急救	预防措施
火灾与爆炸	易燃,其蒸气与空气形成爆炸性混合物,遇明火、高热能引起燃烧爆炸,能造成一定的经济损失	1.立即报警,按避灾路线撤离现场人员至安全处,切断火源。2.应急处理人员戴自给式呼吸器,用泡沫、二氧化碳、干粉灭火器材及砂土灭火	1.岗位周围严禁一切火种、热源。2.设备设施要采用防爆型。3.生产过程密闭,全面通风。穿相应的防护服,戴防护手套。4.高浓度接触时,戴化学安全防护眼镜,佩戴防毒口罩,必要时佩戴自给式呼吸器。5.工作现场严禁吸烟,工作后淋浴更衣
急性中毒	吸　入:大量吸入,可致呼吸麻痹,并发生急性肺水肿	脱离现场至空气新鲜处,必要时进行人工呼吸,就医	
	皮肤接触:可引起皮炎及湿疹	脱去污染的衣着,用流动清水冲洗	
	眼睛接触:可造成角膜浑浊	立即翻开上下眼睑,用流动清水彻底冲洗	
	食　入:	误服者给饮大量温水,催吐,就医	

慢性中毒	继发性贫血,白细胞增多和脂肪性变

泄漏处理	疏散泄漏污染区人员至安全区,切断火源。应急处理人员在确保安全情况下堵漏。用活性炭或其他惰性材料吸收、收集运至废物处理场所,作无害处理

安全责任划分	厂(矿)级:分管厂(矿)长	车间(分厂)级:车间主任(分厂厂长)	班组级:班(岗)长
检查级别	厂(矿)级:✓	车间(分厂)级:✓	班组级:✓
检查周期	厂(矿)级:1次/月	车间(分厂)级:1次/周	班组级:2次/班

填卡单位_____　　填卡时间_____　　应急电话_____

有毒有害化学物质信息卡

编号:6-6-9

化学名称	硫酸二甲酯 $(CH_3)_2SO_4$	最高允许浓度	0.5 mg/m³	毒性分级	Ⅱ	危险度分级	B
岗位名称		监测周期	1~2次/年	监护周期	1次/1~2年	易发伤害事故种类	中毒、火灾

理化性质	外观与状状:无色或淡黄色透明液体,微有洋葱头臭味		熔点(℃):−31.8	燃烧性:可燃
	溶解性:微溶于水,溶于醇		沸点(℃):188(分解)	自燃温度(℃):191
	相对密度:(水=1)1.33　(空气=1)4.35		闪点(℃):83	爆炸极限(V%):

毒　性	高毒类,有强烈的刺激性,本品为可疑人类致癌物

		危　　害	现 场 急 救	预 防 措 施
火灾与爆炸		遇高热、明火或氧化剂接触,有引起燃烧的危险	应急人员戴自给式呼吸器,穿化学防护服。切断火源,用雾状水、泡沫、二氧化碳、砂土灭火	1. 岗位应杜绝火种、热源,应与氧化剂、食用化工原料隔离开。 2. 生产过程严加密闭,保证充分的局部通风,可能接触其蒸气时,佩戴防毒面具,急救或逃生时佩戴自给式呼吸器。 3. 戴化学安全防护眼镜,穿相应防护服,用防化学品手套。工作场所禁止吸烟、进食和饮水,班后淋浴更衣。单独存放被污染的衣服,洗后再用
急性中毒	吸　入	刺激上呼吸道粘膜致咳嗽,咽部烧灼感和声音嘶哑。严重时可致呼吸急促、胸部压迫感,喉头水肿,支气管痉挛、炎症、水肿、化学性肺炎和肺水肿	迅速脱离现场至空气新鲜处,注意保暖。保持呼吸道通畅,可给氧。呼吸停止时,立即进行人工呼吸,就医	
	皮肤接触	致皮肤红肿,点状出血、大疱。严重时发生坏死	立即脱去污染的衣物,用流动清水或2%碳酸氢钠溶液冲洗,就医	
	眼睛接触	可致眼痛、流泪、异物感以及眼睑痉挛和水肿等	翻开上下眼睑,用流动清水冲洗20 min或2%碳酸氢钠溶液冲洗,就医	
	食　入	刺激性疼痛、烦燥,呼吸困难,严重致死	水漱口,饮大量温水,催吐,立即就医	

慢性中毒	常见慢性眼炎、鼻炎、咽炎和支气管炎,可引起皮肤的接触性皮炎

泄漏处理	人员撤至安全区,切断火源,无关人员禁入,急救人员戴自给式呼吸器,避免接触泄漏物,安全堵漏。喷水雾减少蒸发,但不能降低泄漏物在受限制空间内的易燃性。沙土、蛭石或其他惰性材料吸收、收集运至废物处理场所处理,大量泄漏,围堤收容、收集、转移、回收或无害处理后废弃

安全责任划分	厂(矿)级:	车间(分厂)级:主任(分厂厂长)	班组级:班(岗)长
检 查 级 别	厂(矿)级:	车间(分厂)级:√	班组级:√
检 查 周 期	厂(矿)级:　次/月	车间(分厂)级:1次/周	班组级:2次/班

填卡单位＿＿＿＿＿＿　　填卡时间＿＿＿＿＿＿　　应急电话＿＿＿＿＿＿

有毒有害化学物质信息卡

化学名称	乙二胺四乙酸二钠	最高允许浓度		毒性分级		危险度分级	C
岗位名称		监测周期	1次/年	监护周期	1次/4年	易发伤害事故种类	中毒

理化性质	外观与性状:白色晶体		熔点(℃):248(分解)。	燃烧性:可燃
	溶 解 性:溶于水,微溶于醇		沸点(℃):	自燃温度(℃)450:
	相对密度:(水=1) (空气=1)		闪点(℃):	爆炸极限(V%):

毒 性	受高热分解产生有毒性的腐蚀烟气

		危　　害	现　场　急　救	预　防　措　施
火灾与爆炸		可燃	灭火方法:雾状水、二氧化碳、泡沫、干粉、砂土	生产过程密闭,加强通风,作业人员应戴口罩,必要时戴化学安全防护眼镜,穿防护服,戴防化学手套,及时换洗工作服,保持良好的生产习惯
急性中毒	吸　　入:对粘膜和上呼吸道有刺激作用		迅速脱离现场至空气新鲜处,呼吸困难时给输氧,呼吸停止时,立即进行人工呼吸,就医	
	皮肤接触:有刺激作用		脱去污染的衣着,用流动水冲洗	
	眼睛接触:		溅入眼内时,立即翻开上下眼睑,用流动清水冲洗 20 min,就医	
	食　　入:		误服者给足量温水,催吐,就医	

慢性中毒	
泄漏处理	切断火源,戴好防毒面具和防护手套。收集运到空旷处焚烧,如大量泄漏,收集、回收或无害处理后废弃

安全责任划分	厂(矿)级:	车间(分厂)级:	班组级:班(岗)长
检 查 级 别	厂(矿)级:	车间(分厂)级:	班组级:✓
检 查 周 期	厂(矿)级: 次/月	车间(分厂)级: 次/周	班组级:2次/班

填卡单位＿＿＿＿＿＿　　　填卡时间＿＿＿＿＿＿　　　应急电话＿＿＿＿＿＿

有毒有害化学物质信息卡

编号：6-6-11

化学名称	六亚甲基三异氰酸酯	最高允许浓度	0.03 mg/m³	毒性分级		危险度分级		C
岗位名称		监测周期	1 次/年	监护周期	1 次/4 年	易发伤害事故种类		中毒

理化性质	外观与性状：无色至微黄色流体，蒸气有强烈的辛辣味	熔点(℃)：-67	燃烧性：遇明火或强热会燃烧
	溶　解　性：溶于苯、甲苯等多数有机溶剂	沸点(℃)：130	自燃温度(℃)：
	相对密度：(水=1)1.04　(空气=1)5.8	闪点(℃)：140	爆炸极限(V%)：

毒　性	对粘膜和皮肤有刺激作用

	危　害	现 场 急 救	预 防 措 施
火灾与爆炸	正常情况下不易燃烧，但遇明火或强热源时会燃烧	用干粉、二氧化碳、泡沫灭火剂灭火	可能接触其蒸气时，戴防毒面具，急救或撤离时建议戴正压自给式呼吸器，穿聚乙烯薄膜防护服，戴化学安全防护眼镜，戴防化学品手套。班后淋浴，工作服不可带至非作业场所，被污染后的衣服应单独存放，洗后再用。作业场所应备有淋浴器和眼睛冲洗器具
急性中毒	吸　　人：可导致鼻与喉烧灼感、胸闷、呼吸困难、咳嗽、喉咙干燥或疼痛。严重时产生气喘、肺炎、肺气肿	脱离现场至空气新鲜处，呼吸困难时可吸氧，呼吸停止时，立即进行人工呼吸，就医	
	皮肤接触：皮肤可产生强烈刺激	皮肤污染，脱去污染的衣着，用流动清水冲洗	
	眼睛接触：眼可致疼痛、流泪红肿等刺激症，严重时可损伤角膜、结膜	眼接触时立即翻开上下眼睑，用流动清水冲洗 20 min 以上	
	食　　人腐蚀：可受到刺激和	冲洗口腔，饮牛奶或蛋清，就医	

慢性中毒	可产生呼吸道和皮肤致敏症状，气喘、胸闷、呼吸急促、咳嗽。皮肤出现皮疹、瘙痒、发炎等

泄漏处理	疏散泄漏污染区人员至安全区，无关人员禁入。切断火源，急救者戴自给式呼吸器，穿一般防护服，避免接触泄漏物，确保安全下堵漏。喷雾状水减少蒸发，用沙土或不燃性吸附剂混合吸收，收集运至废物处理场所。大量泄漏，可围堤收容、收集、转移、回收或无害处理后废弃

安全责任划分	厂(矿)级：	车间(分厂)级：	班组级：班(岗)长
检 查 级 别	厂(矿)级：	车间(分厂)级：	班组级：✓
检 查 周 期	厂(矿)级：　次/月	车间(分厂)级：　次/周	班组级：2 次/班

填卡单位_____　　填卡时间_____　　应急电话_____

有毒有害化学物质信息卡

编号:6-6-12

化学名称	亚甲基双苯基异氰酸酯	最高允许浓度		毒性分级		危险度分级		C
岗位名称		监测周期	1次/年	监护周期	1次/4年	易发伤害事故种类		中毒

理化性质	外观与性状:白色至微黄色固体,温度38℃时为液体,蒸气有霉臭味	熔点(℃):	燃烧性:
	溶 解 性:不溶于水	沸点(℃):	自燃温度(℃):
	相对密度:(水=1) (空气=1)	闪点(℃):	爆炸极限(V%):

毒 性	低毒类,对粘膜有强烈刺激作用

	危　害	现　场　急　救	预　防　措　施
火灾与爆炸			1. 可戴用绿色色标,滤毒罐的防毒面具。 2. 使用工作服、手套,作业点备有安全淋浴和眼睛冲洗器具
急性中毒	吸　入:刺激感,咽喉干燥或疼痛,流鼻涕或鼻塞,咳嗽胸闷呼吸短促,严重时致支气管炎、肺水肿而致命,可延迟发生	迅速脱离现场至空气新鲜处,就医	
	皮肤接触:刺激皮肤	污染皮肤可用清水冲洗20 min以上,就医	
	眼睛接触:致眼流泪,不舒服,对角膜、结膜有损害	立即轻柔地抹去,翻开上下眼睑,用生理盐水或清水冲洗20 min以上	
	食　入:产生刺激和腐蚀	冲洗口腔,饮水250 mL不可催吐,如呕吐,重复给水,就医	
慢性中毒	过敏性患者,可致气喘、胸闷、呼吸短促、咳嗽,症状可持续数天,还可致皮炎、发痒等		
泄漏处理	使用良好防护服装和呼吸器,进入污染区清理现场		

安全责任划分	厂(矿)级:	车间(分厂)级:	班组级:班(岗)长
检 查 级 别	厂(矿)级:	车间(分厂)级:	班组级:√
检 查 周 期	厂(矿)级:　次/月	车间(分厂)级:　次/周	班组级:2次/班

填卡单位_____　　填卡时间_____　　应急电话_____

有毒有害化学物质信息卡

编号：6-6-13

化学名称	甲苯—2.4—二异氰酸酯	最高允许浓度	0.2 mg/m³	毒性分级	Ⅱ	危险度分级	A
岗位名称		监测周期	1～2 次/年	监护周期	1次/1～2年	易发伤害事故种类	中毒、火灾爆炸

理化性质	外观与性状：无色到淡黄色液体，易挥发	熔点(℃)：13.2	燃烧性：可燃
	溶解性：溶于丙酮、醚	沸点(℃)：118/1.33 kPa	自燃温度(℃)：
	相对密度：(水=1)1.22　(空气=1)6.0	闪点(℃)：	爆炸极限(V%)：0.9～9.5

毒性	属低毒类，有致敏或对粘膜的刺激性

	危　害	现场急救	预防措施
火灾与爆炸	遇明火、高热或氧化剂接触，有引起燃烧爆炸的危险，能造成一定的经济损失	按预定程序报警，疏散现场人员，切断火源，应急处理人员戴正压自给式呼吸器，穿化学防护服，用泡沫、砂土、干粉、二氧化碳灭火，禁止用酸碱灭火剂	1. 岗位周围应杜绝一切火种、热源，应与氧化剂、酸类等隔开。2. 生产过程要严加密闭，保证充分的局部排风。3. 工作时穿相应的工作服，戴防化学品手套。4. 高浓度接触时，戴安全防护眼镜，可能接触其蒸气时，佩戴防毒面具，紧急事态抢救时，佩戴自给式呼吸器。5. 工作现场禁止吸烟、进食和饮水，工作后淋浴更衣。被污染的衣服单独存放，洗后再用
急性中毒	吸　入：发生喘息性支气管炎，表现为咽干、剧咳、胸痛、呼吸困难，重者紫绀、昏迷，引起肺炎、肺水肿	迅速脱离现场至空气新鲜处，必要时进行人工呼吸，就医	
	皮肤接触：液体对皮肤有刺激性	脱去污染的衣着，立即用流动水彻底冲洗	
	眼睛接触：溅入眼内引起角膜损伤，蒸气对眼有刺激作用	立即翻起眼睑，用大量清水彻底冲洗	
	食　入：引起消化道刺激和腐蚀	误服者给饮大量温水，催吐，就医	

慢性中毒	引起过敏性哮喘

泄漏处理	在确保安全情况下堵漏，用活性炭或其他惰性材料吸收泄漏物，并将其收集运至废物处理场作无害处理

安全责任划分	厂(矿)级：分管厂(矿)长	车间(分厂)级：主任(分厂厂长)	班组级：班(岗)长
检查级别	厂(矿)级：√	车间(分厂)级：√	班组级：√
检查周期	厂(矿)级：1次/月	车间(分厂)级：1次/周	班组级：2次/班

填卡单位＿＿＿＿＿＿　　填卡时间＿＿＿＿＿＿　　应急电话＿＿＿＿＿＿

有毒有害化学物质信息卡

编号:6-6-14

化学名称	六甲基二异氰酸酯基异氰尿酸酯	最高允许浓度		毒性分级		危险度分级	C
岗位名称		监测周期	1次/年	监护周期	1次/4年	易发伤害事故种类	中毒

理化性质	外观与性状:透明至淡黄色液体		熔点(℃):	燃烧性:
	溶解性:		沸点(℃):	自燃温度(℃):
	相对密度:(水＝1)(空气＝1)		闪点(℃):	爆炸极限(V%):

毒 性	

	危 害	现 场 急 救	预 防 措 施
火灾与爆炸	遇明火、高热或与氧化剂接触,有引起燃烧爆炸的危险,能造成一定的经济损失	按预定程序报警,疏散现场人员,切断火源,应急处理人员戴正压自给式呼吸器,穿化学防护服,用泡沫、砂土、干粉、二氧化碳灭火。禁止用酸碱灭火剂	1.戴合适的呼吸器,使用工作服、手套、工作鞋,作业场所应备有安全淋浴器和眼睛冲洗设备。班后淋浴更衣。 2.密闭生产,加强通风
急性中毒	吸　入:咽喉干燥、疼痛、流鼻涕或鼻塞、胸闷、呼吸短促、咳嗽,严重可致支气管炎、肺水肿,并可能致死	脱离现场至空气新鲜处,就医	
	皮肤接触:可有皮肤刺激	立即抹掉皮肤上残余物,用生理盐水或流动清水冲洗20 min,就医	
	眼睛接触:可有流泪和不适感	翻开上下眼睑,用生理盐水或流动清水冲洗20 min,就医	
	食　入:刺激消化道	饮水250毫升,如呕吐,使患者前倾并重复给水	
慢性中毒	有过敏史者可气喘、胸闷、呼吸短促、咳嗽等症,也可使皮肤致敏,发生皮疹、发痒、发炎		
泄漏处理	撤离人员至安全区,穿戴相应的防护用品,安全堵漏,无害处理		

安全责任划分	厂(矿)级:	车间(分厂)级:	班组级:班(岗)长
检 查 级 别	厂(矿)级:	车间(分厂)级:	班组级:✓
检 查 周 期	厂(矿)级:　次/月	车间(分厂)级:　次/周	班组级:2次/班

填卡单位＿＿＿＿　　填卡时间＿＿＿＿　　应急电话＿＿＿＿

第七节　烃类化合物

有毒有害化学物质信息卡

编号：6-7-1

化学名称	萘 $C_{10}H_8$	最高允许浓度	52 mg/m³ 美国 TWA	毒性分级		危险度分级		B
岗位名称		监测周期	1次/年	监护周期	1次/4年	易发伤害事故种类		火灾、爆炸 中毒

理化性质	外观与性状：白色易挥发晶体，有温和芳香气味　　熔点(℃)：90.1　　燃烧性：可燃 溶　解　性：不溶于水，溶于苯、醚、无水乙醇　　沸点(℃)：217.9　　自燃温度(℃)：526 相对密度：(水=1)1.16　(空气=1)4.42　　　　闪点(℃)：78.9　　爆炸极限(V%)：0.9～5.9
毒　性	属低毒类，具刺激毒性，高浓度致溶血性贫血及肝、肾损害

	危　害	现　场　急　救	预　防　措　施
火灾与爆炸	遇明火、高热可燃。粉体与空气形爆炸混合物，当达到一定浓度时，遇火星会发生爆炸，能造成人员中毒和经济损失	切断火源，应急处理人员戴好防毒面具，穿消防服，用二氧化碳、沙土灭火	1. 密闭操作，局部排风，岗位周围杜绝一切火种、热源，应与氧化剂、食用化工原料隔开。 2. 工作现场禁止吸烟、进食和饮水。班后淋浴。 3. 加强个体防护，采用安全面罩，穿防护服、戴防护手套，空气浓度超标时，应该佩戴防毒口罩
急性中毒	吸　　入：引起头痛、恶心、呕吐、食欲消失，呼吸道刺激症状，腰痛、尿频，重者出现肝大、抽搐、昏迷	迅速脱离现场至空气新鲜处，保持呼吸道通畅，必要时进行人工呼吸，就医	
	皮肤接触：皮肤接触引起急性皮炎	皮肤污染者脱去污染的着装，用大量流动清水彻底冲洗，就医	
	眼睛接触：出现眼结膜刺激角膜表现浑浊等	眼睛污染者立即翻开眼睑，用流动清水或生理盐水冲洗至少20 min后，就医	
	食　　入：口服症状同吸入	误服者立即漱口、洗胃，就医	
慢性中毒			
泄漏处理	隔离泄漏污染区，并设置警告标志，将污染区人员移至安全处，切断火源，用无火花工具收集于袋中转移到安全场所或就地安全焚烧。如大量泄漏，收集回收或无害化处理		

安全责任划分	厂(矿)级：	车间(分厂)级：主任(分厂厂长)	班组级：班(岗)长
检查级别	厂(矿)级：	车间(分厂)级：✓	班组级：✓
检查周期	厂(矿)级：　次/月	车间(分厂)级：1次/周	班组级：2次/班

填卡单位＿＿＿＿＿　　填卡时间＿＿＿＿＿　　应急电话＿＿＿＿＿

有毒有害化学物质信息卡

编号:6-7-2

化学名称	甲烷(沼气) CH₄	最高允许浓度		毒性分级		危险度分级	A
岗位名称		监测周期	1次/年	监护周期	1次/4年	易发伤害事故种类	火灾、爆炸 中毒、窒息

理化性质	外观与状状:无色无臭气体		熔点(℃):−182.5	燃烧性:易燃
	溶 解 性:微溶于水,溶于乙醇、乙醚		沸点(℃):−161.5	自燃温度(℃):538
	相对密度:(水=1)0.42/−164℃ (空气=1)0.55		闪点(℃):−188	爆炸极限(V%):5.3~15

毒 性	单纯性窒息作用

	危 害	现 场 急 救	预 防 措 施
火灾与爆炸	甲烷与空气混合能形成爆炸性混合物,遇明火能引起燃烧、爆炸,能造成人员伤亡和财产损失	1. 按预定程序报警,清理现场人员,按避灾路线撤离现场。 2. 应急处理人员戴自给式呼吸器,穿消防服,切断气源,喷水冷却容器,用泡沫、二氧化碳灭火器灭火	1. 工作现场杜绝各类火种。 2. 生产过程密闭,全面通风,照明、通风等设施要采用防爆型。 3. 工作时穿防护工作服。 4. 高浓度接触时,戴安全防护眼镜和防护手套,佩戴供气或呼吸器。 5. 工作现场严禁吸烟。进入罐内或其他高浓度区作业时,须有人监护
急性中毒	吸 入:可引起头痛、头晕、乏力、呼吸和心跳加速,精细动作障碍,甚至因缺氧而窒息、昏迷	迅速脱离现场至空气新鲜处。呼吸困难时给输氧。呼吸及心跳停止时,立即进行人工呼吸和心脏按压术,就医	
	皮肤接触:		
	眼睛接触:		
	食 入:		

慢性中毒	
泄漏处理	迅速撤离泄漏污染区人员至上风处,切断火源,应急处理人员做好自身防护,切断气源,加强通风,妥善清除可能剩下的气体

安全责任划分	厂(矿)级:分管厂(矿)长	车间(分厂)级:主任(分厂厂长)	班组级:班(岗)长
检 查 级 别	厂(矿)级:✓	车间(分厂)级:✓	班组级:✓
检 查 周 期	厂(矿)级:1次/月	车间(分厂)级:1次/周	班组级:2次/班

填卡单位＿＿＿＿＿　　填卡时间＿＿＿＿＿　　应急电话＿＿＿＿＿

有毒有害化学物质信息卡

编号:6-7-3

化学名称	乙炔 (电石气) HC≡CH	最高允许浓度		毒性分级		危险度分级	A
岗位名称		监测周期	1次/年	监护周期	1次/4年	易发伤害事故种类	火灾、爆炸 窒息
理化性质	外观与性状:无色无臭气体,工业品有大蒜气味 溶　解　性:微溶于水,乙醇,溶于丙酮、氯仿等 相对密度:(水=1)0.62　(空气=1)0.91		熔点(℃):-81.8/ 119 kPa 沸点(℃):-83.8 闪点(℃):<-50		燃烧性:易燃 自燃温度(℃):305 爆炸极限(V%):2.1~80.0		
毒　性	属微毒类。具有弱麻醉作用,高浓度可引起窒息						

	危　　害	现　场　急　救	预　防　措　施
火灾与爆炸	本品在室温下气体与空气能形成爆炸性混合物,能造成人员伤亡和财产损失	1. 按预定程序报警,清理现场人员,按避灾路线撤离现场。 2. 应急处理人员穿戴适当防护服、呼吸器,用干粉、二氧化碳泡沫灭火器材和喷水雾灭火,同时,要隔断热源和火源	1. 岗位要杜绝一切热源、火源。按规定配备相应品种和数量的消防器材。 2. 生产过程密闭,全面通风。 3. 高浓度接触时戴安全防护眼镜和手套,并佩戴供气式呼吸器,进入罐内作业时除上述防护措施外,须有人监护。 4. 进入工作现场,须穿相应的防护服,严禁吸烟
急性中毒	吸　　入:初期多语、哭笑不安,后期眩晕、头痛、恶心等,严重时昏迷、紫绀、瞳孔对光反应消失、脉弱而不齐	迅速脱离现场至空气新鲜处。呼吸困难时给输氧。呼吸停止时,立即进行人工呼吸,就医	
	皮肤接触:		
	眼睛接触:		
	食　　入:		
慢性中毒	长期低浓度吸入,可引起神经衰弱综合征		
泄漏处理	迅速撤离泄漏污染区人员至上风处,切断火源,应急处理人员在做好安全防护情况下,切断气源,加强通风,妥善清除可能剩下的气体		
安全责任划分	厂(矿)级:分管厂(矿)长	车间(分厂)级:车间主任(分厂厂长)	班组级:班(岗)长
检　查　级　别	厂(矿)级:√	车间(分厂)级:√	班组级:√
检　查　周　期	厂(矿)级:1次/月	车间(分厂)级:1次/周	班组级:2次/班

填卡单位＿＿＿＿＿＿　　　填卡时间＿＿＿＿＿　　　应急电话＿＿＿＿＿＿

有毒有害化学物质信息卡

编号：6-7-4

化学名称	丙烷 C_3H_8	最高允许浓度		毒性分级		危险度分级	A
岗位名称		监测周期	1次/年	监护周期	1次/4年	易发伤害事故种类	火灾、爆炸中毒

理化性质	外观与状状:无色气体	熔点(℃):−187.6	燃烧性:易燃
	溶解性:微溶于水,溶于乙醇、乙醚	沸点(℃):−42.1	自燃温度(℃):450
	相对密度:(水=1)0.58/−445 ℃ (空气=1)1.56	闪点(℃):−104	爆炸极限(V%):2.1~9.5

毒 性	属微毒类。有轻度麻醉和刺激性

	危 害	现 场 急 救	预 防 措 施
火灾与爆炸	丙烷与空气混合能形成爆炸性混合物,遇到火、高热能引起燃烧、爆炸,能造成一定的财产损失	按预定程序报警,清理现场人员,按避灾路线撤离现场,切断火源。应急处理人员戴自给式呼吸器,穿消防服,切断气源,喷水冷却容器,用泡沫、二氧化碳及雾状水灭火	1. 岗位周围要杜绝一切火种、热源,设备、设施要采用防爆型。 2. 要与氧化剂、氧气、压缩空气隔离开。生产过程密闭,全面通风。 3. 工作时穿相应的防护服,高浓度接触时,戴安全防护眼镜和防护手套,佩戴供气式呼吸器。 4. 工作现场严禁吸烟,进入罐内或其他高浓度区作业时,须有人监护
急性中毒	吸 入:高浓度丙烷和丁烷混合气体,可致使头痛、恶心、神经反射减弱,严重出现麻醉、意识丧失	迅速脱离现场至空气新鲜处,呼吸困难时给输氧。呼吸及心跳停止时,立即进行人工呼吸和心脏按压术,就医	
	皮肤接触:造成冻伤	立即用温水冲洗 20 min	
	眼睛接触:	立即翻开上下眼睑用温水冲洗 20 min	
	食 入:		

慢性中毒	表现有继发性肺炎

泄漏处理	迅速撤离泄漏区人员至上风处,切断火源,应急处理人员做好自身防护,立即切断气源,加强通风,妥善清除可能剩下的气体

安全责任划分	厂(矿)级:分管厂(矿)长	车间(分厂)级:车间主任(分厂厂长)	班组级:班(岗)长
检 查 级 别	厂(矿)级:√	车间(分厂)级:√	班组级:√
检 查 周 期	厂(矿)级:1次/月	车间(分厂)级:1次/周	班组级:2次/班

填卡单位＿＿＿＿＿＿　　填卡时间＿＿＿＿＿＿　　应急电话＿＿＿＿＿＿

有毒有害化学物质信息卡

编号:6-7-5

化学名称	苯胺 C₆H₅NH₂	最高允许浓度	5 mg/m³ (皮)	毒性分级	Ⅱ	危险度分级	A
岗位名称		监测周期	1~2 次/年	监护周期	1次/ 1~2年	易发伤害事故种类	中毒、火灾

理化性质	外观与性状:无色或微黄色油状液体		熔点(℃):−6.2	燃烧性:可燃
	溶　解　性:微溶于水,溶于乙醇、乙醚、苯		沸点(℃):184.4	自燃温度(℃):
	相对密度:(水＝1)1.02　(空气＝1)3.22		闪点(℃):70	爆炸极限(V%):1.3~11.0

毒　性	液体及蒸气均易通过皮肤吸收而中毒

	危　害	现场急救	预防措施
火灾与爆炸	遇高热、明火或与氧化剂接触,有引起燃烧的危险	疏散现场人员切断火源。应急处理人员戴自给式呼吸器,穿化学防护服;用雾状水、泡沫、二氧化碳、干粉、砂土灭火	1. 岗位周围杜绝一切火源、热源,应与氧化剂、酸类、食品化工原料隔离开,严加密闭,保证充分的局部排风。 2. 工作时穿紧袖防护服,长筒胶鞋,戴安全防护眼镜和橡皮手套。 3. 可能接触其蒸气时,佩戴防毒面具。紧急事态抢救时,佩戴正压自给式呼吸器。 4. 工作现场禁止吸烟、进食和饮水。工作后用温水洗澡,并及时换洗工作服。班前班后不可饮酒。 5. 进行就业前体检和工作后定期体检
急性中毒	吸　入:高浓度苯胺蒸气,可出现皮肝、粘膜呈青色症状	迅速脱离现场至空气新鲜处。呼吸困难时给输氧。呼吸停止时,立即进行人工呼吸,就医	
	皮肤接触:出现与吸入相同的症状。严重者出现血红蛋白尿、贫血、头痛、恶心、指甲青紫,甚至有昏迷、抽搐现象	立即脱去污染的衣着,用5%醋酸清洗污染的皮肤,再用肥皂和清水冲洗	
	眼睛接触:液体溅入眼内,可致眼膜和角膜损伤	立即翻开上下眼睑,用大量流动清水或生理盐水冲洗	
	食　入:症状同吸入	误服者给漱口、饮水,洗胃后口服活性炭,再给以导泻,就医	

慢性中毒	表现有神经衰弱综合征,伴轻度发绀、贫血和肝、脾肿大及湿疹

泄漏处理	

安全责任划分	厂(矿)级:分管厂(矿)长	车间(分厂):车间主任(分厂厂长)	班组级:班(岗)长
检 查 级 别	厂(矿)级:✓	车间(分厂)级:✓	班组级:✓
检 查 周 期	厂(矿)级:1次/月	车间(分厂)级:1次/周	班组级:2次/班

填卡单位_____　　填卡时间_____　　应急电话_____

有毒有害化学物质信息卡

化学名称	氯苯 C₆H₅Cl	最高允许浓度	50 mg/m³	毒性分级		危险度分级	A
岗位名称		监测周期	1 次/年	监护周期	1 次/4 年	易发伤害事故种类	中毒、火灾爆炸

理化性质	外观与性状：无色有苦杏仁味的透明液体　　　　　　　熔点(℃)：-45.2　燃烧性：易燃 溶　解　性：不溶于水，溶于乙醇、乙醚等多种有机溶剂　沸点(℃)：132.2　自燃温度(℃)：590 相对密度：(水=1)1.10　(空气=1)3.9　　　　　　　　闪点(℃)：28　　爆炸极限(V%)：1.3～9.6
毒　性	对中枢神经系统有抑制和麻醉毒性，对皮肤粘膜有轻微刺激作用

		危　害	现　场　急　救	预　防　措　施
火灾与爆炸		易燃，遇明火、高热或与氧化剂接触有引起爆炸的危险，能造成人员中毒和财产损失	1. 按预定程序报警，清理现场，按避灾路线撤离现场。 2. 应急处理人员戴好防毒面具，穿消防服，用泡沫、二氧化碳、干粉器材和雾状水、砂土灭火	1. 岗位周围杜绝各种火源和热源，密闭操作，局部通风，岗位设施采用防爆型，禁止使用易产生火花的机械设备和工具。 2. 工作现场禁烟、禁食，班后淋浴，注意个人清洁卫生。 3. 加强个体防护，穿防化学防护服，戴防化品手套，必要时戴化学安全防护眼镜，空气中浓度超标时，应该佩戴防毒口罩
急性中毒	吸　入：头痛、头晕、无力、食欲减退、麻醉状态，甚至昏迷		迅速脱离现场至空气新鲜处，呼吸困难时吸氧，呼吸停止时立即进行人工呼吸，就医	
	皮肤接触：轻微刺激，可引起皮炎		皮肤污染者立即脱去污染的衣着，用肥皂水及清水彻底冲洗	
	眼睛接触：有眼痛、流泪、结膜充血等症状		眼污染后，立即翻开眼睑，用大量流动清水或生理盐水冲洗	
	食　入：食入症状同吸入，另有消化道的轻微刺激症状		误服者充分漱口、饮水，尽快洗胃，就医	
慢性中毒		引起头痛、失眠、记忆减退等神经衰弱症候群，重者引起中毒性肝炎，个别可发生肾脏损害		
泄漏处理		疏散泄漏污染区人员至安全区，隔离，切断火源，安全堵漏，喷水雾减少蒸发，用沙土或其他不燃性吸附剂混合吸收后收集处理或用不燃性分散剂乳液刷洗。洗水放入废水系统，如大量泄漏，围堤收容后收集、转移回收或无害处理废弃		

安全责任划分	厂(矿)级：分管厂(矿)长	车间(分厂)级：车间主任(分厂厂长)	班组级：班(岗)长
检　查　级　别	厂(矿)级：✓	车间(分厂)级：✓	班组级：✓
检　查　周　期	厂(矿)级：1 次/月	车间(分厂)级：1 次/周	班组级：2 次/班

填卡单位＿＿＿＿＿＿　　　填卡时间＿＿＿＿＿＿　　　应急电话＿＿＿＿＿＿

有毒有害化学物质信息卡

编号:6-7-7

化学名称	沥青	最高允许浓度	5 mg/m³ (沥青烟) 美国 TWA	毒性分级		危险度分级	B
岗位名称		监测周期	1次/年	监护周期	1次/4年	易发伤害事故种类	中毒、火灾

<table>
<tr><td rowspan="3">理化性质</td><td colspan="5">外观与性状:黑色液体,半固体或固体,燃烧分解放出腐蚀性刺激性的黑色烟雾</td><td>熔点(℃):</td><td>燃烧性:可燃</td></tr>
<tr><td colspan="5">溶　解　性:溶于四氯化碳,不溶于水、丙酮、乙醚、稀乙醇等</td><td>沸点(℃):<470</td><td>自燃温度(℃):485</td></tr>
<tr><td colspan="5">相对密度:(水=1)1.15~1.25　(空气=1)</td><td>闪点(℃):204.4</td><td>爆炸极限(V%):下限30 g/m³</td></tr>
</table>

毒　性	具有刺激性,致癌性

	危　害	现　场　急　救	预　防　措　施
火灾与爆炸	遇高明火能燃烧	用泡沫、二氧化碳、干粉灭火器材灭火,也可用喷淋水、砂土灭火	1. 提供良好的自然通风条件。2. 高浓度岗位上佩戴防毒口罩和戴安全防护眼镜。穿工作服、戴防护手套,班后淋浴
急性中毒	吸　　入:鼻咽刺激症状	脱离现场至空气新鲜处,就医	
	皮肤接触:沥青及烟气对皮肤有刺激性,光毒作用,至光毒皮炎及热烧伤	脱去污染的衣着,脱离现场,避免阳光照射,就医	
	眼睛接触:可引起流泪、痛疼等眼刺激症状	立即翻开上下眼睑,用流动清水或生理盐水冲洗至少 15 min,就医	
	食　　入:		

慢性中毒	可损伤皮肤,暴露部位呈片状的色变皮损。可致职业性痤疮、疣状赘生物。有致肿瘤作用

泄漏处理	收集回收或无害化处理后废弃

安全责任划分	厂(矿)级:	车间(分厂)级:	班组级:班(岗)长
检　查　级　别	厂(矿)级:	车间(分厂)级:	班组级:✓
检　查　周　期	厂(矿)级:　次/月	车间(分厂)级:　次/周	班组级:2次/班

填卡单位＿＿＿＿＿　　　填卡时间＿＿＿＿＿　　　应急电话＿＿＿＿＿

有毒有害化学物质信息卡

化学名称	氯乙烯 $CH_2=CHCl$	最高允许浓度	30 mg/m³	毒性分级	Ⅰ	危险度分级	A
岗位名称		监测周期	2次/年	监护周期	1次/ 1~2年	易发伤害事故种类	中毒、火灾 爆炸

理化性质	外观与性状:无色有醚样气味的气体	熔点(℃):-159.8	燃烧性:易燃
	溶解性:微溶于水,溶于乙醇等有机溶剂	沸点(℃):-13.4	自燃温度(℃):415
	相对密度:(水=1)0.91 (空气=1)2.15	闪点(℃):-78	爆炸极限(V%):

毒性	对中枢神经系统的麻醉毒性,致癌作用

		危害	现场急救	预防措施
火灾与爆炸		易燃,与空气混合能形成爆炸性混合物,遇明火、高热能引起燃烧爆炸,能造成人员中毒和财产损失	1. 按预定程度报警,清理现场人员,按避灾路线撤离现场,切断火源。 2. 应急处理人员戴自给式呼吸器,穿消防服切断气源,喷水冷却容器,用泡沫、二氧化碳及雾状水灭火	1. 严格执行国家消防条例,岗位杜绝一切火源和热源。 2. 生产过程密闭,全面通风,设备电气采用防爆型。 3. 进入罐区或其他高浓度区作业,须戴防毒面具或供氧式面具,有人监护,进行就业前体检和工作后定期体检
急性中毒	吸入	轻者眩晕、胸闷、瞌睡、步态蹒跚,重者神志不清,呈昏睡甚至死亡	迅速脱离现场至空气新鲜处,吸氧、呼吸、心跳停止者立即进行人工呼吸和心脏按压术,就医	
	皮肤接触	皮肝接触引起局部麻木、红斑、浮肿以及局部坏死	皮肤接触者脱去污染的衣着,用流动清水冲洗 20 min 或用 2%碳酸氢钠溶液冲洗	
	眼睛接触	出现流泪、刺痛等	立即翻开上下眼睑,用流动清水冲 10 min 或用 2%碳酸氢钠溶液冲洗	
	食入			

慢性中毒	表现为神经衰弱综合征,四肢麻木,感觉减退,并有肝肿大、肝功能异常和消化功能障碍

泄漏处理	迅速撤离污染区人员至安全区,隔离、切断气源、火源、喷雾状水稀释,强力抽排风

安全责任划分	厂(矿)级:分管厂(矿)长	车间(分厂)级:主任(分厂厂长)	班组级:班(岗)长
检查级别	厂(矿)级:√	车间(分厂)级:√	班组级:√
检查周期	厂(矿)级:1次/月	车间(分厂)级:1次/周	班组级:2次/班

填卡单位＿＿＿＿＿＿　　填卡时间＿＿＿＿＿＿　　应急电话＿＿＿＿＿＿

有毒有害化学物质信息卡

编号:6-7-9

化学名称	苯乙烯 $C_6H_5CG=CH_2$	最高允许浓度	40 mg/m³	毒性分级		危险度分级		B
岗位名称		监测周期	1次/年	监护周期	1次/4年	易发伤害事故种类		中毒、火灾爆炸

理化性质	外观与性状:无色透明液体		熔点(℃):−30.6	燃烧性:易燃
	溶 解 性:不溶于水,溶于醇、醚等有机溶剂		沸点(℃):146	自燃温度(℃):490
	相对密度:(水=1)0.91 (空气=1)3.6		闪点(℃):34.4	爆炸极限(V%):1.1~6.1

毒 性	属低毒类。对神经系统麻醉性,对皮肤、粘膜有刺激性

	危 害	现 场 急 救	预 防 措 施
火灾与爆炸	其蒸气与空气形成爆炸性混合物,遇明火、高热能引起燃烧爆炸,能造成人员伤亡和财产损失	1. 按预定程序报警,清理现场人员按避灾路线撤离现场,切断火源。 2. 应急处理人员戴好防毒面具,穿消防服,用泡沫、二氧化碳、干粉、砂土灭火,不能用水灭火	1. 岗位周围要杜绝一切火种、热源。 2. 设备、设施要采用防爆型,不能与空气接触,应和氧化剂、酸类隔离开,要配备相应品种和数量的消防器材。生产过程密闭,加强通风。 3. 工作时穿相应的工作服,戴防化学品手套。高浓度接触时戴化学安全防护眼镜。 4. 空气中浓度超标时,佩戴防毒面具,紧急事态抢救时,佩戴自给式呼吸器。 5. 工作现场禁止吸烟、进食和饮水。工作后,淋浴更衣
急性中毒	吸 入:轻者引起上呼吸道粘膜的刺激,出现喷嚏、咳嗽等,严重者有抽搐、昏迷以至死亡	迅速脱离现场至空气新鲜处,保持呼吸道通畅。呼吸困难时给输氧。呼吸停止时,立即进行人工呼吸,就医	
	皮肤接触:轻者对皮肤有刺激,重者经皮肤大量吸收,会产生与吸入相同的中毒症状	脱去污染的衣着,用肥皂及清水彻底冲洗	
	眼睛接触:出现眼痛、流泪等	立即翻开上下眼睑,用流动清水或生理盐水冲洗 20 min,就医	
	食 入:与吸入中毒症状相同	误服者立即漱口、洗胃,就医	

慢性中毒	表现有头痛、乏力、恶心、食欲减退、腹胀、忧郁、指颤等;皮肤粗糙、皲裂

泄漏处理	疏散泄漏污染区人员至安全区,切断火源。应急处理人员在确保安全情况下堵漏。用活性炭或其他惰性材料吸收、收集运至废物处理场所,作无害处理

安全责任划分	厂(矿)级:	(分厂)级:主任(分厂厂长)	班组级:班(岗)长
检 查 级 别	厂(矿)级:	车间(分厂)级:√	班组级:√
检 查 周 期	厂(矿)级: 次/月	车间(分厂)级:1次/周	班组级:2次/班

填卡单位＿＿＿＿＿ 填卡时间＿＿＿＿＿ 应急电话＿＿＿＿＿

有毒有害化学物质信息卡

编号:6-7-10

化学名称	煤焦油	最高允许浓度	0.2 mg/m³ 按苯溶物计 美国 TWA	毒性分级		危险度分级		B
岗位名称		监测周期	1 次/年	监护周期	1 次/4 年	易发伤害事故种类		中毒、火灾

理化性质	外观与性状:黑色粘稠液体,有特殊臭味		熔点(℃):	燃烧性:易燃
	溶 解 性:微溶于水,溶于苯、乙醇等多种有机溶剂		沸点(℃):	自燃温度(℃):
	相对密度:(水=1)1.18～1.23 (空气=1)		闪点(℃):<23	爆炸极限(V%):

毒 性	对皮肤、粘膜有腐蚀毒性,致癌

	危 害	现 场 急 救	预 防 措 施
火灾与爆炸	遇明火、高热易燃,能造成火灾和人员中毒事故	1. 用二氧化碳、泡沫、干粉灭火器材和喷水、砂土灭火。 2. 应急人员戴自给式呼吸器穿消防服。 3. 用砂土或其他不燃性吸附剂混合吸收	1. 生产过程要密闭,作业场所全面通风,岗位周围严禁各类火种。 2. 禁止使用易产生火花的机械设备和工具。 3. 加强个人防护,穿防护服戴防化学品手套,作业场所浓度高时,应佩戴防毒口罩,班后淋浴更衣
急性中毒	吸 入:可引起鼻中隔损伤	脱离现场至空气新鲜处,必要时进行吸氧,人工呼吸,就医	
	皮肤接触:引起皮炎	立即脱去污染的衣着,用肥皂水及清水彻底冲洗	
	眼睛接触:结膜炎	翻开上下眼睑,用流动清水冲洗	
	食 入:	洗胃,就医	

慢性中毒	引起皮炎、痤疮、毛囊炎、光毒性皮炎、中毒性黑皮病、疣赘及肿瘤
泄漏处理	立即切断火源和气源,疏散污染区人员至安全区,安全堵漏、喷水雾,用砂土混合吸收后收集处理

安全责任划分	厂(矿)级:	车间(分厂)级:主任(分厂厂长)	班组级:班(岗)长
检 查 级 别	厂(矿)级:	车间(分厂)级:✓	班组级:✓
检 查 周 期	厂(矿)级: 次/月	车间(分厂)级:1 次/周	班组级:2 次/班

填卡单位＿＿＿＿＿＿ 填卡时间＿＿＿＿＿ 应急电话＿＿＿＿＿＿

有毒有害化学物质信息卡

编号:6-7-11

化学名称	二氯甲烷 CH₂Cl₂	最高允许浓度		毒性分级		危险度分级	B
岗位名称		监测周期	1次/年	监护周期	1次/年 4	易发伤害事故种类	中毒、火灾

| 理化性质 | 外观与性状:无色透明液体,有刺激性芳香气味 熔点(℃):－96.7 燃烧性:可燃
溶　解　性:微溶于水,溶于乙醚 沸点(℃):39.8 自燃温度(℃):615
相对密度:(水=1)1.33 (空气=1)2.93 闪点(℃): 爆炸极限(V%):15.5～66.4
(O₂中) |

理化性质项按表格化如下:

理化性质	外观与性状:无色透明液体,有刺激性芳香气味 溶　解　性:微溶于水,溶于乙醚 相对密度:(水=1)1.33 (空气=1)2.93 (O₂中)	熔点(℃):－96.7 沸点(℃):39.8 闪点(℃):	燃烧性:可燃 自燃温度(℃):615 爆炸极限(V%):15.5～66.4

| 毒　性 | 属中等毒类,是麻醉剂,可引起呼吸和循环中枢麻痹 |

		危　　害	现　场　急　救	预　防　措　施
火灾与爆炸		遇明火、高热可燃烧,能造成火灾和人员中毒事故	1. 清理现场人员至安全区,切断火源。 2. 应急处理人员戴自给式呼吸器,穿一般消防服,用泡沫、二氧化碳及砂土、雾状水灭火	1. 密闭操作,局部排风。 2. 岗位要杜绝火种、热源。 3. 工作时穿相应的防护服,戴化学安全防护眼镜,必要时戴防化学品手套。 4. 空气中浓度超标时,佩戴防毒面具,紧急事态抢救时,佩戴自给式呼吸器。 5. 工作现场禁止吸烟、进食和饮水,工作后淋浴更衣。单独存放被毒物污染的衣服,洗后再用
急性中毒	吸　入	可有头痛、呕吐、上呼吸道粘膜刺激症状,重者引起支气管炎和肺水肿,神志不清等症状	迅速脱离现场至空气新鲜处,呼吸困难时给输氧。呼吸停止时,立即进行人工呼吸,就医	
	皮肤接触	经皮肤吸收中毒时与吸入中毒症状相同	脱去污染的衣着,用肥皂水及清水彻底冲洗	
	眼睛接触	眼睛有疼痛等刺激症状	立即翻开上下眼睑,用大量流动清水或生理盐水冲洗	
	食　入	与吸入中毒症状相同	误服者给大量温水,催吐,就医	
慢性中毒		表现有头痛、乏力、食欲消失、动作迟钝、嗜睡、皮肤干燥、脱屑和皲裂
泄漏处理		疏散泄漏区人员至安全区,切断火源。应急处理人员在确保安全情况下堵漏。用沙土或其他不燃性材料吸收,然后收集至废物处理场所,作无害处理

安全责任划分	厂(矿)级:	车间(分厂)级:主任(分厂厂长)	班组:班(岗)长
检查级别	厂(矿)级:	车间(分厂)级:✓	班组级:✓
检查周期	厂(矿)级:　次/月	车间(分厂)级:1次/周	班组级:2次/班

填卡单位_____　　填卡时间_____　　应急电话_____

有毒有害化学物质信息卡

编号：6-7-12

化学名称	二氯乙烷 $C_2H_4Cl_2$	最高允许浓度	25 mg/m³	毒性分级		危险度分级	B
岗位名称		监测周期	1次/年	监护周期	1次/4年	易发伤害事故种类	中毒、火灾爆炸

理化性质	外观与性状：无色透明液体，有似氯仿气味　　　　熔点(℃)：-35.7　　　　燃烧性：易燃 溶　解　性：微溶于水，或混溶于醇、醚、氯仿　　　沸点(℃)：83.5　　　　自燃温度(℃)：413 相对密度：(水=1)1.26　(空气=1)3.35　　　　　闪点(℃)：13　　　　　　爆炸极限(V%)：6.2～16.0

毒　性	属高毒类。对眼睛、呼吸道、胃肠道有刺激性；对神经系统有抑制性

	危　害	现　场　急　救	预　防　措　施
火灾与爆炸	其蒸气与空气形成爆炸性混合物，遇明火、高热能引起燃烧、爆炸。能造成人员中毒和财产损失	切断火源，应急处理人员戴自给式呼吸器，穿一般消防防护服；用泡沫干粉、二氧化碳及雾状水、砂土灭火	1. 岗位周围应杜绝一切火种和热源。 2. 设备设施应采用防爆型，岗位应配备相应品种和数量的消防器材。 3. 密闭操作，局部排风，穿相应的防护服，戴化学安全防护眼镜；必要时戴防化学品手套。 4. 空气中浓度超标时，必须佩戴防毒面具。紧急事态抢救时，佩戴自给式呼吸器。 5. 工作现场禁止吸烟、进食和饮水。工作后，淋浴更衣
急性中毒	吸　入：可引起肺水肿；严重者发生中枢神经系统抑制而死亡	迅速脱离现场至空气新鲜处。保持呼吸道通畅。呼吸困难时给输氧，呼吸停止时，立即进行人工呼吸，就医	
	皮肤接触：对皮肤有刺激作用，可引起皮肤干燥、脱屑、皲裂	脱去污染的衣服，用肥皂水及清水彻底冲洗	
	眼睛接触：引起流泪、眼痛等眼刺激症状	立即翻开上下眼睑，用大量流动清水或生理盐水冲洗	
	食　入：轻者有呕吐、腹痛、腹泻；严重者发生肝坏死和肾病变	误服者给饮大量温水，催吐、洗胃，就医	

慢性中毒	

泄漏处理	疏散泄漏污染区人员至安全区，切断火源。应急处理人员在确保安全情况下堵漏。用沙土或其他惰性材料吸收，然后收集运至废物处理场所，作无害处理

安全责任划分	厂(矿)级：	车间(分厂)级：主任(分厂厂长)	班组级：班(岗)长
检　查　级　别	厂(矿)级：	车间(分厂)级：√	班组级：√
检　查　周　期	厂(矿)级：　次/月	车间(分厂)级：1次/周	班组级：2次/班

填卡单位＿＿＿＿＿　　　　填卡时间＿＿＿＿＿　　　　应急电话＿＿＿＿＿

有毒有害化学物质信息卡

编号:6-7-13

化学名称	环氧乙烷	最高允许浓度	5 mg/m³	毒性分级		危险度分级		A
岗位名称		监测周期	1次/年	监护周期	1次/4年	易发伤害事故种类		中毒、火灾爆炸

理化性质	外观与性状:无色气体	熔点(℃):-112.2	燃烧性:易燃
	溶　解　性:易溶于水及多种有机溶剂	沸点(℃):10.4	自燃温度(℃):429
	相对密度:(水=1)0.87　(空气=1)1.52	闪点(℃):<-17.8(O.C)	爆炸极限(V%):3.0~100

毒　性	属中等毒类。有细胞原浆毒和神经系统抑制性

	危　害	现场急救	预防措施
火灾与爆炸	本品与空气混合能形成爆炸性混合物,遇明火、高热能引起燃烧爆炸,能造成一定的财产损失	按预定程度报警,清理现场人员按撤灾路线撤离现场。切断火源,应急处理人员戴自给式呼吸器,穿消防服,切断气源,喷水冷却容器用泡沫、二氧化碳灭火器、雾状水灭火	1. 岗位周围杜绝一切火种、火源,设备、设施应采用防爆型。应与氧气压缩空气、氧化剂等隔离开,要密闭操作,局部排风,要配备相应品种和数量的消防器材。
急性中毒	吸　　入:轻者头痛、恶心、胸闷;重者手足无力,肌束颤动,以至肺水肿;严重者出现昏迷	迅速脱离现场至空气新鲜处。保持呼吸道通畅。呼吸困难时给输氧。呼吸停止时,立即进行人工呼吸,就医	2. 工作时穿相应的工作服,戴化学安全防护眼镜。 3. 高浓度接触时,戴防化学品手套,并佩戴防毒面具,紧急事态抢救时佩戴自给式呼吸器。 4. 工作现场严禁吸烟。工作后,淋浴更衣
	皮肤接触:皮肤红肿,数小时后有大泡形成	立即用流动清水彻底冲洗。若有灼伤,就医治疗	
	眼睛接触:轻则刺痛,重则造成角膜损害	立即翻开上下眼睑,用大量流动清水彻底冲洗	
	食　　入:	误服者给饮大量温水,催吐,就医	

慢性中毒	表现有神经衰弱、植物神经功能紊乱

泄漏处理	迅速撤离泄漏污染区人员至上风处,切断火源。应急处理人员在确保安全情况下,切断气源,加强通风,妥善处理可能剩下的气体

安全责任划分	厂(矿)级:分管厂(矿)长	车间(分厂)级:主任(分厂厂长)	班组级:班(岗)长
检查级别	厂(矿)级:√	车间(分厂)级:√	班组级:√
检查周期	厂(矿)级:1次/月	车间(分厂)级:1次/周	班组级:2次/班

填卡单位_____　　　填卡时间_____　　　应急电话_____

有毒有害化学物质信息卡

化学名称	对氯苯胺 ClC_6H_4NH_2	最高允许浓度	0.3 mg/m³	毒性分级		危险度分级	C
岗位名称		监测周期	1次/年	监护周期	1次/4年	易发伤害事故种类	

理化性质	外观与性状:白色结晶或淡黄色固体		熔点(℃):72.5	燃烧性:可燃
	溶 解 性:溶于水及多种有机溶剂		沸点(℃):232	自燃温度(℃):
	相对密度:(水=1)1.43 （空气=1）		闪点(℃):	爆炸极限(V%):

毒 性	对眼有刺激,是高铁血红蛋白形成剂

	危 害	现 场 急 救	预 防 措 施
火灾与爆炸	遇高热、明火与氧化剂接触,有引起燃烧的危险	1. 应急处理人员戴好防毒面具,穿化学防护服。 2. 用泡沫、二氧化碳、干粉及雾状水、砂土灭火	1. 岗位周围应杜绝火种和热源,应与氧化剂、酸类隔离开。 2. 生产过程要严加密闭,保证充分的局部排风。 3. 高浓度作业点戴防毒面具,急救或逃生时戴自给式呼吸器,使用化学安全防护眼镜,穿紧袖工作服、长筒胶靴、橡胶手套。 4. 作业现场禁止吸烟、进食、饮水。工作后不饮酒,班后淋浴更衣
急性中毒	吸 入:吸入高浓度可损伤血液载氧能力,致紫绀,严重者可损伤肝与肾脏	脱离现场至空气新鲜处,呼吸困难时吸氧,如呼吸停止进行人工呼吸,就医	
	皮肤接触:有刺激,经皮肤吸收可产生与吸入相同的症状	脱去污染的衣着,用肥皂水及清水彻底冲洗,注意手、足、指甲等部位	
	眼睛接触:眼接触热熔物刺激角膜与结膜	翻起眼睑用流动清水或生理盐水冲洗	
	食 入:	误服给漱口、饮水、洗胃后服活性炭再导泻,就医	

慢性中毒	对膀胱有轻度刺激而出现血尿,对人体有致癌可能

泄漏处理	隔离泄漏污染区,急救人员戴防毒面具,穿化学防护服,避免接触泄漏物,用洁净铲子收集于干燥有盖容器内,运至废物处理场所。大量泄漏收集回收或无害处理后废弃

安全责任划分	厂(矿)级:	车间(分厂)级:	班组级:班(岗)长
检查级别	厂(矿)级:	车间(分厂)级:	班组级:√
检查周期	厂(矿)级:　次/月	车间(分厂)级:　次/周	班组级:2次/班

填卡单位_____　　填卡时间_____　　　应急电话_____

有毒有害化学物质信息卡

编号:6-7-15

化学名称	苯并(a)芘	最高允许浓度		毒性分级		危险度分级	C
岗位名称		监测周期	1次/年	监护周期	1次/4年	易发伤害事故种类	火灾、中毒

理化性质	外观与性状:淡黄针状晶体 溶 解 性:不溶于水,微溶于乙醇、甲醇,溶于苯、甲苯、丙酮、环乙酮等 相对密度:(水=1) (空气=1)	熔点(℃):178.1 燃烧性:可燃 沸点(℃):310~312 自燃温度(℃): 闪点(℃): 爆炸极限(V%):
毒 性	具致突变和致癌性	

	危 害	现 场 急 救	预 防 措 施
火灾与爆炸	遇明火、高热可燃	用二氧化碳、干粉、1211灭火剂及砂土灭火	1. 密闭操作,保证良好的自燃通风条件,岗位要远离火种和热源。 2. 用油和煤气替代煤作业和生活燃料,使燃料充分燃烧,搞好烟道除尘。控制沥青的应用,控制操作温度,减少沥青烟气,并保持操作工人的皮肤清洁
急性中毒	吸 入:		
	皮肤接触:		
	眼睛接触:		
	食 入:		
慢性中毒	具致突变致癌		
泄漏处理			

安全责任划分	厂(矿)级:	车间(分厂)级:	班组级:班(岗)长
检 查 级 别	厂(矿)级:	车间(分厂)级:	班组级:✓
检 查 周 期	厂(矿)级: 次/月	车间(分厂)级: 次/周	班组级:2次/班

填卡单位＿＿＿＿＿ 填卡时间＿＿＿＿＿ 应急电话＿＿＿＿＿

有毒有害化学物质信息卡

化学名称	三溴氟甲烷 CBr₃F	最高允许浓度	6 100 mg/m³	毒性分级		危险度分级	C
岗位名称		监测周期	1次/年	监护周期	1次/4年	易发伤害事故种类	中毒

理化性质	外观与性状:稠密的无色气体,具有轻度甜香味	熔点(℃):	燃烧性:
	溶解性:	沸点(℃):-59	自燃温度(℃):
	相对密度:(水=1) (空气=1)	闪点(℃):	爆炸极限(V%):

毒 性	低毒类

		危 害	现 场 急 救	预 防 措 施
火灾与爆炸				浓度超标时戴标有绿色标滤毒罐,使用工作服、手套、工作鞋等,戴防毒眼镜,必要时用面罩
急性中毒	吸 入	鼻部刺激感,可产生头晕、轻度头昏,醉酒感和轻度麻木,严重可致心律不齐	脱离现场至空气新鲜处,保暖,就医	
	皮肤接触	皮肤可产生冻伤	在流水中剪除脱去衣着,微温流动清水冲洗20 min以上	
	眼睛接触	刺激眼、产生冻伤	眼污染时,立即翻开眼睑,微温流动清水冲洗20 min后就医	
	食 入	产生冻伤		
慢性中毒				

泄漏处理	迅速撤离泄漏区至安全区,使用良好的防护服和呼吸器,确保安全情况下堵漏,加强通风,排除废气,无害处理后废弃

安全责任划分	厂(矿)级:	车间(分厂)级:	班组级:班(岗)长
检查级别	厂(矿)级:	车间(分厂)级:	班组级:✓
检查周期	厂(矿)级: 次/月	车间(分厂)级: 次/周	班组级:2次/班

填卡单位＿＿＿＿ 填卡时间＿＿＿＿ 应急电话＿＿＿＿

有毒有害化学物质信息卡

化学名称	三硝基甲苯	最高允许浓度	$1\ mg/m^3$ (皮)	毒性分级	Ⅱ	危险度分级	A
岗位名称		监测周期	1～2次/年	监护周期	1次/ 1～2年	易发伤害事故种类	爆炸、中毒

理化性质	外观与性状:白色或黄色针状结晶	熔点(℃):81.8	燃烧性:可燃
	溶 解 性:不溶于水,溶于苯、丙酮	沸点(℃):280(爆炸)	自燃温度(℃):
	相对密度:(水=1)1.65　(空气=1)	闪点(℃):	爆炸极限(V%):

毒　性	属中等毒类。主要对血液系统和眼睛的损害

	危　　害	现 场 急 救	预　防　措　施
火灾与爆炸	受热,接触明火、高热或受到摩擦震动、撞击时可发生爆炸,能造成重大损失	应急处理人员戴防毒面具,穿化学防护服,用雾状水灭火,禁止用砂土压盖灭火	1. 岗位周围要杜绝一切火种热源。 2. 设备设施要采用防爆型,要防止震动、撞击和摩擦。 3. 工作时穿紧袖防护服,长筒胶鞋,戴安全防护眼镜和橡皮手套。 4. 空气中浓度较高时,佩戴防毒面具。紧急事态抢救时,佩戴自给式呼吸器。 5. 工作现场禁止吸烟、进食和饮水。工作后,淋浴更衣。进行就业前体检和工作后定期体检
急性中毒	吸　人:轻者头痛、恶心、腰痛发绀,重者神志不清,呼吸表浅、大小便失禁、瞳孔散大,可因呼吸麻痹而死亡	迅速脱离现场至空气新鲜处,注意保暖,呼吸困难时给输氧。呼吸及心跳停止时立即进行人工呼吸和心脏按压术,就医	
	皮肤接触:皮肤接触中毒症状同吸入	立即脱去污染的衣着,用肥皂水及清水彻底冲洗	
	眼睛接触:引起流泪等眼部刺激症状	立即翻开上下眼睑,用大量流动清水或生理盐水冲洗 20 min 以上	
	食　入:中毒症状同吸入	误服者给漱口,饮水,洗胃后口服活性炭,再给以导泻,就医	

慢性中毒	可发生中毒性白内障,中毒性肝炎、贫血、皮炎、湿疹、口唇、耳郭紫绀

泄漏处理	隔离泄漏污染区,周围设警告标志,切断火源,应急处理人员戴好防毒面具,穿化学防护服,使用无火花工具,小心扫起,转移到安全场所,进行无害处理

安全责任划分	厂(矿)级:分管厂(矿)长	车间(分厂)级:主任(分厂厂长)	班组级:班(岗)长
检 查 级 别	厂(矿)级:✓	车间(分厂)级:✓	班组级:✓
检 查 周 期	厂(矿)级:1次/月	车间(分厂)级:1次/周	班组级:2次/班

填卡单位_____　　填卡时间_____　　应急电话_____

有毒有害化学物质信息卡

编号:6-7-18

化学名称	一氯二氟甲烷 CHClF₂	最高允许浓度	3 540 mg/m³ 美国 TWA	毒性分级		危险度分级	C
岗位名称		监测周期	1 次/年	监护周期	1 次/4 年	易发伤害事故种类	中毒

理化性质	外观与性状:无色气体,有轻微的发甜气味 熔点(℃):-146 燃烧性:不燃。 溶 解 性:溶于水 沸点(℃):-40.8(爆炸) 自燃温度(℃): 相对密度:(水=1)1.18 (空气=1)3.0 闪点(℃): 爆炸极限(V%):

毒 性	

	危　害	现 场 急 救	预 防 措 施
火灾与爆炸			1. 生产过程密闭,全面通风,穿防护服。 2. 高浓度环境中作业或进入罐内,须佩戴供气式呼吸器或自给式呼吸器,有人监护
急性中毒	吸　入:初期仅有恶心、发冷、胸闷,但在 1~2 周后,可突发肺间质水肿,伴化学性肺炎,后期有纤维增生征象	脱离现场至空气新鲜处。必要时进行人工呼吸,就医	
	皮肤接触:		
	眼睛接触:		
	食　入:		

慢性中毒	
泄漏处理	迅速撤离泄漏污染区人员至上风处,应急处理人员戴自给式呼吸器,穿相应的工作服,切断气源,通风对流,稀释扩散,妥善处理可能剩下的气体

安全责任划分	厂(矿)级:	车间(分厂)级:	班组级:班(岗)长
检 查 级 别	厂(矿)级:	车间(分厂)级:	班组级:√
检 查 周 期	厂(矿)级: 次/月	车间(分厂)级: 次/周	班组级:2 次/班

填卡单位_____ 　　填卡时间_____ 　　应急电话_____

第八节　醇类和酚类

有毒有害化学物质信息卡

编号：6-8-1

化学名称	酚 C_6H_5OH	最高允许浓度	5 mg/m³	毒性分级		危险度分级		B
岗位名称		监测周期	1次/年	监护周期	1次/4年	易发伤害事故种类		火灾、爆炸 灼烫、中毒

理化性质	外观与性状：白色半透明，针状晶体，具特殊的香味	熔点(℃)：41	燃烧性：易燃
	溶　解　性：易溶于水，易溶于乙醇、乙醚	沸点(℃)：182	自燃温度(℃)：710
	相对密度：(水＝1)1.1　(空气＝1)	闪点(℃)：78	爆炸极限(V%)：

毒　性	高毒类，为细胞原浆毒物，对皮肤和黏膜有强烈的腐蚀作用

	危　害	现　场　急　救	预　防　措　施
火灾与爆炸	可燃，于78℃以上时，其蒸气与空气混合物具有爆炸性	1. 立即按预定方案报警。 2. 用干粉、二氧化碳或大量喷水灭火	1. 严格执行国家安全条例，岗位四周杜绝各种火源、热源，配备相应品种和数量的消防器材。 2. 密闭生产，加强排风，洗涤贮储的容器时应加强个人防护的监护。 3. 蒸气浓度超标时，佩戴防毒口罩，穿防护工作服，用化学防溅眼镜，使用手套。工作场所应备有安全淋浴和眼睛冲洗器具。 4. 岗位备有清洗混合液
急性中毒	吸　入：可发生头晕、头痛、乏力、视物模糊、体温、血压下降，严重者出现意识障碍、抽搐、肺水肿及呼吸衰竭，常并发肝、肾损害	将患者移至空气新鲜处，保持呼吸道通畅。呼吸困难时吸氧，呼吸停止时，立即进行人工呼吸，就医	
	皮肤接触：可致皮肤化学灼伤，麻木感大量经皮吸收有迅速致死的报道。可伴有意识障碍，肌肉抽搐等	立即脱去污染的衣着，用大量流动清水冲洗。再用聚乙烯乙二醇和酒精混合液(7：3)擦洗	
	眼睛接触：可引起结膜、角膜灼伤坏死	立即翻开上下眼睑，用流动清水冲洗20 min，就医。按眼灼伤处理	
	食　入：可出现口腔、咽喉、胸骨后及胃区烧灼感，腹痛、腹泻、呕吐、便血，甚至胃穿孔等，可并发多脏器损害，严重可致死	立即口服植物油10～30 mL随即使之吐出，就医	
慢性中毒	可有呕吐，吞咽困难，腹泻与食欲减退、头痛、眩晕等症状，可引起褐黄病，表现为眼巩膜和耳郭上色，色素为棕褐色或黑色		
泄漏处理	撤离人员至安全区，无关人员禁入污染区，切断火源，应急人员戴好防毒面具，穿化学防护服，避免接触泄漏物。喷雾状水，减少蒸发，用砂土、干燥石灰或苏打灰混合，收集无害处理后废弃		

安全责任划分	厂(矿)级：	车间(分厂)级：车间主任(分厂厂长)	班组级：班(岗)长
检查级别	厂(矿)级：	车间(分厂)级：✓	班组级：✓
检查周期	厂(矿)级：　次/月	车间(分厂)级：1次/周	班组级：2次/班

填卡单位_____　　填卡时间_____　　应急电话_____

有毒有害化学物质信息卡

编号：6-8-2

化学名称	甲醇(水酒精)CH₃OH	最高允许浓度	50 mg/m³	毒性分级		危险度分级	A
岗位名称		监测周期	1次/年	监护周期	1次/4年	易发伤害事故种类	火灾、爆炸中毒

理化性质	外观与性状:无色澄清液体,有刺激性气味	熔点(℃):-97.8	燃烧性:易燃
	溶 解 性:溶于水,可混溶于醇、醚等多种有机溶剂	沸点(℃):64.8	自燃温度(℃):385
	相对密度:(水=1)0.79 (空气=1)1.11	闪点(℃):11	爆炸极限(V%):5.5~44

毒 性	主要是对血管神经有毒性和对呼吸道及胃肠道粘膜的刺激作用,并使视网膜坏死

		危 害	现 场 急 救	预 防 措 施
火灾与爆炸		易燃,其蒸气与空气形成爆炸性混合物,遇明火、高热能引起燃烧、爆炸。能造成人员中毒和财产损失	按预定程序报警,清理现场人员以避灾线路撤离现场。应急处理人员戴自给式呼吸器,穿消防护服,用泡沫、二氧化碳、二粉灭火器材及砂土灭火,不能用水灭火	1. 岗位周围应杜绝一切火种,配备相应品种和数量的消防器材,生产过程中密闭,全面通风,设备设施要采用防爆型。2. 工作时穿相应的工作服,戴化学安全防护眼镜和防护手套,可能接触其蒸气时,应佩戴防毒面具。紧急事态抢救时,佩戴自给式呼吸器。3. 工作现场禁止吸烟、进食和饮水。工作后淋浴更衣,就业前要进行体检,就业后定期进行体检
急性中毒	吸 入:头痛、恶心,狂躁不安,眼痛、复视或视模糊		迅速脱离现场至空气新鲜处,必要时进行人工呼吸,就医	
	皮肤接触:经皮肤吸收中毒症状同吸入。另外可引起局部湿疹和皮炎		脱去污染的衣着,立即用流动清水彻底冲洗	
	眼睛接触:引起流泪,畏光,疼痛等眼刺激症状		立即翻开眼睑,用流动清水或生理盐水冲洗20 min,就医	
	食 入:经食入中毒症状同吸入		用清水或硫代硫酸钠溶液洗胃,就医	

慢性中毒	有头晕、无力、眩晕、震颤性麻痹及视神经损害

泄漏处理	疏散泄漏污染区人员至安全区,切断火源,应急处理人员戴自给式呼吸器,穿消防护服,用沙土或其他不燃性吸附剂混合吸收,然后用无火花工具收集运至废物处理场所进行无害处理

安全责任划分	厂(矿)级:分管厂(矿)长	车间(分厂)级:主任(分厂厂长)	班组级:班(岗)长
检 查 级 别	厂(矿)级:✓	车间(分厂)级:✓	班组级:✓
检 查 周 期	厂(矿)级:1次/月	车间(分厂)级:1次/周	班组级:2次/班

填卡单位＿＿＿＿＿　　　填卡时间＿＿＿＿＿　　　应急电话＿＿＿＿＿

有毒有害化学物质信息卡

编号:6-8-3

化学名称	甲酚 CH₃C₆H₄OH	最高允许浓度	22 mg/m³ 美国 TWA	毒性分级		危险度分级	B
岗位名称		监测周期	1次/年	监护周期	1次/4年	易发伤害事故种类	中毒

理化性质	外观与性状:白色结晶体		熔点(℃):30.8	燃烧性:可燃
	溶　解　性:微溶于水,溶于乙醇、乙醚、氯仿等		沸点(℃):190.8	自燃温度(℃):598
	相对密度:(水=1)1.05　(空气=1)3.72		闪点(℃):11	爆炸极限(V%):1.4(148℃)

毒　性	属高毒类。对皮肤、粘膜有强烈刺激和腐蚀作用

		危　害	现　场　急　救	预　防　措　施
火灾与爆炸		遇高热、明火或与氧化剂接触有引起燃烧的危险	应急处理人员戴好防毒面具。用泡沫、二氧化碳灭火器材及雾状水、砂土灭火	1. 严加密闭,保证充分的局部排风,尽可能采用隔离式操作,岗位应杜绝火种和热源。2. 工作时穿相应的防护服,戴防化学安全防护眼镜和防化学品手套。3. 空气中浓度过高时,必须佩戴防毒面具。紧急事态抢救时,佩戴自给式呼吸器。4. 工作现场禁止吸烟、进食和饮水。工作后,彻底清洗。单独存放被毒物污染的衣服,洗后再用
急性中毒	吸　入	引起肌肉无力,中枢神经抑制,体温下降和昏迷,甚则引起肺水肿和肝、肾、胰等脏器损害,最终发生呼吸衰竭	迅速脱离现场至空气新鲜处。保持呼吸道通畅,呼吸困难时给输氧,呼吸停止时,立即进行人工呼吸	
	皮肤接触	经破损皮肤吸收,中毒时与吸入中毒症状相同	立即脱去污染的衣着,用甘油、聚乙烯、乙醇或聚乙烯、乙二醇和酒精混合液(7:3)抹搽。然后用水彻底冲洗。或立即用水冲洗20 min,就医	
	眼睛接触	引起流泪、眼痛等眼部刺激症状	立即翻开上下眼睑,用流动清水或生理盐水冲洗20 min,就医	
	食　入	与吸入中毒症状相同	患者清醒时立即给饮植物油15～30 mL,催吐,尽快彻底洗胃,就医	

慢性中毒	表现有消化功能障碍,肝肾损害和皮疹

泄漏处理	疏散人员并隔离泄漏污染区,切断火源。应急处理人员做好自身防护,用清洁的铲子轻轻地将泄漏物收集于干燥洁净有盖的容器中,运至废物处理场所,作无害处理

安全责任划分	厂(矿)级:	车间(分厂)级:主任(分厂厂长)	班组级:班(岗)长
检查级别	厂(矿)级:	车间(分厂)级:✓	班组级:✓
检查周期	厂(矿)级:　次/月	车间(分厂)级:1次/周	班组级:2次/班

填卡单位_____　　　填卡时间_____　　　应急电话_____

有毒有害化学物质信息卡

编号:6-8-4

化学名称	苯酚 (石碳酸) C_6H_5OH	最高允许浓度	5 mg/m³ 美国 TWA	毒性分级	Ⅲ	危险度分级	B
岗位名称		监测周期	1～2次/年	监护周期	1次/4年	易发伤害事故种类	火灾、爆炸 中毒

理化性质	外观与性状:白色结晶,有特殊气味 熔点(℃):40.6 燃烧性: 溶 解 性:溶于乙醇、醚、氯仿、甘油 沸点(℃):181.9 自燃温度(℃):715 相对密度:(水=1)1.07 (空气=1)3.24 闪点(℃):79 爆炸极限(V%):1.7～8.6

毒 性	属中等毒类。对皮肤、粘膜有强烈的腐蚀性,可抑制中枢神经系统,损害肝、肾功能

	危 害	现 场 急 救	预 防 措 施
火灾与爆炸	遇明火、高热或与氧化剂接触,有引起燃烧爆炸的危险	疏散现场人员应急处理人员戴好防毒面具,穿防护经业服,用泡沫、二氧化碳灭火器及雾状水、砂土灭火	1. 岗位周围要杜绝各种火种和热源。 2. 生产严加密闭,保证充分的局部排风,尽可能采用隔离式操作。 3. 工作场所禁止吸烟、进食和饮水,班后彻底淋浴更衣,单独存放被毒物污染的衣物,洗后再用。 4. 工作人员区须穿戴相应的工作服手套和防化学眼镜,空气中浓度较高时须佩戴防毒面具
急性中毒	吸 入:可引起头痛、头晕、乏力、视物模糊、肺水肿	迅速脱离现场至空气新鲜处,保持呼吸道通畅,呼吸困难时输氧,呼吸停止时进行人工呼吸,就医	
	皮肤接触:可引起皮炎	立即脱去污染的衣着,用甘油和酒精混合液(7:3)抹擦,然后用水冲洗20 min	
	眼睛接触:可发生流泪、结膜充血、水肿等	翻开上下眼睑,用生理盐水或流动清水冲洗20 min,就医	
	食 入:误服引起消化道灼伤,出现烧灼痛、呼出气带酚味、呕吐物或大便带血、胃肠穿孔、休克、肺水肿	立即给饮植物油15～30 mL,催吐,尽快彻底洗胃,就医	

慢性中毒	可引起头痛、头晕、咳嗽、食欲减退、恶心、呕吐。重者引起蛋白尿,皮肤接触可致皮炎
泄漏处理	疏散泄漏人员至安全区,隔离、切断火源,喷雾状水减少蒸发,用砂土、干燥石灰或苏打灰混合后,收集、回收或无害化处理

安全责任划分	厂(矿)级:	车间(分厂)级:主任(分厂厂长)	班组级:班(岗)长
检 查 级 别	厂(矿)级:	车间(分厂)级:✓	班组级:✓
检 查 周 期	厂(矿)级: 次/月	车间(分厂)级:1次/周	班组级:2次/班

填卡单位_____ 填卡时间_____ 应急电话_____

有毒有害化学物质信息卡

编号:6-8-5

化学名称	异丙醇	最高允许浓度	985 mg/m³ 美国 TWA	毒性分级		危险度分级	A
岗位名称		监测周期	1 次/年	监护周期	1 次/4 年	易发伤害事故种类	火灾、爆炸中毒

<table>
<tr><td rowspan="3">理化性质</td><td colspan="2">外观与性状:无色挥发性液体</td><td colspan="2">熔点(℃):-88.5</td><td>燃烧性:易燃</td></tr>
<tr><td colspan="2">溶　解　性:溶于水、醇、醚、苯等有机溶剂</td><td colspan="2">沸点(℃):80.3</td><td>自燃温度(℃):399</td></tr>
<tr><td colspan="2">相对密度:(水=1)0.79　(空气=1)2.07</td><td colspan="2">闪点(℃):12</td><td>爆炸极限(V%):2.0～12.7</td></tr>
</table>

毒　性	属微毒类,引起眼、鼻、喉的轻度刺激,皮肤致敏

<table>
<tr><td colspan="2">危　害</td><td>现　场　急　救</td><td>预　防　措　施</td></tr>
<tr><td>火灾与爆炸</td><td>易燃,其蒸气与空气形成爆炸性混合物,遇明火、高热能引起燃烧爆炸,能造成一定的经济损失</td><td>按预定程序报警,清理现场人员按避灾路线撤离现场,应急处理人员戴自给式呼吸器,穿消防服,切断火源用泡沫二氧化碳、干粉灭火器、砂土灭火,不能用水灭火</td><td rowspan="5">1. 岗位周围杜绝一切火种、热源。设备设施应采用防爆型,应用氧化剂隔离开。
2. 生产过程密闭,全面通风。
3. 工作时穿防护服,必要时戴防护眼镜和防护手套。
4. 空气中浓度超标时,应佩戴防毒面具。
5. 工作现场严禁吸烟,工作后,淋浴更衣</td></tr>
<tr><td rowspan="4">急性中毒</td><td>吸　入:吸入高浓度蒸气时出现头痛、倦睡,运动失调</td><td>迅速脱离现场至空气新鲜处,保持呼吸道通畅。必要时进行人工呼吸,就医</td></tr>
<tr><td>皮肤接触:有不同程度的刺激皮肤致敏</td><td>脱去污染的衣着,用流动清水冲洗</td></tr>
<tr><td>眼睛接触:有刺激症状</td><td>立即翻开上下眼睑,用流动清水冲洗 20 min 以上,就医</td></tr>
<tr><td>食　入:有肠胃痛、恶心、呕吐和腹泻,大量口服会昏迷死亡</td><td>误服者给饮大量温水,催吐,就医</td></tr>
</table>

慢性中毒	皮肤干燥,皲裂

泄漏处理	在确保安全情况下堵漏,并用砂土或其他吸着物吸除液体,使用无火花工具收集,运至废物处理所,作无害处理

安全责任划分	厂(矿)级:分管厂(矿)长	车间(分厂)级:车间主任(分厂厂长)	班组级:班(岗)长
检 查 级 别	厂(矿)级:✓	车间(分厂)级:✓	班组级:✓
检 查 周 期	厂(矿)级:1 次/月	车间(分厂)级:1 次/周	班组级:2 次/班

填卡单位_____　　　填卡时间_____　　　应急电话_____

有毒有害化学物质信息卡

编号:6-8-6

化学名称	季戊四醇 C(CH₂OH)₄	最高允许浓度	10 mg/m³ 美国 TWA	毒性分级		危险度分级	C
岗位名称		监测周期	1 次/年	监护周期 1 次/4 年	易发伤害事故种类		火灾、爆炸 中毒

理化性质	外观与性状:无臭、白色或淡黄色晶体		燃烧性:可燃
	溶 解 性:溶于水、甘油、乙醇、甲酰胺。不溶油类、脂肪等	熔点(℃):262 沸点(℃):276 闪点(℃):	自燃温度(℃): 爆炸极限(V%):下限 30 (g/m³)
	相对密度:(水=1)1.38(25%) (空气=1)		

毒 性	微毒类

	危 害	现 场 急 救	预 防 措 施
火灾与爆炸	遇高热、明火或与氧化剂接触,有引起燃烧的危险,粉体与空气易形成爆炸性混合物,当达到一定浓度时,遇火星会发生爆炸	1. 戴好口罩和手套,切断火源。 2. 雾状水泡沫、二氧化碳、干粉、砂土灭火	1. 密闭生产,加强通风,远离火种、热源,防止日照,与氧化剂、酸类、碱类分开存放。 2. 空气中浓度超标时,可戴防毒口罩,穿防护服,用手套。工作场所禁止吸烟、进食、饮水,注意个人清洁卫生,班后淋浴更衣
急性中毒	吸 入:		
	皮肤接触:		
	眼睛接触:		
	食 入:大剂量摄入可引起腹泻	口服足量温水,催吐,就医	
慢性中毒			
泄漏处理	泄漏时切断火源,以无火花工具收集至空旷处焚烧,量大时收集、回收、无害处理后废弃		

安全责任划分	厂(矿)级:	车间(分厂)级:	班组级:班(岗)长
检 查 级 别	厂(矿)级:	车间(分厂)级:	班组级:√
检 查 周 期	厂(矿)级: 次/月	车间(分厂)级: 次/周	班组级:2 次/班

填卡单位_____ 填卡时间_____ 应急电话_____

有毒有害化学物质信息卡

编号:6-8-7

化学名称	邻苯二酚 $C_6H_4(OH)_2$	最高允许浓度		毒性分级		危险度分级	B
岗位名称		监测周期	1~2次/年	监护周期	1次/ 1~2年	易发伤害事故种类	火灾、灼烫 中毒

理化性质	外观与性状:无色结晶,见光或暴露空气中变色升华	熔点(℃):105	燃烧性:
	溶 解 性:溶于水、乙醇、乙醚、苯、碱液	沸点(℃):246	自燃温度(℃):
	相对密度:(水=1)1.34 (空气=1)3.79	闪点(℃):127	爆炸极限(V%):下限1.9

毒 性	高毒类,对皮粘膜有刺激毒性和腐蚀毒性

	危 害	现 场 急 救	预 防 措 施
火灾与爆炸	遇明火、高热可燃,能造成人员中毒伤害和财产损失	应急处理人员戴好防毒面具,穿化学防护服,用二氧化碳、泡沫、干粉灭火器材及雾状水、砂土灭火。切断火源,隔断热源	1.同严格禁止工作现场的各类火种、热源。 2. 采用隔离操作,严加密闭,提供充分的局部通风。 3. 加强个体防护,戴化学安全防护眼镜,穿相应的防护服,戴防护化学品手套,空气中浓度超标时必须佩戴防毒面具。 4. 工作现场禁止吸烟、进食和饮水,班后彻底淋浴更衣
急性中毒	吸 入:引起头痛、头昏、乏力、视物模糊、肺水肿等	迅速脱离现场至空气新鲜处,保持呼吸道通畅,呼吸困难时吸氧,呼吸停止时立即进行人工呼吸,就医	
	皮肤接触:可引起湿疹样皮炎		
	眼睛接触:有流泪、胃光等刺激症状	立即提开上下眼睑,用流动清水或生理盐水冲洗20 min,就医	
	食 入:引起消化道灼伤,出现烧灼感,有胃肠穿孔的可能,可出现休克、肺水肿、肝或肾损伤	立即给饮植物油15~30,催吐,尽快彻底洗胃,就医	
慢性中毒	可引起头痛、头昏、咳嗽、食欲减退等,皮肤可引起湿疹样皮炎		
泄漏处理	隔离泄漏污染区并设置警告标志,切断火源。不要直接接触泄漏物,小心扫起,置于袋中转移至安全现场或用大量水冲洗,洗水放入废水系统,如大量泄漏,收集回收或无害化处理后废弃		

安全责任划分	厂(矿)级:	车间(分厂)级:车间主任(分厂厂长)	班组级:班(岗)长
检 查 级 别	厂(矿)级:	车间(分厂)级:√	班组级:√
检 查 周 期	厂(矿)级: 次/月	车间(分厂)级:1次/周	班组级:2次/班

填卡单位_____   填卡时间_____   应急电话_____

有毒有害化学物质信息卡

化学名称	对苯二酚 $C_6H_4(OH)_2$	最高允许浓度		毒性分级		危险度分级	B
岗位名称		监测周期	1次/年	监护周期	1次/4年	易发伤害事故种类	

理化性质	外观与性状:白色固体,具有甜味　　　　　　　熔点(℃):172　　　　燃烧性:可燃 溶　解　性:微溶于水,溶于热水、酒精和乙醚　沸点(℃):285　　　　自燃温度(℃):499 相对密度:(水=1)1.33　(空气=1)3.8　　　　闪点(℃):165　　　　爆炸极限(V%):

毒　性	高毒类,对皮肤、粘膜有强烈的腐蚀作用,可抑制中枢神经或损害肝、肾功能

		危　害	现　场　急　救	预　防　措　施
火灾与爆炸		遇明火、高热可燃	应急处理人员戴好防毒面具,穿化学防护服。用泡沫、二氧化碳、干粉灭火器材及雾状水、砂土灭火	1. 岗位杜绝各类火种、热源。生产过程严加密闭,保证充分的局部排风,尽可能采用隔离操作。 2. 注意个人防护,穿戴化学防护眼镜、防护服和手套。空气浓度较高时佩戴防毒面具。作业场所禁止吸烟、进食和饮水,班后淋浴更衣。污染的衣物单独存放,洗后再用
急性中毒	吸　入:可致头痛、头昏、乏力、视物模糊、肺水肿等		迅速脱离现场至空气新鲜处,保持呼吸道通畅,呼吸困难时吸氧,呼吸停止时立即进行人工呼吸。就医	
	皮肤接触:可致皮炎		脱去污染的衣着,用酒精和甘油(3:7)混合液抹擦,然后用流动水彻底冲洗或立即用水冲洗20 min,就医	
	眼睛接触:可致结膜炎、角膜炎、结膜变色		立即翻开上下眼睑,用流动清水或生理盐水冲洗20 min,就医	
	食　入:可致头痛、头昏、耳鸣、面色苍白、紫绀、恶心、呕吐、腹痛、呼吸困难、惊厥、虚脱、重者吐血、血尿、溶血性黄胆		立即给植物油15~30 mL口服,催吐,尽快彻底洗胃,就医	

慢性中毒	长期低浓度吸入可致头痛、头晕、咳嗽、食欲减退、恶心、呕吐等,皮肤可引起皮炎

泄漏处理	隔离泄漏污染区,设置告标志,用清洁的铲子收集于干燥、洁净、有盖的容器中运至废物处理场所。也可以用大量水冲洗,洗水放入废水系统。如大量泄漏,收集回收或无害处理后废弃

安全责任划分	厂(矿)级:	车间(分厂)级:主任(分厂厂长)	班组级:班(岗)长
检　查　级　别	厂(矿)级:	车间(分厂)级:√	班组级:√
检　查　周　期	厂(矿)级:　次/月	车间(分厂)级:1次/周	班组级:2次/班

填卡单位_____　　　填卡时间_____　　　应急电话_____

有毒有害化学物质信息卡

编号：6-8-9

化学名称	α—丁氧基乙醇	最高允许浓度	120 mg/m³	毒性分级		危险度分级	B
岗位名称		监测周期	1 次/年	监护周期	1 次/4 年	易发伤害事故种类	火灾、爆炸中毒
理化性质	外观与性状:无色液体,蒸气有臭味			熔点(℃):		燃烧性:	
	溶　解　性:极溶于水			沸点(℃):171		自燃温度(℃):	
	相对密度:(水=1)　(空气=1)			闪点(℃):61		爆炸极限(V%):1.1～10.6	
毒　性	低毒类,有麻醉及粘膜刺激作用						

	危　　害	现　场　急　救	预　防　措　施
火灾与爆炸	温度超过 61 ℃有着火危险、爆炸危险,能造成人员伤亡和经济损失	按预定程序报警,应急处理人员穿相应防护服,戴呼吸器,用二氧化碳、干粉或抗泡沫灭火剂灭火	1. 岗位周围杜绝一切火种、热源。 2. 生产过程严加密闭,保证通风,控制温度。 3. 浓度超标时,戴防毒面具,使用工作服、工作鞋、手套,戴防溅眼镜或面罩
急性中毒	吸　　入:刺激症状,头痛严重时昏迷,肝肾损害	脱离现场至空气新鲜处	
	皮肤接触:和吸入产生相同症状,有轻度刺激	脱去污染的衣着,清水冲洗 20 min 以上	
	眼睛接触:产生刺激疼痛、红肿等暂时性眼损害	立即翻开上下眼睑,用生理盐水或清水冲洗 20 min 以上	
	食　　入:产生与吸入相同症状	饮水 250 mL,如呕吐反复给水	
慢性中毒	可致皮肤干燥、皲裂和红肿,其蒸气使眼、鼻、喉刺激症状,吸入和皮肤吸收损害血液细胞		
泄漏处理	迅速撤离污染区至安全处,使用良好的防护服装和呼吸器,堵塞泄漏处,用砂土或惰性物质吸附,收集于容器内,使用场所用水冲洗、收集,无害处理后废弃		

安全责任划分	厂(矿)级:	车间(分厂)级:主任(分厂厂长)	班组级:班(岗)长
检　查　级　别	厂(矿)级:	车间(分厂)级:√	班组级:√
检　查　周　期	厂(矿)级:　次/月	车间(分厂)级:1 次/周	班组级:2 次/班

填卡单位_____　　填卡时间_____　　应急电话_____

第九节　醛类和酮类

有毒有害化学物质信息卡

编号：6-9-1

化学名称	甲醛 HCHO	最高允许浓度	3 mg/m³	毒性分级	Ⅱ	危险度分级	A
岗位名称		监测周期	1～2 次/年	监护周期	1次/1～2 年	易发伤害事故种类	火灾、爆炸中毒、窒息

理化性质	外观与性状:无色有刺激性,窒息性气体	熔点(℃):-92	燃烧性:易燃
	溶解性:易溶于水,溶于乙醇等有机溶剂	沸点(℃):-19.4	自燃温度(℃):430
	相对密度:(水=1)0.82　(空气=1)1.07	闪点(℃):50(37%)	爆炸极限(V%):7.0～73.0

毒　性	对粘膜、上呼吸道、眼睛和皮肤有强烈的刺激性

	危　害	现　场　急　救	预　防　措　施
火灾与爆炸	易燃,其蒸气与空气形成爆炸性混合物,遇明火、高热能引起燃烧爆炸,能造成人员伤亡和财产损失	1. 按预定程序报警,清理现场,按避灾路线撤离现场。2. 应急处理人员穿化学防护服,戴自给式呼吸器。切断火源,用泡沫、二氧化碳灭火器材及雾状水、砂土灭火	1. 岗位周围杜绝一切火种、热源,配备相应的品种和数量的消防器材。2. 生产严加密闭,保证充分的局部排风,岗位设备设施要采用防爆型。3. 作业现场穿相应的防护服,戴化学防护眼镜和防化学品手套。可能接触蒸气时佩戴防毒面具,紧急事态抢救时佩戴自给式呼吸器。入罐或其他高浓度作业须有监护。4. 作业现场禁止吸烟、进食和饮水,班后洗浴更衣
急性中毒	吸　入:蒸气引起鼻炎、支气管炎,重者发生喉痉挛、声门水肿和肺炎等	迅速脱离现场至空气新鲜处,保持呼吸道通畅,呼吸困难时吸氧,必要时进行人工呼吸,就医	
	皮肤接触:有致敏性,浓溶液可引起皮肤凝固性坏死	脱去污染的衣着,用肥皂水或清水彻底冲洗。或用 2%碳酸氢钠溶液冲洗,就医	
	眼睛接触:有刺激感,溅入和蒸气可致结膜炎、角膜炎	立即翻开上下眼睑,用流动清水或生理盐水冲洗 20 min,就医	
	食　入:灼伤口腔和消化道可致死	立即漱口、洗胃,就医	
慢性中毒	可出现头痛、头晕、乏力,两侧不对称感觉障碍。皮肤干燥、皲裂
泄漏处理	疏散泄漏区人员至安全区,切断火源。应急处理人员戴自给式呼吸器,穿化学防护服。用沙土或其他不燃性吸附剂吸收,并收集运至废物处理场所进行无害化处理

责任划分	厂(矿)级:分管厂(矿)长	车间(分厂)级:主任(分厂厂长)	班组级:班(岗)长
检查级别	厂(矿)级:✓	车间(分厂)级:✓	班组级:✓
检查周期	厂(矿)级:1 次/月	车间(分厂)级:1 次/周	班组级:2 次/班

填卡单位_____　　填卡时间_____　　应急电话_____

有毒有害化学物质信息卡

编号:6-9-2

化学名称	甲基乙基酮	最高允许浓度	590 mg/m³ 美国 TWA	毒性分级		危险度分级		A
岗位名称		监测周期	1次/年	监护周期	1次/4年	易发伤害事故种类		火灾、爆炸中毒

理化性质	外观与性状:无色液体,有似丙酮的气味		熔点(℃):-85.9	燃烧性:易燃
	溶 解 性:溶于水、乙醇、乙醚,可混溶于油类		沸点(℃):79.6	自燃温度(℃):404
	相对密度:(水=1)0.81 (空气=1)2.42		闪点(℃):-9	爆炸极限(V%):7~11.4

毒 性	属低毒类,对粘膜有刺激性

		危 害	现 场 急 救	预 防 措 施
火灾与爆炸		其蒸气与空气形成爆炸性混合物,遇明火、高热能引起燃烧爆炸,能造成一定经济损失	清理现场人员,按避灾线路撤离现场,切断火源。应急处理人员戴好自给式呼吸器,穿消防服,用泡沫、二氧化碳、干粉、砂土灭火,不能用水灭火	1. 岗位杜绝一切火种、热源,设备设施采用防爆型。应与氧化剂、酸类隔开,要配备相应品种和数量的消防器材。 2. 密闭操作,注意通风。 3. 工作时穿相应的工作服,高浓度接触时戴化学安全防护眼镜和防护手套。 4. 空气中浓度超标时,佩戴防毒口罩。 5. 工作现场严禁吸烟。工作后淋浴更衣
急性中毒	吸 入	刺激鼻和喉,并可引起头痛、头昏、疲倦、手臂、手指麻木、恶心,严重者失去知觉	迅速脱离现场至空气新鲜处,保持呼吸道通畅,必要时进行人工呼吸,就医	
	皮肤接触	使皮肤干燥、皲裂。经皮吸收会出现类似吸入的中毒症状	脱去污染的衣着,立即用流动清水彻底冲洗	
	眼睛接触	引起眼部刺痛、结膜充血	立即翻开上下眼睑,用流动清水冲洗	
	食 入	产生类似吸入的中毒症状	给饮大量温水,催吐,就医	

慢性中毒	表现有皮炎等
泄漏处理	疏散泄漏污染区人员至安全区,切断火源。建议应急处理人员加强自身防护,在确保安全情况下堵漏,用沙土或其他不燃性材料吸收、收集运至废物处理场所,作无害处理

安全责任划分	厂(矿)级:分管厂(矿)长	车间(分厂)级:主任(分厂厂长)	班组级:班(岗)长
检 查 级 别	厂(矿)级:√	车间(分厂)级:√	班组级:√
检 查 周 期	厂(矿)级:1次/月	车间(分厂)级:1次/周	班组级:2次/班

填卡单位＿＿＿＿＿＿＿ 填卡时间＿＿＿＿＿＿＿ 应急电话＿＿＿＿＿＿＿

有毒有害化学物质信息卡

编号:6-9-3

化学名称	甲醛异丁基甲酮	最高允许浓度	1 mg/m³ (前苏联)	毒性分级		危险度分级	A
岗位名称		监测周期	1次/年	监护周期	1次/4年	易发伤害事故种类	火灾、爆炸中毒

理化性质
外观与性状:无色透明液体,有令人愉快的酮样芳香味　熔点(℃):−83.5　燃烧性:易燃
溶解性:微溶于水,易溶于多种有机溶剂　沸点(℃)115.8　自燃温度(℃):
相对密度:(水=1)0.80　(空气=1)3.45　闪点(℃):15.6　爆炸极限(V%):1.35~7.5

毒性　低毒类,对皮肤有刺激性,对神经系统有抑制和麻醉作用

	危害	现场急救	预防措施
火灾与爆炸	易燃,其蒸气与空气形成爆炸性混合物,遇明火、高热能引起燃烧爆炸,能造成一定财产损失	按预定程序报警,清理现场人员,按避灾线路撤离现场。切断火源,应急人员戴自给式呼吸器,穿消防服,用抗溶性泡沫、二氧化碳、干粉、砂土灭火	1. 岗位周围要杜绝一切火种、热源。应与氧化剂隔离开,设备设施要采取防爆型,生产过程密闭操作,注意通风。 2. 可能接触蒸气时,戴防毒口罩,高浓度作业点戴自给式呼吸器,使用化学安全防护眼镜,穿防静电工作服,戴防护手套,工作场所应备有安全淋浴和眼睛冲洗器具。 3. 工作场所严禁吸烟、进食、饮水,班后淋浴更衣
急性中毒	吸入:刺激鼻、咽喉,有头痛、头昏、恶心、醉酒感,严重时致抽搐、昏迷、死亡		
	皮肤接触:可产生红肿等刺激	脱去污染的衣着,用流动清水冲洗 20 min	
	眼睛接触:蒸气引起眼刺激和烧灼感,液体可引起疼痛、肿胀、流泪	立即翻开上下眼睑,用流动清水或生理盐水冲洗 20 min,就医	
	食入:产生与吸入相同的症状	饮足水,催吐,就医	

慢性中毒	可使皮肤干燥和脱皮。还可能造成肝脏肿大,暂时性肾损伤和肠道刺激
泄漏处理	戴自给式呼吸器,穿一般消防服,在安全情况下堵漏,喷水雾减少蒸发,用大量水冲洗,稀释后的溶液放入废水系统,如大量泄漏,围堤收容、收集、转移、回收或无害化处理后废弃

安全责任划分	厂(矿)级:分管厂(矿)长	车间(分厂)级:主任(分厂厂长)	班组级:班(岗)长
检查级别	厂(矿)级:✓	车间(分厂)级:✓	班组级:✓
检查周期	厂(矿)级:1次/月	车间(分厂)级:1次/周	班组级:2次/班

填卡单位＿＿＿＿＿　填卡时间＿＿＿＿＿　应急电话＿＿＿＿＿

第十节　粉尘和其他

有毒有害化学物质信息卡

编号:6-10-1

化学名称	岩尘	最高允许浓度	2 mg/m³	毒性分级		危险度分级	B
岗位名称		监测周期	1~2 次/年	监护周期	1 次/1~2 年	易发伤害事故种类	中毒

理化性质	外观与性状:无色、无臭白色粉末,含大量二氧化硅 溶　解　性: 相对密度:(水=1)　(空气=1)	熔点(℃): 沸点(℃): 闪点(℃):	燃烧性: 自燃温度(℃): 爆炸极限(V%):
毒　性			

	危　　害	现　场　急　救	预　防　措　施
火灾与爆炸			穿防护服,戴防尘口罩,喷水降低作业场所岩尘含量,使用湿式打眼、水泡泥、净化水幕等综合防尘措施
急性中毒	吸　　入:咽喉刺激症状	脱离现场至空气新鲜处	
	皮肤接触:机械刺激	用清水冲洗即可	
	眼睛接触:产生刺激症状	翻开上下眼睑,用生理盐水或流动微温清水冲洗约 10 min	
	食　　入:		
慢性中毒	咳嗽、呼吸急促,严重损害肺部可致矽肺。暴露于浓度极高的结晶型二氧化硅之中,仅几个月即可致急性矽肺,严重者1~2 年内死亡		
泄漏处理			

安全责任划分	厂(矿)级:	车间(分厂)级:主任(分厂厂长)	班组级:班(岗)长
检查级别	厂(矿)级:	车间(分厂)级:✓	班组级:✓
检查周期	厂(矿)级:　次/月	车间(分厂)级:1 次/周	班组级:1 次/班

填卡单位＿＿＿＿＿＿　　填卡时间＿＿＿＿＿＿　　应急电话＿＿＿＿＿＿

有毒有害化学物质信息卡

编号:6-10-2

化学名称	煤尘	最高允许浓度	10 mg/m³	毒性分级		危险度分级	A
岗位名称		监测周期	1～2次/年	监护周期	1次/1～2年	易发伤害事故种类	

理化性质	外观与性状:粒径小于1 mm,含有以固定碳为主的可燃物质		熔点(℃):	燃烧性:在一定条件下能燃烧、爆炸
	溶解性:		沸点(℃):	自燃温度(℃):
	相对密度:(水=1) (空气=1)		闪点(℃):	爆炸极限(V%):45～2 000 g/m³

毒性	可引起呼吸道疾病,长期吸入可造成煤肺病

	危　害	现　场　急　救	预　防　措　施
火灾与爆炸	煤尘在空气中达到一定的浓度遇外界火源可引起燃烧或爆炸	戴好自救器,组织灾区人员按避灾路线撤离危险区,同时通知指挥中心和矿山救护队、医院及时抢救	认真实施综合防尘措施,降低浮游煤尘的浓度,及时清扫落尘,严格控制下限,清除引爆火源,设置隔爆措施,搞好个体防护
急性中毒	吸入:鼻、咽、呼吸道刺激症状,如咳嗽等	脱离现场至空气新鲜处	
	皮肤接触:机械刺激	用清水冲洗即可	
	眼睛接触:流泪、畏光等眼部刺激症状	翻开上下眼睑,用大量流动清水冲洗	
	食　入:		

慢性中毒	煤尘肺病

泄漏处理	

安全责任划分	厂(矿)级:分管厂(矿)长	车间(分厂)级:主任(分厂厂长)	班组级:班(岗)长
检查级别	厂(矿)级:√	车间(分厂)级:√	班组级:√
检查周期	厂(矿)级:1次/月	车间(分厂)级:1次/周	班组级:2次/班

填卡单位_____　　　填卡时间_____　　　应急电话_____

有毒有害化学物质信息卡

编号:6-10-3

化学名称	石棉	最高允许浓度	2 mg/m³	毒性分级		危险度分级		B
岗位名称		监测周期	1~2 次/年	监护周期	1 次/4 年	易发伤害事故种类		中毒

理化性质	外观与性状:白、灰、绿或褐色的纤维状　　熔点(℃):1 000　　燃烧性:不燃 溶 解 性:　　　　　　　　　　　　　　　沸点(℃):　　　　自燃温度(℃): 相对密度:(水＝1)2.5　(空气＝1)　　　　闪点(℃):　　　　爆炸极限(V%):45~2 000 g/m³

毒　　性	其粉尘对呼吸系统的刺激性

	危　　害	现 场 急 救	预 防 措 施
火灾与爆炸			1. 工作时穿防护服,佩戴防尘口罩及安全面罩 2. 工作后淋浴更衣
急 性 中 毒	吸　入:引起干咳、呼吸困难等	脱离现场至安全区	
	皮肤接触:对皮肤造成刺激	用流动清水冲洗皮肤	
	眼睛接触:刺激眼球、结膜与角膜	翻开上下眼睑,用大量流动清水冲洗	
	食　入:		

慢性中毒	可导致石棉肺,也可诱发肺癌

泄漏处理	隔离污染区,避免扬尘,小心扫起、回收

安全责任划分	厂(矿)级:	车间(分厂)级:主任(分厂厂长)	班组级:班(岗)长
检 查 级 别	厂(矿)级:	车间(分厂)级:√	班组级:√
检 查 周 期	厂(矿)级:　　次/月	车间(分厂)级:1 次/周	班组级:1 次/班

填卡单位_____　　填卡时间_____　　应急电话_____

有毒有害化学物质信息卡

编号：6-10-4

化学名称	铝粉（银粉）Al	最高允许浓度	4 mg/m³	毒性分级		危险度分级		C
岗位名称		监测周期	2 次/年	监护周期	1 次/1~2 年	易发伤害事故种类		火灾、爆炸中毒

理化性质	外观与性状：银白色粉末 溶 解 性：不溶于水，溶于碱、盐酸、硫酸 相对密度：(水＝1)2.70 （空气＝1)	熔点(℃)：660 沸点(℃)：2 050 闪点(℃)：	燃烧性：可燃 自燃温度(℃)：645 爆炸极限(V%)：

毒 性	

	危 害	现 场 急 救	预 防 措 施
火灾与爆炸	粉末与空气可形成爆炸性混合物，当达到一定浓度时，遇火星会发生爆炸	切断火源，应急处理人员戴好防毒面具，穿相应的防火服，用干粉、砂土灭火，禁止用泡沫、二氧化碳灭火器灭火	密闭操作，局部排风，采用湿式作业。岗位周围杜绝一切火种、热源，应与氧化剂、酸类隔离开。 作业工人应带防尘口罩和防护眼镜。 进行就业前要体检，就业后定期体检
急性中毒	吸 入：引起呼吸道粘膜的刺激和咳嗽等	脱离现场至空气新鲜处即可	
	皮肤接触：出现摩擦性刺激	用大量流动清水或生理盐水冲洗	
	眼睛接触：畏光、流泪等眼部刺激症状	翻开上下眼睑，用大量流动清水冲洗	
	食 入：		

慢性中毒	长期吸入致铝尘肺

泄漏处理	隔离污染区，收集、转移回收

安全责任划分	厂(矿)级：	车间(分厂)级：主任(分厂厂长)	班组级：班(岗)长
检 查 级 别	厂(矿)级：	车间(分厂)级：	班组级：✓
检 查 周 期	厂(矿)级： 次/月	车间(分厂)级： 次/周	班组级：2 次/班

填卡单位_____ 填卡时间_____ 应急电话_____

有毒有害化学物质信息卡

编号:6-10-5

化学名称	煤气 CO	最高允许浓度		毒性分级		危险度分级	A
岗位名称		监测周期	1~2次/年	监护周期	1次/2年	易发伤害事故种类	火灾、爆炸 中毒、窒息

<table>
<tr><td rowspan="4">理化性质</td><td colspan="2">外观与性状:</td><td>熔点(℃):</td><td>燃烧性:易燃</td></tr>
<tr><td colspan="2">溶解性:</td><td>沸点(℃):</td><td>自燃温度(℃):648.9</td></tr>
<tr><td colspan="2">相对密度:(水=1)　(空气=1)0.4~0.6</td><td>闪点(℃):</td><td>爆炸极限(V%):4.5~38.5</td></tr>
</table>

毒　性	引起机体缺氧、窒息死亡

危　害		现　场　急　救	预　防　措　施
火灾与爆炸	与空气混合能成为爆炸性混合物,遇明火、高热有燃烧爆炸危险,能造成人员伤亡及财产损失	按预定程序报警,清理现场人员按避灾线路撤离现场。应急人员戴好防毒面具,切断火源,抢救中毒者。 用雾状水、泡沫、二氧化碳灭火	1. 岗位周围严禁火种及易产生火星的工具,管道走向要远离热源,阀门密闭,应与氧化剂、氧气、压缩空气隔离,设备设施要采用防爆型,按规定岗位配备相品种数量的消防器材和防毒面具。 2. 穿防护服,应急人员戴隔离或防毒面具,必要时戴自给呼吸器,作业时须有人监护
急性中毒	吸　　入:轻度感头痛、头晕、恶心、呕吐、四肢无力、注意力和定向力障碍、抽搐、意识不清,幻觉;严重时,呼吸困难,皮肤粘膜是樱桃红色,昏迷、呼吸衰褐致死亡	脱离现场至空气新鲜处,呼吸困难时吸氧,呼吸停止时进行人工呼吸,就医	
	皮肤接触:		
	眼睛接触:		
	食　　入:·		

慢性中毒	可致神经衰弱综合征及心肌损害
泄漏处理	撤离泄漏区人员至安全区,应急人员穿防护服,戴自给式呼吸器,切断火源和气源,加强通风,妥善清除可能剩下的气体

安全责任划分	厂(矿)级:分管厂(矿)长	车间(分厂)级:主任(分厂厂长)	班组级:班(岗)长
检查级别	厂(矿)级:√	车间(分厂)级:√	班组级:√
检查周期	厂(矿)级:1次/月	车间(分厂)级:1次/周	班组级:2次/班

填卡单位＿＿＿＿＿　　　填卡时间＿＿＿＿＿　　　应急电话＿＿＿＿＿

有毒有害化学物质信息卡

编号:6-10-6

化学名称	炭黑粉	最高允许浓度	8 mg/m³	毒性分级		危险度分级		C
岗位名称		监测周期	1 次/年	监护周期	1 次/4 年	易发伤害事故种类		中毒

<table>
<tr><td rowspan="3">理化性质</td><td colspan="3">外观与性状:由燃烧炭而产生,为轻松极细的无定形粉末</td><td>熔点(℃):</td><td>燃烧性:</td></tr>
<tr><td colspan="3">溶 解 性:</td><td>沸点(℃):</td><td>自燃温度(℃):</td></tr>
<tr><td colspan="3">相对密度:(水=1) (空气=1)</td><td>闪点(℃):</td><td>爆炸极限(V%):</td></tr>
</table>

毒 性	刺激呼吸道

	危 害	现 场 急 救	预 防 措 施
火灾与爆炸			使用良好的防护服和呼吸器
急性中毒	吸 入:喉干燥感	脱离炭黑粉产生源	
	皮肤接触:		
	眼睛接触:可致眼睛酸痛	翻开上下眼睑,用微温缓慢流动水冲洗 20 min	
	食 入:		

慢性中毒	损害肺部,产生炭黑尘肺

泄漏处理	

安全责任划分	厂(矿)级:	车间(分厂)级:	班组级:班(岗)长
检 查 级 别	厂(矿)级:	车间(分厂)级:	班组级:√
检 查 周 期	厂(矿)级: 次/月	车间(分厂)级: 次/周	班组级:1 次/班

填卡单位＿＿＿＿＿ 填卡时间＿＿＿＿＿ 应急电话＿＿＿＿＿

有毒有害化学物质信息卡

编号:6-10-7

化学名称	丙烯腈 CH₂＝CH—CN	最高允许浓度	2 mg/m³	毒性分级	Ⅱ	危险度分级	A
岗位名称		监测周期	1～2次/年	监护周期	1次/ 1～2年	易发伤害事故种类	中毒、火灾 爆炸

理化性质	外观与性状:无色易燃、易挥发的液体,有杏仁气味	熔点(℃):－83.6	燃烧性:易燃
	溶　解　性:微溶于水,易溶于多数有机溶剂	沸点(℃):77.3	自燃温度(℃):480
	相对密度:(水=1)0.81　(空气=1)1.83	闪点(℃):－5	爆炸极限(V%):2.8～28.0

毒　性	属高毒类。其挥发的气体具有窒息性,对神经系统有麻醉作用,对皮肤、粘膜有刺激性

	危　害	现场急救	预防措施
火灾与爆炸	其蒸气与空气形成爆炸性混合物,遇明火、高热能引起燃烧爆炸,能造成人员中毒和财产损失	疏散现场人员,切断火源,应急处理人员戴正压自给式呼吸器,穿化学防护服,用泡沫、二氧化碳、干粉及砂土灭火,不能用水灭火	1. 岗位周围杜绝一切火种、热源。要与氧化剂、酸类、碱类隔开。设备、设施要采用防爆型,加强巡视检查、杜绝跑、冒、滴、漏。 2. 严加密闭,提供充分的局部排风和全面排风。 3. 工作时穿相应的防护服,戴化学安全防护眼镜和防化学品手套。 4. 可能接触毒物时必须佩戴防毒面具,紧急事态抢救时,佩戴正压自给式呼吸器。 5. 工作现场禁止吸烟、进食和饮水。工作后,彻底清洗。单独存放被毒物污染的衣服,洗后再用。车间应配备急救设备及药品,有关人员应学会自救互救
急性中毒	吸　入:轻者有头痛、头晕、恶心、乏力,严重者有胸闷、心慌、呼吸困难、紫绀、抽搐、昏迷、不及时抢救可发生呼吸停止	迅速脱离现场至空气新鲜处,呼吸困难给输氧,呼吸停止时,立即进行人工呼吸(勿用口对口)。给吸入亚硝酸异戊酯,立即就医	
	皮肤接触:可发生接触性皮炎	脱去污染的衣着,用流动清水冲洗	
	眼睛接触:引起流泪、结膜充血、眼睛刺痛	立即翻开上下眼睑,用大量流动清水彻底冲洗	
	食　入:中毒时出现类似吸入中毒症状	误服者用1∶5 000高锰酸钾或5%硫代硫酸钠洗胃	
慢性中毒	表现有神经衰弱综合征、低血压、接触性皮炎等		
泄漏处理	疏散泄漏污染区人员至安全区,切断火源,应急处理人员在确保安全情况下,用活性炭或其他惰性材料吸收,然后收集运至废物处理场所,作无害处理		

安全责任划分	厂(矿)级:分管厂(矿)长	车间(分厂)级:车间主任(分厂厂长)	班组级:班(岗)长
检查级别	厂(矿)级:✓	车间(分厂)级:✓	班组级:✓
检查周期	厂(矿)级:1次/月	车间(分厂)级:1次/周	班组级:2次/班

填卡单位＿＿＿＿＿＿　　填卡时间＿＿＿＿＿＿　　应急电话＿＿＿＿＿＿

有毒有害化学物质信息卡

编号:6-10-8

化学名称	人造矿物纤维	最高允许浓度	5 mg/m³	毒性分级		危险度分级		C
岗位名称		监测周期	1次/年	监护周期	1次/4年	易发伤害事故种类		中毒

理化性质	外观与性状: 溶解性: 相对密度:(水=1)　(空气=1)	熔点(℃): 沸点(℃): 闪点(℃):	燃烧性: 自燃温度(℃): 爆炸极限(V%):

毒　性

	危　害	现 场 急 救	预 防 措 施
火灾与爆炸			1. 要有良好的通风设备。 2. 穿防护服,戴防尘口罩,防尘眼镜,作业场所备有安全淋浴和眼睛冲洗器具
急性中毒	吸　入:鼻、咽喉刺激症	脱离发生源	
	皮肤接触:	皮肤用水和无摩擦肥皂洗涤	
	眼睛接触:结膜、角膜刺激	翻开眼睑用生理盐水或微温清水冲洗 20 min	
	食　入:		
慢性中毒	可刺激皮肤、致敏		
泄漏处理			

安全责任划分	厂(矿)级:	车间(分厂)级:	班组级:班(岗)长
检 查 级 别	厂(矿)级:	车间(分厂)级:	班组级:✓
检 查 周 期	厂(矿)级:　次/月	车间(分厂)级:　次/周	班组级:2次/班

填卡单位＿＿＿＿　填卡时间＿＿＿＿　应急电话＿＿＿＿

有毒有害化学物质信息卡

化学名称	六亚甲基二异氰酸双缩脲	最高允许浓度		毒性分级		危险度分级		C
岗位名称		监测周期	1次/年	监护周期	1次/4年	易发伤害事故种类		中毒

<table>
<tr><td rowspan="3">理化性质</td><td>外观与性状:透明至淡黄色液体气味极小无臭或微有气味</td><td>熔点(℃):</td><td>燃烧性:</td></tr>
<tr><td>溶　解　性:</td><td>沸点(℃):</td><td>自燃温度(℃):</td></tr>
<tr><td>相对密度:(水=1)　(空气=1)</td><td>闪点(℃):</td><td>爆炸极限(V%):</td></tr>
</table>

毒　性	对呼吸道及肺刺激严重

	危　害	现　场　急　救	预　防　措　施
火灾与爆炸	正常情况下,不易燃烧,如有火或强烈源存在时会燃烧	1. 按预定程序撤离现场,切断火源。 2. 使用良好的防护服装和呼吸器	1. 戴用合适的呼吸器,使用工作服、工作鞋、橡胶的手套及眼镜。 2. 作业点应备有安全淋浴和眼睛冲洗用具
急性中毒	吸　入:烧灼感,咽喉干燥或疼痛、咳嗽、胸闷和呼吸困难,严重可致气喘、肺炎、肺水肿并可致命。可延迟数小时发生	脱离现场至空气新鲜处,注意观察	
	皮肤接触:刺激皮肤	污染皮肤可抹擦多余物,脱去污染衣物,微温水冲洗 20 min 以上,无摩擦肥皂水洗涤	
	眼睛接触:疼痛、流泪和红肿	可轻柔擦去残留物,翻开上下眼睑,用微温清水冲洗 20 min 以上	
	食　入:刺激口腔、胃、消化道	饮水 250 mL,不可催吐,如呕吐,漱口,并重复给水	
慢性中毒	有过敏史者可气喘、胸闷、呼吸短促、咳嗽等,能致敏皮肤、发痒、皮炎等荨麻疹,手臂、腿肿胀		
泄漏处理	使用良好的防护服装和呼吸器,进入污染区清理现场		

安全责任划分	厂(矿)级:	车间(分厂)级:	班组级:班(岗)长
检查级别	厂(矿)级:	车间(分厂)级:	班组级:✓
检查周期	厂(矿)级:　次/月	车间(分厂)级:　次/周	班组级:2次/班

填卡单位＿＿＿＿＿　　填卡时间＿＿＿＿＿　　应急电话＿＿＿＿＿

参 考 文 献

[1]　黄侃,杨立兴.煤矿重大灾害事故救灾与勘察技术[M].北京:煤炭工业出版社.

[2]　江苏省总工会.劳动保护工作手册(劳动安全卫生法规汇编),2007.

[3]　金华勇,杨树华,等.职业安全健康管理体系的建立与实施[M].徐州:中国矿业大学出版社,2004.

[4]　金龙哲,等.安全科学原理.北京:化学工业出版社,2004.

[5]　李为民,吴向前,盛春海.煤矿安全预控之道[M].徐州:中国矿业大学出版社,2009.

[6]　梁杰.职业健康安全管理体系审核培训统编教程[M].天津:天津社会科学院出版社,2002.

[7]　刘铁民.企业安全生产管理规章制度精选[M].北京:中国劳动保障出版社,2003.

[8]　全国总工会劳动保护部,徐矿集团,江苏省总工会,徐州市总工会.煤矿职工安全自我评价系统研制开发鉴定资料.2007年12月.

[9]　时效功,杨树华,等.煤矿常见灾害的预防与治理[M].徐州:中国矿业大学出版社,2006.

[10]　万恩广.煤炭企业职业病防治工作手册[M].北京:中国人民大学出版社.

[11]　王树玉.煤矿五大灾害事故分析和防治对策[M].徐州:中国矿业大学出版社,2006.

[12]　袁河津.煤矿"一通三防"知识1000问[M].徐州:中国矿业

大学出版社,2009.

[13] 张成富,宋元明.特聘煤矿安全群众监督员工作实用手册[M].北京:中国工人出版社,2006.

[14] 张成富.工会劳动保护工作概论.北京:中国工人出版社,2006.

[15] 张淑明,时效功.有毒有害化学物质岗位安全实用手册.徐州市总工会,1997.

[16] 赵铁锤.安全评价[M].北京:煤炭工业出版社,2002.

[17] 庄音豪.最新工会工作常用政策法规选编[M].哈尔滨:黑龙江人民出版社.

后　记

　　《煤矿职工劳动保护知识读本》由山东省兖矿集团济三煤矿工会负责撰写,济三煤矿工会主席许本泰、原 ILO—CIS 中华全国总工会职业安全与卫生信息培训中心高级技术顾问时效功同志任主编。

　　本书在编写过程中,得到中华全国总工会金华勇、周祖通,江苏省总工会杨树华,徐州市总工会张淑明副主席及徐州市有关单位的杨远席、柴朝民、周杰、高杰三、吴修光等有关领导和专业技术人员的支持和帮助,在此谨致诚挚的谢意。

编　者

2009 年 8 月